地学系列教材

地球概论

（第四版）

金祖孟　编著

华东师范大学地理科学学院　修订

中国教育出版传媒集团

高等教育出版社·北京

内容简介

“地球概论”是高等学校地理系的一门先行的基础课程。它的内容是关于行星地球的基础知识。它与相关后续课程不同的是：“地球概论”讲述的是地球的整体；而其他课程所讲的是关于地球的某一圈层，如地球的大气圈、水圈、岩石圈和生物圈。

“地球概论”的内容分为两个方面，即地球的天文学和地球的物理学。前者主要讲述地球的运动（自转和公转）及其地理意义（四季五带、历法和时间），以及地球和月球的关系（日月食与天文潮汐），这是本课程的重点所在；后者简要讲述地球的形状大小、内外结构及它的物理性质。

地球的天文学还包括地球的宇宙环境。从远到近，由大及小，这部分普通天文学知识，被概括为恒星和星系，太阳和太阳系，月球和地月系。此外，为了地理定位和表示天体——特别是太阳和月球的视运动，“地球概论”首先要讲述的是地理坐标和天球坐标。

图书在版编目（CIP）数据

地球概论 / 金祖孟编著；华东师范大学地理科学学院修订．-- 4版．-- 北京：高等教育出版社，2023.6（2024.9重印）

ISBN 978-7-04-060570-9

Ⅰ．①地… Ⅱ．①金… ②华… Ⅲ．①地球科学－高等学校－教材 Ⅳ．①P

中国国家版本馆 CIP 数据核字（2023）第 099657 号

Diqiu Gailun

策划编辑 陈正雄　责任编辑 杨 博　封面设计 张雨微　版式设计 李彩丽
责任绘图 黄云燕　责任校对 张 薇　责任印制 刘思涵

出版发行 高等教育出版社
社　　址 北京市西城区德外大街4号
邮政编码 100120
印　　刷 三河市骏杰印刷有限公司
开　　本 787mm×1092mm 1/16
印　　张 13.75
字　　数 350千字
购书热线 010-58581118
咨询电话 400-810-0598
网　　址 http://www.hep.edu.cn
　　　　 http://www.hep.com.cn
网上订购 http://www.hepmall.com.cn
　　　　 http://www.hepmall.com
　　　　 http://www.hepmall.cn
版　　次 1978年3月第1版
　　　　 2023年6月第4版
印　　次 2024年9月第4次印刷
定　　价 34.00元

物 料 号 60570-00
审 图 号 GS京(2022)1148号

地球概论

（第四版）

金祖孟 编著

华东师范大学地理科学学院 修订

1 计算机访问http://abook.hep.com.cn/122093903，或手机扫描二维码、下载并安装Abook应用。

2 注册并登录，进入“我的课程”。

3 输入封底数字课程账号（20位密码，刮开涂层可见），或通过Abook应用扫描封底数字课程账号二维码，完成课程绑定。

4 单击“进入课程”按钮，开始本数字课程的学习。

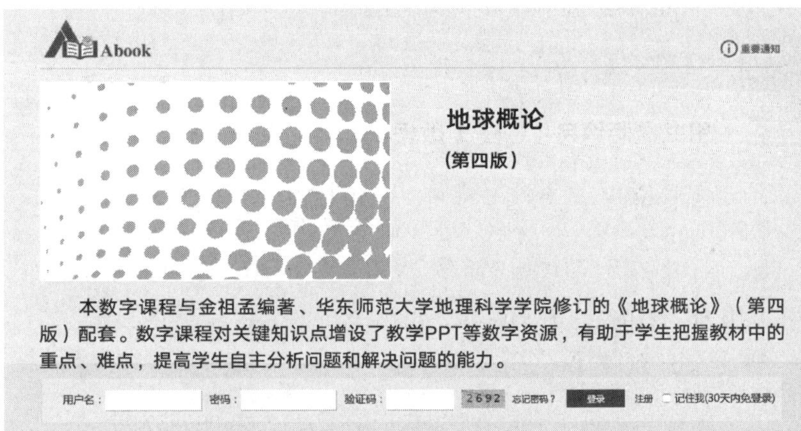

课程绑定后一年为数字课程使用有效期。受硬件限制，部分内容无法在手机端显示，请按提示通过计算机访问学习。

如有使用问题，请发邮件至abook@hep.com.cn。

http://abook.hep.com.cn/122093903

第四版前言

由金祖孟先生编著的《地球概论》教材于1978年出版，是迄今国内最权威、综合性最高、知识体系最完备、最适应高等师范学校学生的课程教材，被国内高校广泛采用。第三版由陈自悟先生于1997年修订出版，至今已经印刷了40多次，其影响力可见一斑。《地球概论》问世以来，历经40余载，启迪和教育了无数学子，也实至名归地入选普通高等教育"九五"国家级重点教材，是我国地理科学的一块瑰宝，这份财富值得我辈传承并发扬光大。与此同时，由于该书成书较早，最新的第三版出版距今也已有20多年，所以难免存在一定的局限性，应根据国家社会经济发展对地球科学的要求和地球科学本身的学科进展及时更新。鉴于此，我们对这本经典教材进行了适当的修订，以适应新时代课程教学和人才培养的需求。首先，修订版主要改正了原版中的笔误、数值错误与印刷错误，如公式错误、参数错误、月相示意图颠倒等；其次，结合教材适用对象优化了知识体系，对地球运动及其地理意义中非常重要的知识点进行了重新梳理和编排；再者，与时俱进地更新了最近20多年来天文学领域的重要进展，如太阳系天体分类、中国探月计划等；最后，针对原版图片质量不高的问题制作了高清晰度的插图。

《地球概论》构建了一套完整的结合天文与地理的知识体系，带领我们立足地球认识宇宙，建立辩证唯物主义的宇宙观。人类对于宇宙的认知和探索过程，是人类文明史上不断认识世界、认识自我、认识人类与客观世界关系的过程。近年来，我国航空航天事业飞速发展，对太空的探索方兴未艾，取得了一系列举世瞩目的骄人成绩。正如习近平总书记所说："星空浩瀚无比，探索永无止境，只有不断创新，中华民族才能更好走向未来。"希望这本书可以通过专业知识的介绍，将这种爱国强国的精神内核传递给广大青年读者，提升青年一代的民族自豪感和时代使命感。

本书修订工作由华东师范大学地理科学学院陈亮副研究员完成。修订过程中，得到了很多前辈、领导和同行们的大力帮助与支持。饮水思源，金祖孟先生的著作令人高山仰止。感谢陈自悟先生在教材第三版的修订工作，及其家人对学科发展和教材修订工作的大力支持；特别是要感谢陈自悟先生之子陈亚庭先生对本书修订工作的授权。感谢华东师范大学地理科学学院刘敏教授和周立旻教授对修订工作的支持与鼓励。感谢华东师范大学地理科学学院束炯教授对电子教案制作的指导与帮助。另外还要感谢西南大学地理科学学院龙晓泳副教授为本书审稿，并提出很多宝贵意见。感谢匿名评审专家，以及所有为修订工作做出贡献的朋友。没有他们的无私付出，本书的修订工作就不可能完成。

在本书的出版工程中，得到了高等教育出版社的大力协助，特别是陈正雄和杨博两位编辑，他们强烈的事业心和热情的帮助贯穿始终，使得整个出版工作进展顺利，在此向他们致以诚挚的感谢！

受水平所限,对书中存在的缺点和不足,欢迎各位读者批评指正。

《地球概论》教材修订组
华东师范大学地理科学学院
2022 年 9 月

目　　录

第一章　地理坐标与天球坐标

第一节　地理坐标

一、经线和纬线

1. 地球上的经线和纬线

大地是一个球体，称为**地球**。作为太阳系八大行星成员之一，地球环绕中心天体太阳运动，同时绕轴自转。地球的自转轴叫**地轴**。地轴通过地心，它同地面相交的两个端点，是地球的两极，分别叫**北极**和**南极**。

为了地理定位的需要，人们设置地理坐标系。我们知道，两条直线相交于一点，点的位置可以用纵横两线相交来确定。举例来说，人们凭入场券上的几排几座，就能在剧场里找到自己的座位。根据这个道理，人们在地球上划分许多纵横交叉的线——**经线**（meridian）和**纬线**（parallel）。

按中文意思，纬线意即横线，经线则是竖线。平面上的直线，到了球面上就成了弧线。所以，纬线和经线都是地球上大大小小的圆。在几何上，任何圆都代表一定的平面，因此，球面上的圆，都可以看作一定的平面同球面的交线。纬线与经线的差异，在于各自平面同地轴的关系：前者垂直于地轴，后者则通过地轴（图 1-1）。

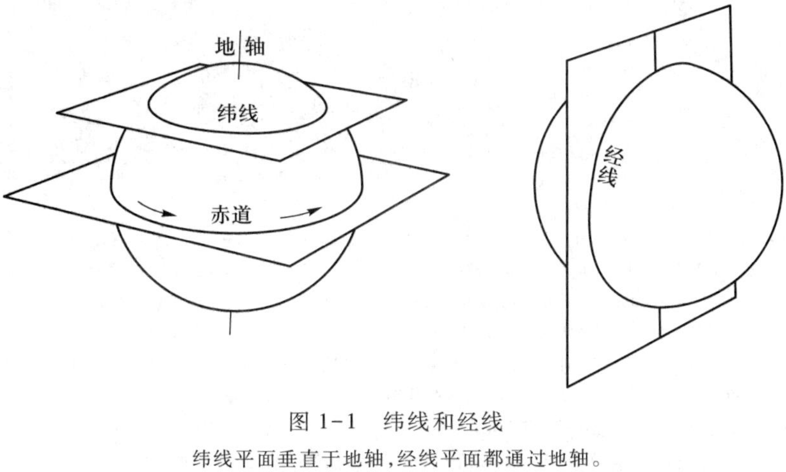

图 1-1　纬线和经线

纬线平面垂直于地轴，经线平面都通过地轴。

一切垂直于地轴的平面同地面相割而成的圆，都是纬线。所有纬线互相平行（它的英文名

parlallel,意即平行线),大小不等。其中,通过地心,且垂直于地轴的平面同地面相割而成的圆,是纬线中的唯一大圆,名叫**赤道***。赤道分地球为南北两半球,是地理坐标系的横轴。

一切通过地轴(也必通过地心)的平面同地面相割而成的圆,都是经圈。所有经圈都是大圆,因而有同样的大小。它们都在南北两极相交,并被等分为两个半圆,这样的半圆叫经线,也叫子午线。其中,通过英国伦敦格林尼治天文台的那条经线,被公认为**本初子午线****(prime meridian,于1884年确定),即0°经线。它是地理坐标系的纵轴。

经线和纬线处处相交。每一条经线通过所有的纬线,每一条纬线也通过所有的经线,而且相互垂直。地球上每一地点,都可以看成特定的经线和纬线的交点,从而确定它们的地理位置。

2. 地球上的方向和距离

地球上的方向,通常是指地平方向。地平圈上的东南西北**四正点**,代表地平方向的东南西北**四正向**。我国古代用十二**地支**(子丑寅卯……戌亥)表示地平方向,其中的子午和卯酉,分别就是北南和东西向(图1-2)。

在地球上,经线就是南北线(故经线也叫**子午线**)。所有经线都相交于南北两极,向北就是向北极,向南就是向南极。南北两极是世界的两个顶端,它们分别是南北方向的终点,同时又是两者的起点。北极是向南的起点,那里的四面八方都朝南,没有别的方向;南极则是向北的起点,与北极情形相反。因此,南北方向是有限方向,有其起始和终极。

东西线垂直于南北线,因而纬线(垂直于经线)的方向,就是东西方向。纬线都是整圆,没有起点和终点,因而东西方向是无限方向。一地如位于另一地的东方,它也必定位于该地的西方。当年哥伦布和麦哲伦等人都是向西航行,可他们的目的地却是东方!因为两地互为东西,所以,西行可以东达。但是,实际上人们总是采取两地之间的最短距离,即取圆的劣弧来定东西。任何地点不是位于另一地点的东方,就是位于它的西方,不能两者兼而有之。这样,两地之间,理论上是亦东亦西,实际上则是非东即西。

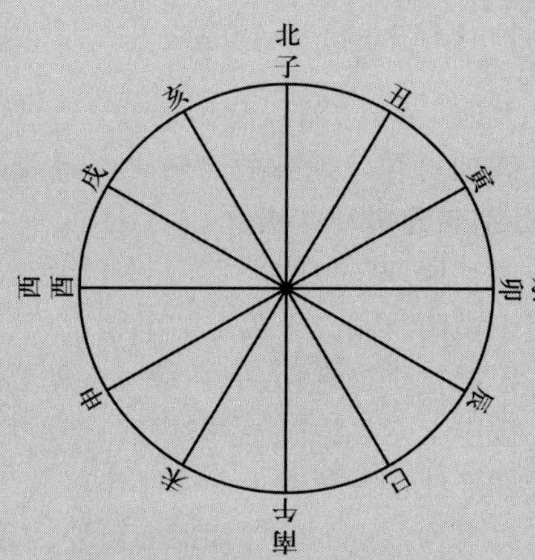

图1-2 十二地支表示地平方向

其中,子午表示南北;卯酉表示东西。

我国中原地区位于北回归线以北,太阳上中天为南中***,因此,我国古时把正南方定义为正午太阳所在的方向,而把日出和日没方向视为东西方向。由此看来,地球上的方向,是同它的自转相联系的。人们常说,地球向东自转;事实上,正是把地球自转的方向定为向东。旋转方向通常是按时针的方向来表述的。然而,在这样做

* 赤道是地球的大圆。它的英文名 equator,意为“等分者”,它把地球等分为南北两半球。世界上有两个以赤道命名的国家:一个是南美洲号称“赤道之国”的厄瓜多尔。这个名称是西班牙语“赤道”一词的音译。它的首府基多,地处赤道附近,有“世界中心”之称。另一个是西非的赤道几内亚。它的面积很小,事实上,赤道并不经过这个国家。

** 格林尼治原是英国首都伦敦东南郊泰晤士河畔的一个港口要塞。1884年,在华盛顿举行的国际经度会议决定,以通过格林尼治天文台主要子午仪的那条经线为本初子午线。从此,格林尼治天文台成了经度和时间的基准。在此以前,许多国家都曾以通过各自首都的经线为本初子午线,而没有全球统一的本初子午线。

格林尼治天文台是英国皇家天文台,建于1675年,后因城市工业发展,环境污染,给天文观测带来困难。格林尼治天文台于1948年迁出伦敦,移至约96.6km(60英里)外的赫斯特蒙镇,原址被辟为博物馆。现在,格林尼治已没有皇家天文台,但那里仍然是经度和时间的基准点。

*** 天体在周日视运动中,当它越过观测者子午圈的瞬间,叫中天。天体在一日内有二次中天,其中离天顶较近的一次叫上中天,这时,它的地平高度最大;离天顶较远的一次叫下中天。

的时候，观测者必须明确，他是立足在哪个半球来观测地球自转的。在北极上空看起来，地球是以逆时针方向自转的；而在南极上空看起来，则是顺时针方向自转（图 1-3）。这样的方向叫作向东，与此相反的方向便是向西。

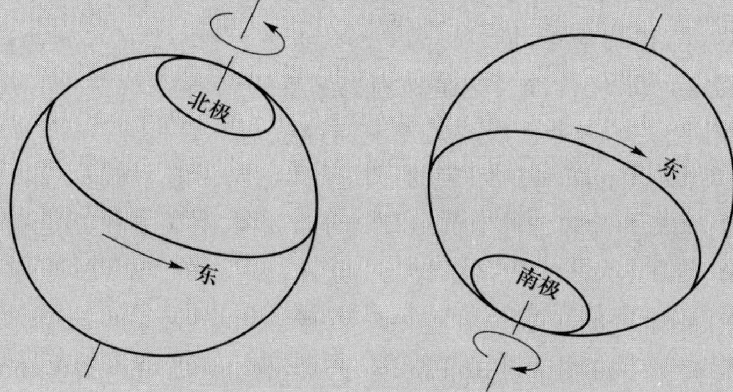

图 1-3　地球自转方向——向东

在北半球看，呈逆时针方向；在南半球看，则为顺时针方向。

地球是一个球体。在球面上，两点间的最短距离，是通过两点的大圆上的短弧（劣弧）的长度，例如航空和航海所走的路线均是大圆短弧。因此，求地面上两点之间的最短距离，首先是它的角距离，然后把角距离换算为线距离。在这种情形下，为度量地面上两点之间的线距离，要求所采用的长度单位同角度单位之间，最好有一种简单的换算关系。这样的长度单位，在近代自然科学精确测定地球的形状和大小之后，相继出现了。

在远洋航行中，航海家们常用球面三角法推算两点间的角距离。为了由角距离换算为直线距离的方便，人们创造了一种新型的长度单位——海里（n mile）。是经线 1′的弧长。这样，地面上两地间距离的弧分值，等于其长度的海里数。采用这样的单位，经线的全长为 60 n mile×180＝10 800 n mile，赤道周长为 60 n mile×360＝21 600 n mile。

千米（km）本来也是这样的长度单位。按照法国人原来的设想，地球全周分 400°，每度分成 100′（请注意这里的“度”和“分”不是传统意义上三角函数角度里的度和分），每分的弧长就是 1 km（＝0.621 n mile），这就是千米的由来。因此，地球的周长，论角度是 400°或 40 000′，论线距离是 40 000 km。每度折合 100 km，1 km 折合 1′，是周长的 1/40 000。这个办法也是十分完美的。后来，分全周为 400°的制度没能流传下来，作为长度单位的千米，却在全世界通行。这才形成经线 1°为 $\frac{40\ 000\ \text{km}}{360}=111.1$ km 的情况。这是一个有用且容易记住的数字。

我国的华里也属于同样的情形。1 华里是指经线 1°之长的 1/200，即地球周长的 1/80 000。

总之，所有这些单位的定义，都把长度单位与角度单位直接联系起来，因为地球是一个球体，地面上两点间的距离首先是角距离。

二、经度和纬度

地球上有众多的经线和纬线，需要给每一条经线和纬线命名，以示互相区别。最简单的命名方式是编号。事实上，只有极少数的经线和纬线具有专名。除本初子午线、赤道、南北回归线和南北极圈外，其余所有的经线和纬线，都是采用编号的方式命名，而这种“编号”是按一个特定的角度大小为序，故称经度（longitude）和纬度（latitude）。按通俗意义说，本初子午线（0°经线）就是头号经线(它的英文名 prime meridiam 也含有这个意思);北纬 30°线,就是赤道以北第 30 号那条纬线,以此类推。

1. 经度和纬度

立体几何中,纬度是一种线面角,即直线同平面的交角。其中的面指赤道面,线指本地的法线。本地法线同赤道面的交角,就是所在地的纬度。纬度在本地经线上度量,赤道面是起始面,所在地是终止点。由于赤道把地球分成南北两半球,纬度向南北两个方向度量:赤道以北叫**北纬**(以字母 N 表示);赤道以南叫**南纬**(以字母 S 表示)。南、北纬各从 0°至 90°。人们通常以南、北纬 30°和 60°为界,把纬度分成低纬、中纬和高纬三段。但这种划分是相对的,没有严格的地理意义。综合上述纬度的南北方向和角度大小的两个方面,我们可以说,一地的纬度,就是这个地点相对于赤道面的南北方向和角距离,体现这一量度的是从赤道到所在地的一段经线(图 1-4)。

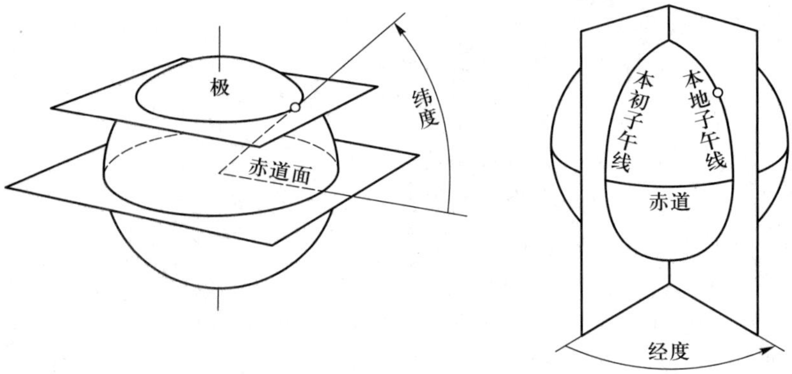

图 1-4　纬度和经度

纬度是线面角,即本地法线同赤道平面的交角;经度是两面角,即本地子午面与本初子午面的夹角。

值得指出的是,如果把地球当作一个正球体,那么,本地法线同时又是该地的地球半径,纬度既是地面上经线的弧段,又是地球的球心角。实际上,地球是一个两极稍扁的扁球体,地面法线与地球半径并不重合。地理上所强调的是地面法线和经线弧的度数,而不是地球半径和它的球心角。

经度是一种两面角:一个是本地子午线平面,另一个是本初子午线平面。两个平面的夹角,即为本地经度。经度通常在赤道上度量(也可以在所在地的纬线上度量),起始面是本初子午面,终止面是本地子午面。在赤道上度量经度是更为方便的,因为赤道是纬线中的唯一大圆,它使经度的度量不但有全球共同的起始面,而且有全球共同的起始点。这个点就是赤道与本初子午线的交点,即地理坐标系的原点。经度自原点起向东西两个方向度量:本初子午线以东叫**东经**(以字母 E 表示),本初子午线以西叫**西经**(以字母 W 表示),东西经各从 0°至 180°。综合上述经度的东西方向和角度的大小,我们可以说,一地的经度,就是这个地点所在的子午面,相对于本初子午面的东西方向和角距离,体现这一量度的是这两个平面在赤道上截取的一段弧(图 1-4)。

经线都是大圆,所以,纬度的间隔大体上相同,每 1°约为 111 km。同一经度的两地,根据它们的纬度差,就能估算它们之间的距离。纬线除赤道外,其余都是大小不等的小圆,因此,经线的间隔随纬度增高而减小(图 1-5)。具体地说,它与纬度的余弦成正比。例如,在南北纬 60°,经度的间隔约是赤道的一半(参见附录表二)。

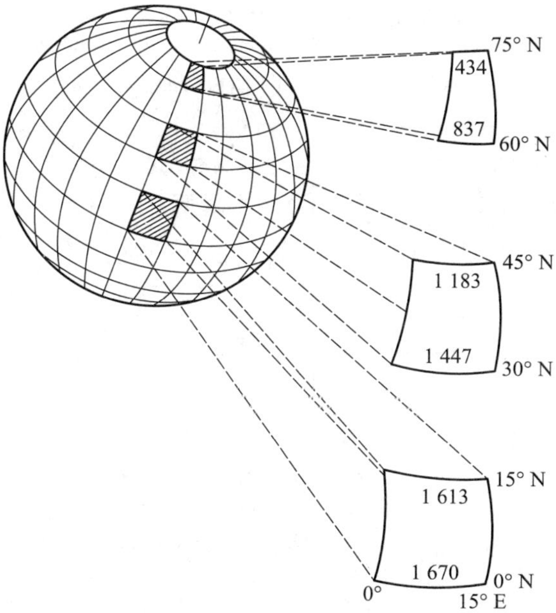

图 1-5　经线的间隔(km)随纬度增高而减小

球面三角的正弦公式和余弦公式见附录三。

2. 地理坐标

一地的纬度,表示该地相对于赤道的南北位置;一地的经度,则表示该地的子午面相对于本初子午面的东西位置。两者相结合,标志一个地点在地面上的特定位置,被叫作这个地点的**地理坐标**。度量全球各地的地理坐标,需要一个统一的制度,叫作地理坐标系。按照这样的制度,地面上一个特定地点的地理坐标相联系的有三个大圆,它们就是赤道、本初子午线和本地子午线。赤道是纬度度量的自然起点所在,是地理坐标系的横轴;本初子午线是经度度量的人为起始所在,是地理坐标系的纵轴;两者的交点即为坐标系的原点。它们是坐标系的框架,都是一成不变的。本地子午线则随地点的不同,可以在本初子午线的东西两侧变动,而点在本地子午线上的具体位置,则随地点的不同可以在赤道的南北两侧变动。通过这两种变动,同一坐标系可以用来表示地面上任何一个地点的地理位置。

地理上有一个约定俗成的规矩:在读取和书写地理坐标时,总是纬度在先,经度在后;数字在先,符号在后。例如,北京的地理坐标是:40° N,116° E。它表示,北京的地理位置在北纬 40°的那条纬线与东经 116°的那条经线的交会处(图 1-6)。

用地理坐标系的纬度和经度来表示特定地点的地理位置,是一种科学的方法。它不但表示一个地点的位置,而且还表示各个地点之间的方向和距离。在大海上航行的船只和在天空中飞行的飞机,通过纬度和经度的测定,就可以确定它们在海上和空中的位置及航行的方向。

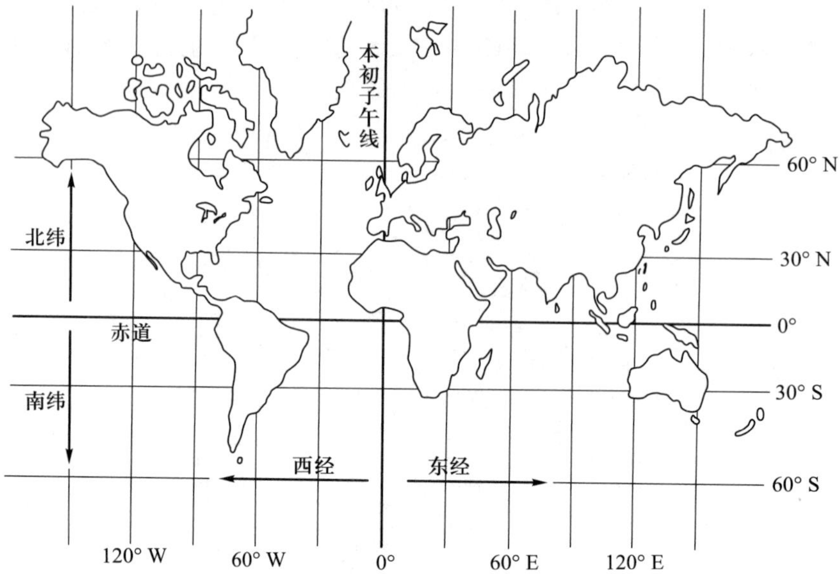

图 1-6　在墨卡托投影图上的经线和纬线

经线互相平行,纬线的间隔由赤道向两极增大,因此格陵兰岛比南美洲还大。如果把地面比作一座剧场,那么,北京便坐落在赤道以北第40排(40°N)和本初子午线以东第 116 座(116° E)。

复习与思考

1. 什么是纬线和经线?什么是纬度和经度?它们有何区别与联系?为什么纬线是整圆,而经线是半圆?
2. 为什么南北方向是有限方向,而东西方向是无限方向?怎样理解地面上两点间的东西方向既是理论上的“亦东亦西”,又是实际上的“非东即西”?

第二节　天球坐标

一、天球

1. 天球和天穹

天空呈球形,这是有目共睹的。众星列宿布满天空,对于这些极其遥远的天体,人眼无法分辨它们的相对远近,似乎是等距的。它们同观测者的关系,犹如球面上的点同球心的关系。既然天空看起来像个球面,人们就把广漠的宇宙当作球体看待,并把天体在天空中的视位置,当作它们的真实位置。这给那些无须考虑距离因素,如对时间、纬度的测定来说,带来极大的方便。这样一个假想的球体,叫作**天球**。天空的昼夜旋转表明,天球不但存在于地平之上,而且还有一半隐入地平之下。人们所能直接观测到的地平之上的半个球形的天空，又被叫作**天穹**[*]。

天文上在定义天球时，规定了两个条件：第一，天球的球心是观测者或地心；第二，天球的半径是任意的。它包容一切，不论天体如何遥远，总可以在天球上找到它的投影。这样，既承认天体事实上的距离悬殊，又可以利用天球上的视位置对于地球的等距性。概括地说，天球就是以地心为球心，以任意远为半径的一个假想的球体（图 1-7），是天文学中表示天体视运动的辅助工具。

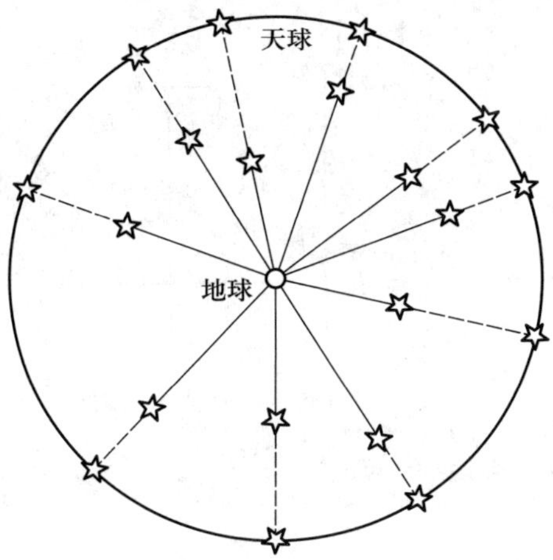

图 1-7　天球示意图

天球的半径是任意的，所有天体，不论多远，都可以在天球上有它们的投影。

以上所说是**地心天球**。在说明地球或行星公转等以太阳为中心的运动的时候，人们也使用以太阳中心为球心的天球，叫**日心天球**。通常所说的天球，皆指地心天球。

2. 天球的视运动

在地球上的观测者看起来，整个天球像是在围绕着我们旋转。这种视运动是地球自转的反映。地球绕地轴由西向东自转。这种运动是人类感官无法直接感觉到的，人们所感觉到的，却是地外的天空，包括全部日月星辰，概无例外地以相反的方向（向西）和相同的周期（1 日）运动。这种视运动被叫作**天球周日视运动**（diurnal apparent motion），简称周日运动。

在北半球看起来，天球的周日绕转中心是天北极。紧靠天北极有一颗较明亮的恒星，被称为**北极星**（Polaris）。

天体周日运动行经的路线叫**周日圈**。从图 1-8 中可以看出，天体愈近天极，其周日圈愈小；离极愈远，周日圈愈大。不同纬度地区的天球周日视运动图示，见图 3-17。

地球在自转的同时，还绕太阳公转。地球公转的方向与其自转方向相同，都是向东。这种运动同样是不能被感觉到的。在地球上的观测者看来，倒是像太阳在绕地球运动。如图 1-9 所示，当地球在其轨道上由 E_1 公转到 E_2，从地球上看来，太阳在天球上的投影便从 S_1 移到 S_2。一年后，地

---

* 天穹有别于天球。天球是整球，天穹是半球；天球是圆的，而天穹是扁的。“天似穹庐，笼盖四野”，我们日常所见的蔚蓝色的天空，其实是包围地球的大气层，沿地平方向，似乎距离很遥远；沿天顶方向，距离较近。

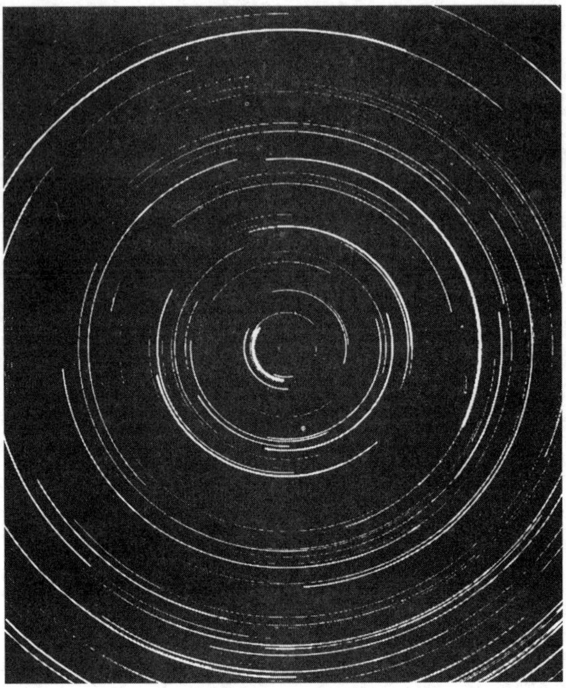

图 1-8 天球周日运动

把摄像机镜头对准天北极,经长时间曝光摄成的照片。恒星都绕转天北极。距极愈近,周日圈愈小。亮星画出的弧线较粗,暗星的弧线较细,但所有弧段的弧度相等。北极星的周日圈最小(距极近)最粗(亮度大)。

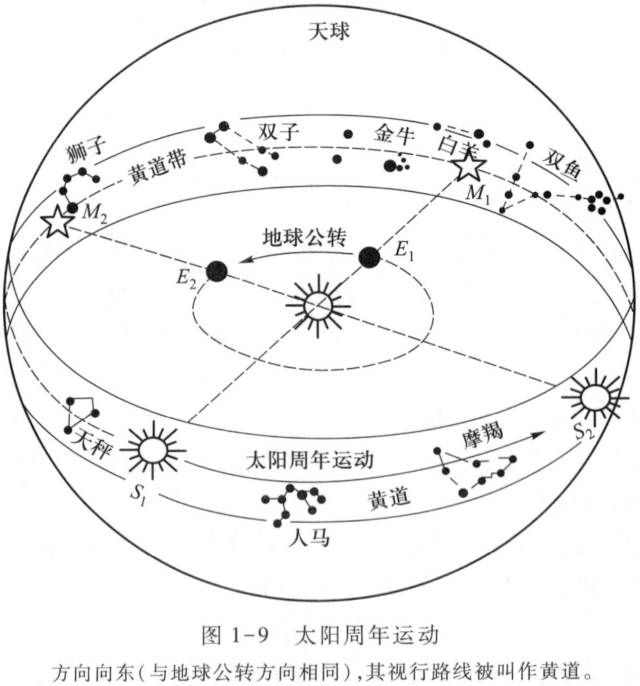

图 1-9 太阳周年运动

方向向东(与地球公转方向相同),其视行路线被叫作黄道。

球公转一周回到 E_1，太阳则以相同的方向（向东）和周期（1 年），在众星间巡天一周。人们感觉到的是太阳在天球上的周年视运动（solar annual apparent motion），“周年”即周期 1 年之意。这种视运动，是由地球公转引起的**太阳在恒星背景上**的相对运动。其视行路线被叫作**黄道**（ecliptic），也就是地球绕日公转的轨道在天球上的投影。

太阳周年运动的图解是十分明显的。但是，这种天象却是无法直接观测到的（在天象馆里能清楚地演示），因为太阳的炫目光辉掩蔽了星空背景。因此，古代天文学家从观测夜半**中星***的变化，间接地推出太阳的周年运动。如图 1-9 所示，当太阳在 S_1 视位置时，地球上看到的夜半中星是白羊座附近的 M_1，太阳在 S_2 位置时，地球上看到的夜半中星是狮子座附近的 M_2，它在 M_1 的东边，于是我们就知道，我们“脑后”的太阳，也已经在群星间自西向东扫过了一段距离。我们知道，中星大多位于“天南”，夜半太阳沉入“地北”。夜半中星不断改变，证明太阳在恒星间不断移动。例如，北半球的观测者在每年春分(3 月 21 日)夜半，看到狮子座中天。这时，从地球的另一侧看来，太阳在天球上位于飞马座方向（图 1-10）。随着地球轨道位置的改变，夏至(6 月 22 日)、秋分(9 月 23 日)和冬至(12 月 22 日)的夜半中星，分别为天蝎座、飞马座和猎户座；这些日期的太阳，相应地位于猎户座、狮子座和天蝎座方向。

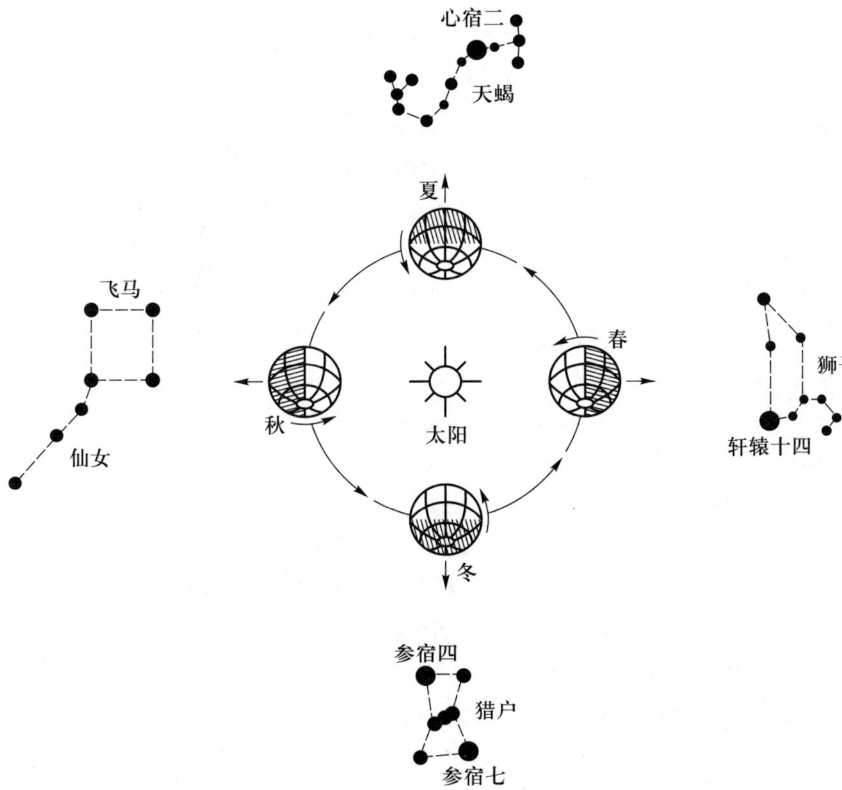

图 1-10　夜半中星随季节的变化反映地球的公转

*　中星，指上中天的星宿；夜半中星，即夜半中天的星宿（即在黄道上和太阳成 180°）。文天祥《过零丁洋》：“辛苦遭逢起一经，干戈寥落四周星。”星即指中星。中星变化周期为 1 年，“四周星”即 4 年。

这样,夜半中星的变化,反映了太阳在天球上从一个星座到另一个星座的巡天运动。历史上,人们就是根据太阳的周年运动,发现地球绕太阳公转的。太阳的周年视运动,很长时间内被认为是太阳的真实运动。人们把太阳在天球上的运动路线开始用黄线标出,称为黄道,这也是黄道名称的由来。后来,随着地心说的崩塌,人们认识到这只是太阳的一种看上去的运动,故称太阳周年视运动。

如此看来,天空中的太阳同时参与两种相反的运动:一种是由于地球自转,随同整个天球的运动,方向向西,日转一周;另一种是由于地球公转,表现为相对于恒星的运动,方向向东,每年巡天一周。这后一种运动使太阳周日运动的速度比恒星每日延缓约1°,周期延长约4分钟。如果说,昼夜(太阳日)以24小时交替,那么,星空便以23小时56分(恒星日)轮转。显然,只有当日落之后,太阳另一侧的恒星才能升起。恒星每天比前一天要早升起大约4分钟。换句话说,在每天晚上同一地方同一时间,人们看到的星空比前一晚上向西移动了约1°,一个月移动约30°,积累到一个季节就移动了90°,一年就正好移动了一周360°。这种恒星及整个星空(星座形状不变)逐日向西的运动,实际上是由于地球公转到不同的位置所以对应的夜空方向不同,因此我们所看见的星空也不同。于是就造成了星空的季节变化(见附录一识星)。

3. 天球上的圆和点

天球虽是假想的,但天空给予人们以球形的印象却是逼真的。因此,同地球一样,天球上也有相应的圆(圈)和点。这里,首先要说明与建立天球坐标系相关的三个基本大圆,它们是**地平圈**、**天赤道**和**黄道**,以及各个大圆的极点、它们彼此间的交点和远距点。

——地平圈是通过地心,且垂直于当地铅垂线的平面的无限扩大,同天球相割而成的天球大圆。它把天球分成可见和不可见两部分。地平圈的两极是**天顶**(Z)和**天底**(Z')。

——天赤道是地球赤道平面的无限扩大,同天球相割而成的天球大圆。天赤道分天球为南北两半球。它的两极叫**天北极**(P)(也称北天极)和**天南极**(P')(也称南天极)。

——黄道是地球公转的轨道平面的无限扩大,同天球相割而成的天球大圆。它就是太阳周年运动的视行路线。黄道的两极是**黄北极**(K)和**黄南极**(K')。

上述三个基本大圆中,天赤道和黄道是唯一的,地平圈则因地而异。还应该注意,地平圈是天球的大圆,它属于天球,而不属于地球。

球面上任意两个大圆相交,必互相等分。它们有两个交点,彼此各有一对远距点。交点与远距点的间隔为90°。

——天赤道与地平圈的两个交点是**东点**(E)和**西点**(W)。它们的交角大小因纬度而不同(等于当地余纬)。地平圈对于天赤道的二个远距点是**南点**(S)和**北点**(N)。上述的东点、南点、西点和北点,是地平圈上的四正点;在任何地方,它们分别是东方、南方、西方和北方的标志。天赤道对于地平圈的两个远距点,一个在地平之上,可称作**上点**(Q);另一个在地平之下,故称为**下点**(Q')。(图1-11)。

——黄道与天赤道成23°26′的交角(称**黄赤交角**)。它们的两个交点称为**二分点**。对北半球来说,按太阳周年运动方向,黄道对于天赤道的升交点为**春分点**(♈),降交点为**秋分点**(♎);黄道上的两个远距点称为**二至点**,北至点为**夏至点**(♋),南至点为**冬至点**(♑)。沿黄道做周年运动的太阳,分别于3月21日、6月22日、9月23日和12月22日,依次经过春分点、夏至点、秋分点和冬至点,它们分别就是北半球的春分日、夏至日、秋分日和冬至日。天赤道对于黄道的两个远距点,尚

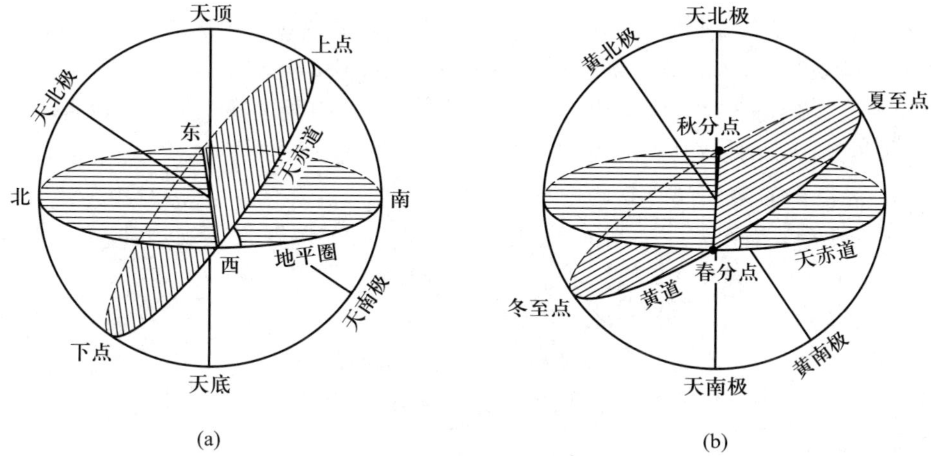

图 1-11　天球大圆的交点和远距点

(a)地平圈与天赤道的交点(东点、西点)和远距点(南点、北点和上点、下点)；

(b)黄道与天赤道的交点(二分点)和远距点(二至点和无名点)。

无正式定名,暂称为**无名点**。需要注意的是,春分点、秋分点都是天球上固定的一点,而非日期。

4. 天球上的方向和距离

天球上的方向也是以地球自转为基础的。简单地说,它是地球上的方向的延伸。天轴和南北天极是地轴的延伸,天赤道则是地球赤道的扩大。在地球上,南北两极是南北方向的标志,向北就是向北极,向南就是向南极。天球上的南北方向也是有限方向。若某天体比另一天体更接近天北极,那么,该天体就在它的北方,反之亦然。在地球上,赤道和纬线方向都表示东西。在天球上,天赤道和赤纬圈方向也表示东西方向。天球周日运动的方向,就是向西;与此相反的方向,则为向东。这种定义与地球方向的内涵是基本一致的,因为地球方向的定义正是来源于天体运动(北方和北天、东方和东方天空的方向都是一致的)。值得注意的是,若在天外俯视天北极,天球周日运动(向西)是顺时针方向旋转;而在地球上仰视天北极,则天球周日运动(向西)呈逆时针方向旋转(图 1-12)。

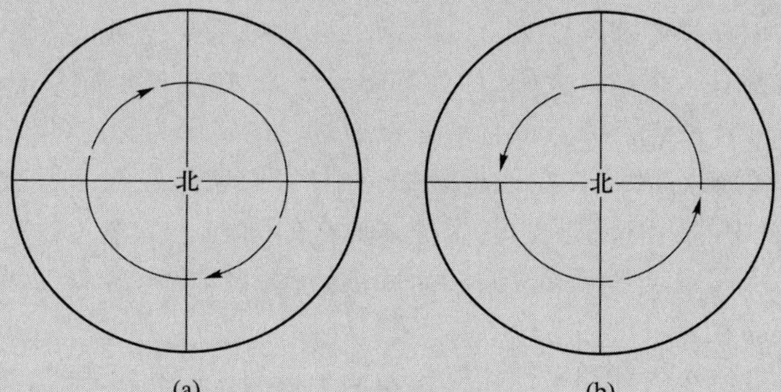

图 1-12　天球上的方向

(a)在天外俯视天北极,那么,天上和地上的东西方向一致,顺时针方向为向西;

(b)在地球上仰望天北极,那么,天上的东西方向同地上相反,逆时针方向为西。

地球上的距离,有角距离和线距离。但在天球上,只有角距离而没有线距离,因为天球的大小是任意的。至于两天体间的实际距离,例如,牛郎星和织女星相距 16.4 l.y.*,那是指空间的直线距离,而不是天球上的距离。天球上的任何一点,都只代表一个空间方向;任何两点间的弧长,实际上就是两个方向间的夹角。例如,牛郎星和织女星的角距离约为 35°(图 1-13)。

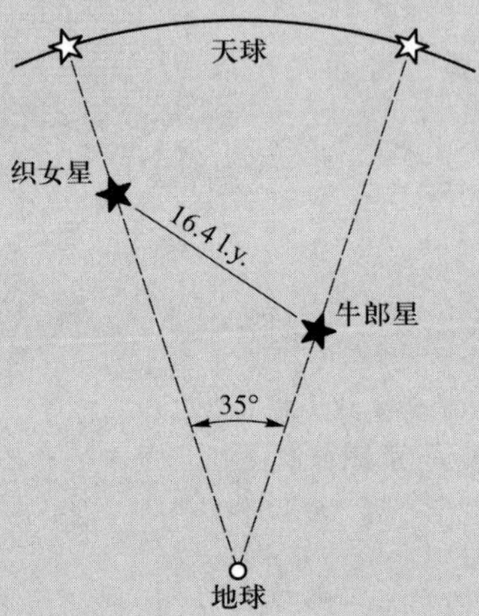

图 1-13 天球上的距离

牛郎星和织女星在地心天球上相距 35°,它们的空间距离 16.4 l.y.,无法在天球上反映出来。

二、天球坐标

1. 球面坐标系概说

为了确定一个地点在地球上的位置,人们设置了地理坐标系;同理,为了确定天体在天球上的位置,需要设置天球坐标系。地理坐标系和天球坐标系,都是球面坐标系。在天文学上,根据不同的需要,使用不同的天球坐标系。各种天球坐标系,有不同的特点。但是,它们都有球面坐标系的共同特点。它们都具有这些要素:基圈、两极、始圈、原点、辅圈、终圈。

——球面坐标系都有一个基本大圆,称为**基圈**。例如,在地理坐标系中,赤道就是它的基圈。

——基圈上都有一个**原点**。原点的选取是以通过它的辅圈为标志的。**辅圈**就是通过基圈的两极因而垂直于基圈的所有大圆。在地理坐标系中,它们就是经线。通过原点的辅圈,叫作**始圈**。例如,地理坐标系中的始圈,就是本初子午线所在的圈。

——球面上任一点相对于基圈的方向和角距离,用纬度表示,是点的纵坐标。例如,地理坐标系的纵坐标叫地理纬度。

——球面上任一点所在的辅圈平面相对于始圈平面的方向和角距离,用经度表示,是点的横坐标。例如,地理坐标系的横坐标叫地理经度。

根据上述特点,人们可以归结球面坐标系的一般模式:对于特定的点来说,这个模式实际上是一个球面三角形(图 1-14)。构成这个三角形的三条边,分别属于三个大圆,即基圈、始圈和终

* 光年,天文学上的一种距离单位,是光在一年里在真空中传播的距离。光速近 3×10^5 km/s,1 l.y. = 9.460 730×10^{15} m。

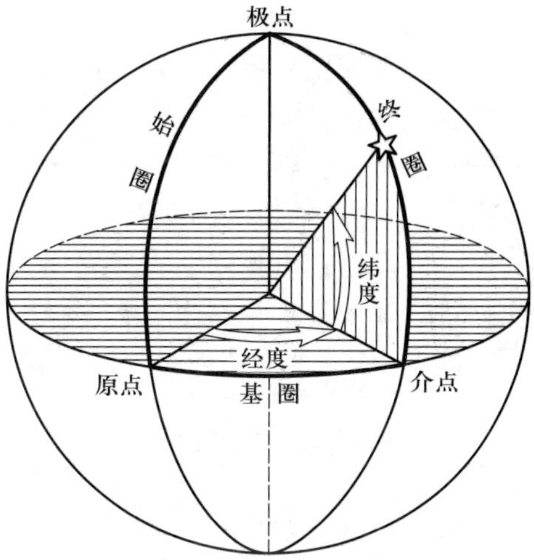

图 1-14　球面坐标系的一般模式

它是一个由基圈、始圈和终圈构成的球面三角形。三角形的三个顶点为极点、原点和介点。天体的纬度就是天体所在的球半径与基圈平面的交角，天体的经度就是始圈与终圈平面的夹角。天球坐标系有右旋与左旋之别，本图为左旋模式。

圈（点所在的辅圈）。基圈、始圈、终圈构成了球面坐标系的圆圈系统。三角形的三个顶点是基圈的极点、原点和介点（终圈与基圈的交点）。三边中的基圈和始圈，分别是坐标系的横轴和纵轴，是固定的框架。终圈则是可变动的，体现这种变动的是点的经度；点在终圈上的位置也是可变动的，体现这一变动的是点的纬度。通过这两种变动，球面上任何一点的位置，都可以用一定的经度和纬度的结合来确定。前者是点的横坐标，后者是点的纵坐标。

在天文学上，常用的天球坐标系分两大类：**右旋**坐标系和**左旋**坐标系*。前者与天球周日运动（地球自转）相联系，因天球周日运动方向向西（右旋），因此，经度向西度量，有**地平坐标系**和**第一赤道坐标系**。后者与太阳周年运动（地球公转）相联系，因太阳周年运动方向向东（左旋），因此，经度向东度量，有**第二赤道坐标系**和**黄道坐标系**。

2. 地平坐标系：高度和方位

（1）用途：地平圈把天球分割成两部分，人们所见的天空，是地平圈以上的一半。随着天球的周日旋转，天体相对于地平的升落和移动，是人们目睹的最直观的天象：旭日东升，夕阳西下，如日方中……都是对太阳的**方位**和**高度**的描述。地平坐标系（horizontal coordinate system）就是用来表示天体在天空中的方位和高度及其周日变化的。

（2）圆圈系统：地平坐标系同地平圈相联系。地平圈的两极，是当地的垂线向上下两个方向无限延伸，与天球相交的两个端点，叫天顶和天底。通过天顶、天底且垂直于地平圈的一切大圆，是地平经圈，或简称平经圈；一切与地平圈平行的圆，是地平纬圈（也叫等高圈）。地平圈与天赤道相交于东点和西点，它对于天赤道的两个远距点是南点和北点。通过南点和北点（也必通过南北天极和上点、下点）的平经圈，被叫作**子午圈**，必要时以天顶、天底为界，分为子圈（北半圈）和午圈（南半圈）；通过东点和西点的平经圈，被称为**卯酉圈**，必要时以天顶、天底为界，分为卯圈（东半圈）和酉圈（西半圈）。地平圈、子午圈和卯酉圈，是相互垂直且等分的三个天球大圆，它们把天球分成 8 个相等的球面三角形（图 1-15）。

（3）基本要点：有了上述的圆圈系统，我们就有条件来说明天球的地平坐标系。根据球面坐标系的一般模式，地平坐标系有如下要点：

——它的基圈是地平圈。

* 从天北极上面看，地球自西向东旋转，即逆时针旋转（古称左旋）。采用这个方向度量经度的坐标系，我们就叫作左旋坐标系，如后文马上要介绍的第二赤道坐标系和黄道坐标系；采用相反方向（顺时针）度量的坐标系，叫作右旋坐标系，如地平坐标系和时角坐标系。显然，地理坐标系是左旋坐标系。左旋、右旋只是一种沿用传统的说法。

——它的原点通常是南点,始圈通常是午圈*。

——地平纬度称**高度**(altitude,h),是天体相对于地平圈的方向和角距离(图 1-16)。高度自地平圈起,沿天体所在的地平经圈向上(下)度量,自 0°至±90°。高度的余角为**天顶距**(z)。

——地平经度称**方位**(azimuth,A),是天体所在的地平经圈相对于午圈的方向和角距离。方位以南点为起点,沿地平圈向西度量,自 0°至 360°。南点、西点、北点和东点的方位,分别为 0°、90°、180°和 270°。方位之所以要向西度量,是因为周日运动方向向西,使天体方位随时间递增,便于计量。在周日视运动中,当天体经过子午圈时,称天体中天。天体每天两次中天,位置达到最高时称上中天(即天体经过午圈),位置最低时称下中天(即天体经过子圈)。

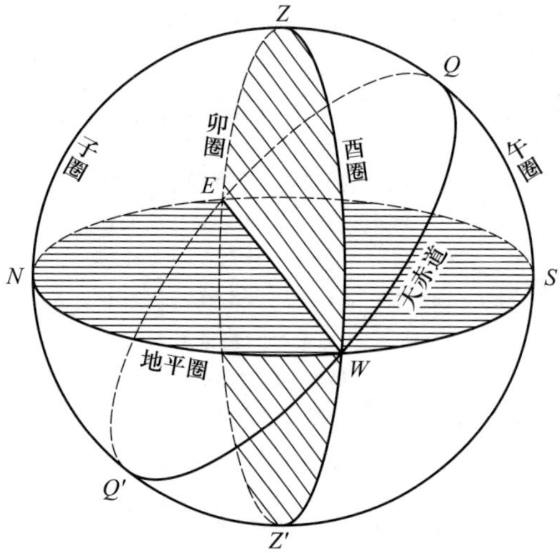

图 1-15　地平坐标系的圆圈系统

基圈为地平圈,引进天赤道,根据地平圈同它的关系,得到地平圈上四个相距 90°的点,即东点、西点、南点和北点,从而得到子午圈(通过南、北二点的平经圈)和卯酉圈(通过东、西二点的平经圈)。

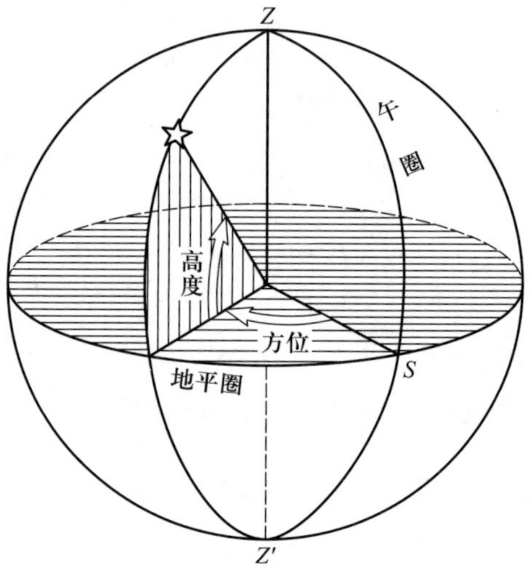

图 1-16　天体的地平坐标:高度和方位

3. 第一赤道坐标系:赤纬和时角

(1) 用途:第一赤道坐标系也称**时角坐标系**(dependent equatorial coordinate system)。顾名思义,设置这种坐标系是用于时间度量。

我们知道,时间的度量总是与事物的均匀运动过程相联系。在天地间,最理想的均匀运动,莫过于天球周日运动。“日出而作,日入而息”,天体东升西落,顺时针经度增加。钟表的设计,事实上就是太阳(严格地说应是平太阳)周日运动的翻版。

天球周日运动本身是均匀的。但是,反映在地平坐标系中方位的变化是非均匀的。这是因为,天球的旋转轴——天轴通常并不垂直于地平圈。所以,地平坐标系不能用于度量时间。要使

* 地平坐标系的原点和始圈,可以有不同的选择。一般地说,天文学通常以南点为原点,以午圈为始圈;而测量学多以北点为原点,以子圈为始圈。

经度随时间而均匀变化，只需把天球坐标系的基圈，由地平圈改为天赤道即可（因为天轴垂直于天赤道）；与此同时，坐标系的原点也由地平圈上的南点，改为天赤道上的上点，保留始圈（午圈）不变。坐标系的名称随之改称第一赤道坐标系。

（2）圆圈系统：天赤道为基圈。它的两极是地轴向北南两个方向无限延伸与天球的两个交点，称天北极和天南极。通过南、北天极，垂直于天赤道的一切天球大圆，是天球的赤道经圈，简称赤经圈；一切与天赤道平行的圆，是天球的赤纬圈。天赤道与地平圈相交，从而得东点、西点（交点）和上点、下点（远距点）。通过上点和下点（也必通过天顶、天底和南点、北点）的赤经圈，就是前述的**子午圈**[*]。所不同的是，赤道子午圈是以南、北天极来划分子圈和午圈。通过东点和西点的赤经圈，航海天文学上称为**六时圈**，必要时以南、北天极为界，分为东六时圈和西六时圈。天赤道、子午圈和六时圈，是相互垂直和等分的三个大圆，它们把天球分成 8 个相等的球面三角形（图 1-17）。

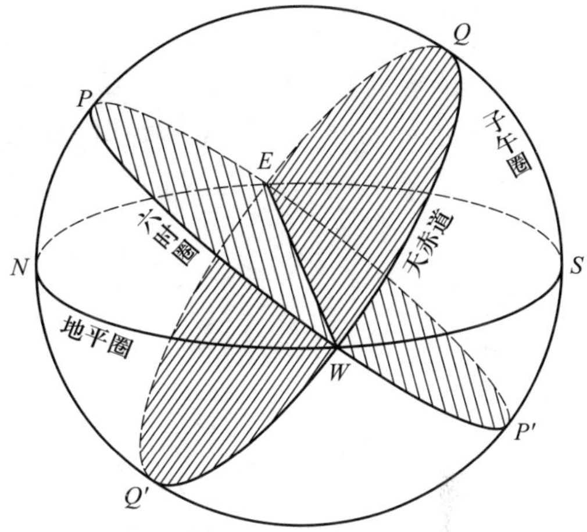

图 1-17 第一赤道坐标系的圆圈系统

基圈为天赤道，引进地平圈，根据天赤道同它的关系，得到天赤道上四个相距 90°的点，即东点、西点、上点和下点，从而得到子午圈（通过上点和下点的赤经圈）和六时圈（通过东点和西点的赤经圈）。

（3）基本要点：有了以上的圆圈系统，我们就有条件来说明天球的第一赤道坐标系。根据球面坐标系的一般模式，第一赤道坐标系有如下要点：

——它的基圈是天赤道。

——它的原点是上点，始圈是午圈。

——第一赤道坐标系的纬度称**赤纬**（declination，δ）（图 1-18），是天体相对于天赤道的南北方向和角距离。赤纬自天赤道起沿天体所在的赤经圈向南北两个方向度量，自 0°至±90°。按北半球习惯，天赤道以北为正，天赤道以南为负。赤纬的余角叫**极距**（p）。

——第一赤道坐标系的经度称**时角**（hour angle，t），是天体所在的赤经圈相对于午圈的方向和角距离。天体东升西落，这样的设置使得随着时间的“流逝”，天体时角增加，可以方便地用于计时。时角以上点为起点，沿天赤道向西度量，为的是使天体的时角“与时俱增”，用以度量时间。如春分点的时角表示恒星时，以太阳的时角推算太阳时。经度既称时角，赤经圈便改称**时圈**，并采用时间单位表示（每 15°折合 1^h）。上点、西点、下点和东点的时角，分别为 0^h，6^h，12^h 和 18^h。

（4）恒星时简介：天文学中，把春分点的时角规定为“恒星时”。春分点是天球上的一点（即天赤道和黄道交点），它是恒星的“总代表”。春分点无法观测到，也和天体一样参与周日视运动，所以也有中天的时刻，即经过天球子午圈时刻。规定春分点上中天时刻，恒星时为 0 h。

在太阳上中天时刻，太阳时角为 0^h，太阳时间却为 12 h（正午 12 点），因此：

太阳时 = 太阳时角+12 h（详见第四章）。

---

* 子午圈是一个十分重要的天球大圆。它既垂直于地平圈，又垂直于天赤道，是联系地平坐标系和赤道坐标系的纽带。

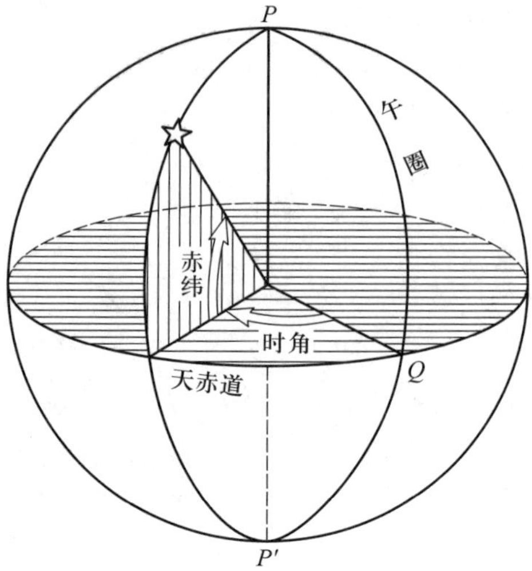

图 1-18　天体的第一赤道坐标系:赤纬和时角

4. 第二赤道坐标系:赤纬和赤经

第二赤道坐标系,也称赤道坐标系(equatorial coordinate system)。

(1) 用途:表示天体在天球上相对不变的位置,用于编制星表。

在地平坐标系中,天体的高度和方位,皆因时间和地点而变化;在第一赤道坐标系中,天体的赤纬不再变化,而它的时角仍随天球周日运动而"与时俱增"。二者都不能提供编制星表所需要的相对不变的位置。为适应这方面的需要,天文学上创立第二赤道坐标系。其方法是,保留天赤道为基圈,摒弃属于地平系统的午圈,在赤道系统另选原点和始圈。这样的坐标系就与地球自转形成的天体周日运动无关了。

(2) 圆圈系统:第二赤道坐标系与第一赤道坐标系,有彼此大同小异的圆圈系统。二者的差异在于:第一赤道坐标系以天赤道与地平圈的相互关系为基础,第二赤道坐标系则以天赤道与黄道的相互关系为基础。如图 1-19 所示,天赤道与黄道相交于春分点和秋分点。通过二分点的时圈,称为二分圈,必要时以南北天极为界,分为春分圈和秋分圈。与二分圈垂直、通过无名点(也必通过黄道上的二至点)的时圈称为二至圈(夏至圈和冬至圈)。天赤道、二分圈和二至圈,是相互垂直且等分的三个天球大圆,把天球分成 8 个相等的球面三角形。

(3) 基本要点:有了这样的圆圈系统,我们就有条件来说明第二赤道坐标系。根据球面坐标系的一般模式,第二赤道坐标系有如下要点:

——它的基圈是天赤道。

——它的原点是春分点,始圈是春分圈。

——第二赤道坐标系的纬度是赤纬,与第一赤道坐标系相同(图 1-20)。

——第二赤道坐标系的经度称**赤经**(right ascension, α),是天体所在时圈相对于春分圈的方向和角距离。赤经以春分点为起点,沿天赤道向东度量,自 0^h—24^h。随着天球的向西运动,**天体的中天时刻,要按其赤经的次序而定:赤经小的天体先中天,赤经大的则后中天。且上中天恒星的赤经,即为当时的恒星时**。上中天恒星处在午圈上,它的赤经是午圈与春分圈的角距离,也就是春分点的时角,即恒星时,这也是第一和第二赤道坐标系最直接的联系。

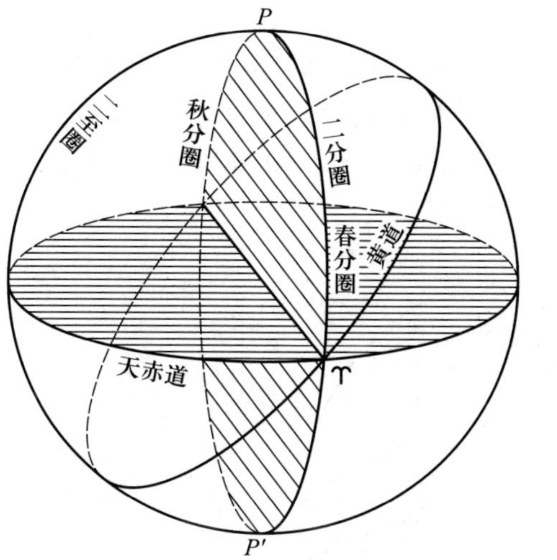

图 1-19　第二赤道坐标系的圆圈系统

基圈为天赤道，引进黄道，根据天赤道同它的关系，得到天赤道上四个相距90°的点，即二分点和两个无名点，从而得到二分圈（通过二分点的时圈）和二至圈（通过无名点，同时也通过黄道上的二至点的时圈）。

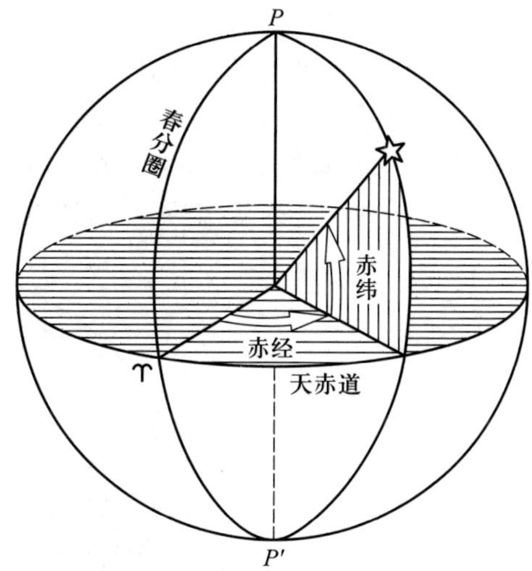

图 1-20　天体的第二赤道坐标：赤纬和赤经

从某种意义上说，第二赤道坐标系是地理坐标系的摹制品，都用于定位。地理坐标系以赤道为基圈，第二赤道坐标系则以天赤道为基圈。时圈相当于经圈。地理坐标系以通过格林尼治的经线（本初子午线）为始圈，第二赤道坐标系则以通过春分点的时圈（春分圈）为始圈。从这个意义上说，春分点好比“天上的格林尼治”。所不同的是，春分点是第二赤道坐标系的原点，而格林尼治并非地理坐标系的原点。此外，第二赤道坐标系与地理坐标系在度量经度和纬度的具体细节方面，也存在一些差异。

5. 黄道坐标系：黄纬和黄经

（1）用途：表示日月行星在天球上的位置和运动。

（2）圆圈系统：黄道坐标系（ecliptic coordinate system）同黄道相联系。黄道的两极叫黄北极和黄南极，它们是地球轨道面的垂线的无限延伸（黄轴）与天球的两个交点。通过南、北黄极，且垂直于黄道的一切大圆是黄道经圈，简称黄经圈；一切与黄道平行的圆是黄纬圈。黄道与天赤道相交，从而得到二分点和二至点。通过二分点的黄经圈尚无定名，暂称**无名圈**；通过二至点的黄经圈，即前述的二至圈。黄道、无名圈和二至圈，是相互垂直且等分的三个大圆，把天球分成 8 个相等的球面三角形（图 1-21）。

（3）基本要点：根据上述的圆圈系统和球面坐标系的一般模式，黄道坐标系有如下要点：

——它的基圈是黄道。

——它的原点是春分点，始圈是无名圈（通过春分点的黄经圈）。

——黄道坐标系的纬度称**黄纬**（celestial latitude，β），是天体相对于黄道的方向和角距离（图 1-22）。黄纬自黄道起沿天体所在的黄经圈向南北两个方向度量，自 0°至±90°。黄道以北为正，黄道以南为负。

——黄道坐标系的经度称**黄经**(celestial longtitude, λ),是天体所在的黄经圈相对于春分点所在的黄经圈的方向和角距离。黄经以春分点为起点,沿黄道向东度量,自 0°至 360°。太阳沿黄道周年运动,其黄纬始终为 0°;黄经向东度量,使太阳黄经"与日俱增"(每日约增加 1°)。春分、夏至、秋分和冬至的太阳黄经,分别为 0°、90°、180°和 270°。

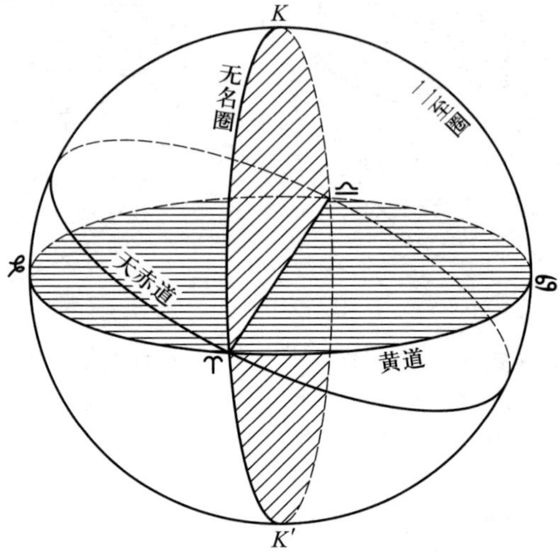

图 1-21 黄道坐标系的圆圈系统

基圈为黄道,引进天赤道,根据黄道同它的关系,得出黄道上四个相距 90°的点,即二分点和二至点,从而得到无名圈(通过二分点的黄经圈)和二至圈(通过二至点的黄经圈)。

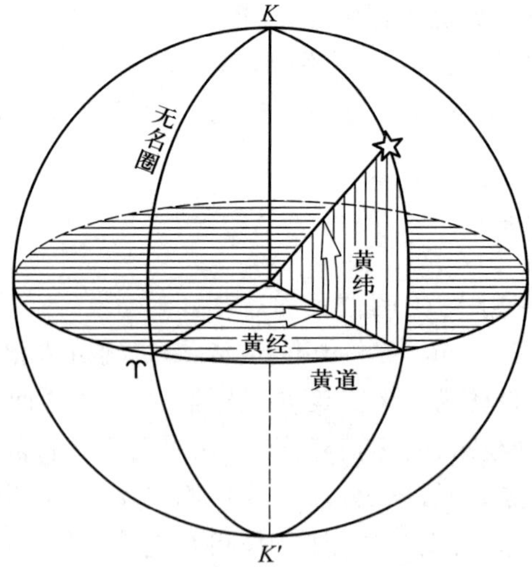

图 1-22 天体的黄道坐标:黄纬和黄经

6. 各种天球坐标的区别

天球有各种不同的坐标系。因此,同一天体就有各种不同的坐标。不同的坐标系之间,既存在区别,又有相互联系。

（1）地平坐标系与第一赤道坐标系

这两种坐标系都属于右旋坐标系，它们的经度（方位与时角）都是向西度量；而且，两者都以午圈为始圈。但是，前者以地平圈为基圈，因而以南点为原点；后者以天赤道为基圈，因而以上点为原点。这样，天体的高度便不同于赤纬，方位也不同于时角（图 1-23）。它们之间的具体差异，与当地的纬度有关：纬度愈高，两者愈接近。在南北两极，天赤道与地平圈重合，天北极位于天顶。这时，高度就是赤纬，方位等于时角。

体现地平坐标系与第一赤道坐标系的联系，有如下关系式：

仰极高度 = 天顶赤纬 = 当地纬度

天球的南北两极，一个在地平以上，叫作**仰极**；另一个在地平以下，叫作**俯极**。对北半球来说，仰极就是天北极。如图 1-24 所示，图中的内圆表示地球，外圆是天球子午圈，显然，一地的纬度（φ）与当地天顶的赤纬属同一个角，它等于当地仰极的高度，两者都是天顶极距的余角。人们正是根据这一原理来测定所在地的纬度。在我国历史上，仰极高度被称为**北极高**。

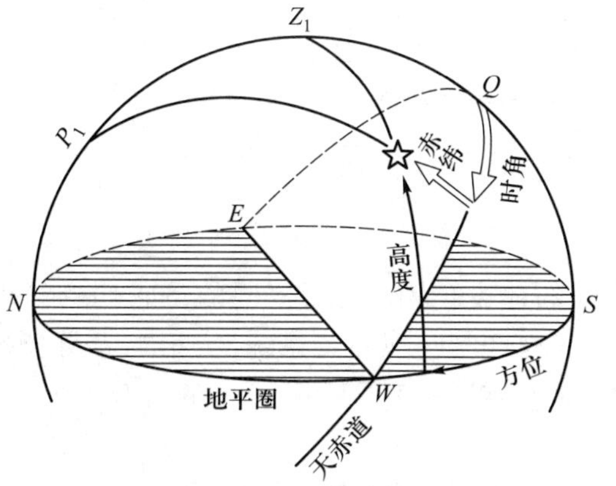

图 1-23　地平坐标系与第一赤道坐标系

两者都属右旋坐标系，且有相同的始圈。但由于基圈不同，天体的高度不同于赤纬，方位不同于时角。两者之间的具体差异，与当地的纬度有关。

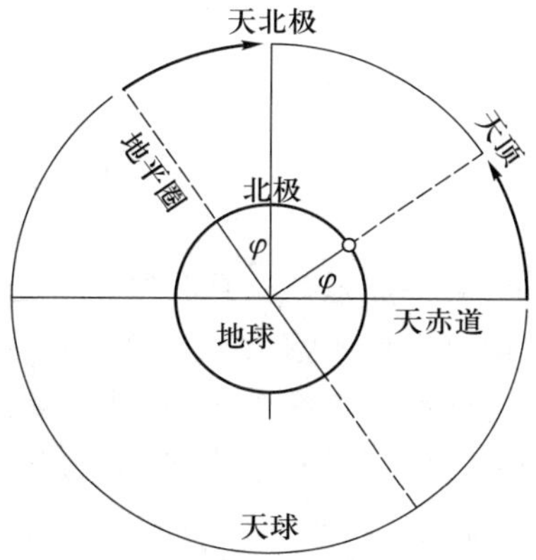

图 1-24　仰极高度和天顶赤纬

两者都等于当地纬度。它体现了地平坐标系与第一赤道坐标系的关系。

子午圈被地平系统中的天顶（Z）、天底（Z'）、南点（S）和北点（N）所四等分；又被赤道系统中的南、北天极（P 和 P'）和上点（Q）、下点（Q'）所四等分。上述 8 个点中，相邻两点的间距，不是等于纬度（φ），便是等于余纬（$90°-\varphi$）。

（2）第二赤道坐标系与黄道坐标系

这两种坐标系都属于左旋坐标系，它们的经度（赤经和黄经）都是向东度量；而且，它们有共同的原点（春分点）。但是，前者以天赤道为基圈，因而以春分圈为始圈；后者以黄道为基圈，因而以无名圈为始圈。这样，天体的赤纬不同于黄纬，赤经不同于黄经（图 1-25）。与前述两种右旋坐标系一样，它们之间的具体差异，同黄赤交角有关。

由于轨道面和赤道面受日月行星摄动的影响，黄赤交角发生微小的变化。近期，黄极向天极靠拢，黄赤交角每世纪减小约 47″，将延续约 15 000 年后转为增大。从 1984 年起，采用其约数为 23°26′（详见第三章）。

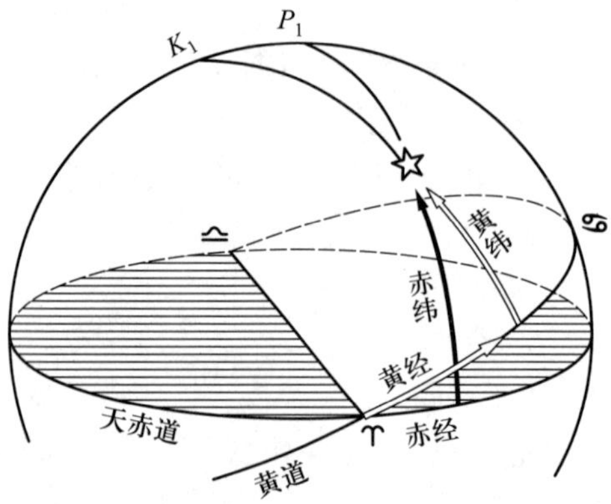

图 1-25　第二赤道坐标系与黄道坐标系
两者都属左旋坐标系,且有相同的原点。但由于基圈的不同,天体的赤纬不同于黄纬,天体的赤经不同于黄经。

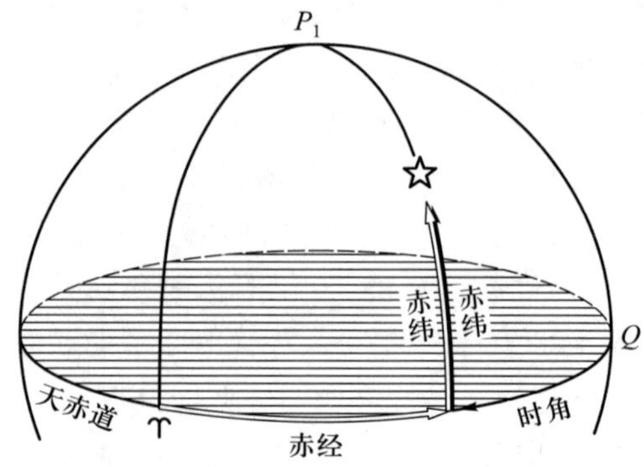

图 1-26　第一赤道坐标系与第二赤道坐标系
两者都以天赤道为基圈,因而天体有相同的赤纬。但前者为右旋坐标系(时角自上点向西度量),后者为左旋坐标系(赤经自春分点向东度量),因而天体的时角不同于赤经。任何时候,天体的时角(t)与其赤经(α)之和,总是等于春分点时角,即为当时的恒星时:

$$t_{\star}+\alpha_{\star}=t_{\Upsilon}=S$$

(3) 第一赤道坐标系与第二赤道坐标系

这两种坐标系都以天赤道为基圈,因而有共同的纬度(赤纬),所不同的是它们的经度。第一赤道坐标系以午圈为始圈,其经度(时角)自上点向西度量(属右旋系统)。第二赤道坐标系以春分圈为始圈,其经度(赤经)自春分点向东度量(属左旋系统)。所以,天体的时角不同于赤经,两者的具体差异,同当时的恒星时有关。

如图 1-26 所示,天体赤经(α)与天体当时的时角(t)之和,就是两坐标系原点(ΥQ)的距离,即等于春分点时角(t_{Υ})或上点赤经(α_Q)。春分点和上点都是天球上的点而不是天体所以无法观测,需要跟恒星建立联系。春分点时角被用于表示恒星时(S),即:

$$S=t_{\Upsilon}$$

对于任一恒星来说,在任何时刻,它的时角($t_{\star}$)与春分点时角(t_{Υ})之间,总存在一个差值,这个时角差,就是二者的赤经差。又因春分点是赤经度量的起点,所以,这个赤经差就是该恒星赤经($\alpha_{\star}$)本身。于是又有(如图 1-26 所示):

$$S=t_{\star}+\alpha_{\star}$$

而当恒星中天时,$t_{\star}=0$,便有:

$$S=\alpha_{\star}(\text{中天})$$

这就是说,**任何时刻的恒星时,等于当时上中天恒星的赤经**(也即上点赤经)。春分点(Υ)在天球上没有标志,因而它的时角是无法实测的;而测定恒星中天则是"轻而易举"的。这为恒星时的测定提供极大的方便!这就是为什么说"天体中天时刻按其赤经次序而定",即赤经小的先中天,赤经大的后中天,也就是恒星时"与时俱增"。

对初学者来说,天球坐标显得头绪纷繁,难以接受。这需要有一定的耐心。在本书的以后章节里,它们主要用来阐明与太阳相关的各种变化过程:如**正午太阳高度**、求半昼弧长的**日没时太**

阳时角、造成真太阳日长度周年变化的**太阳赤经**差和**黄经**差、回归运动中**太阳赤纬**的周年变化，以及按**太阳黄经**划分二十四节气等。太阳是人类最关注的天体！

兹将各种天球坐标系列于表 1-1。

表 1-1　各种天球坐标系的比较

坐标系	地平坐标系	时角坐标系	赤道坐标系	黄道坐标系
基圈	地平圈	天赤道	天赤道	黄道
两极	天顶、天底	天北极、天南极	天北极、天南极	黄北极、黄南极
轴	当地垂线	天轴	天轴	黄轴
辅圈	地平经圈（有子午圈、卯酉圈）	时圈（有子午圈、六时圈）	时圈（有二分圈、二至圈）	黄经圈（有无名圈、二至圈）
始圈	午圈	午圈	春分圈	无名圈
原点	南点	上点	春分点	春分点
纬度	高度 h：地平圈向天顶/天底度量 $0°\sim\pm90°$	赤纬 δ：天赤道向两极方向度量 $0°\sim\pm90°$	同“时角坐标系”	黄纬 β：黄道向两极方向度量 $0°\sim\pm90°$
经度	方位 A：由南点沿地平圈向西（顺时针）至天体所在地平经圈 $0°\sim360°$	时角 t：由原点沿天赤道向西（顺时针）至天体所在赤经圈 $0\sim24^h$	赤经 α：由春分点沿天赤道向东（逆时针）至天体所在赤经圈 $0\sim24^h$	黄经 λ：由春分点沿黄道向东（逆时针）至天体所在黄经圈 $0°\sim360°$
应用	天文航海、天文航空、人造地球卫星观测及大地测量等	观测恒星、星云、星团等遥远天体，广泛应用于天体测量和天体物理学中		观测太阳以及太阳系内运行在黄道面附近的天体

复习与思考

1. 何谓天球周日运动和太阳周年运动？为什么会有夜半中星的变化？
2. 举出下列天球大圆的两极：

   地平圈______ ______子午圈______ ______

   天赤道______ ______卯酉圈______ ______

   黄　道______ ______六时圈______ ______
3. 举出下列天球大圆的交点：

   子午圈与地平圈__________ __________

   子午圈与天赤道__________ __________

   子午圈与卯酉圈__________ __________

   子午圈与六时圈__________ __________

   天赤道与地平圈__________ __________

   天赤道与黄道__________ __________

4. 为什么时角向西度量,而赤经则要向东度量?
5. 天球上哪一点的赤纬(δ)和赤经(α)等于零?该点的黄纬(β)和黄经(λ)又是多少?
6. 北天极的黄纬和黄经是多少?北黄极的赤纬和赤经是多少?(查天球仪)
7. 某恒星的方位和高度都是45°,问:须在天空的哪一部分去寻找?(西南方半空)
8. 在何地(指纬度)观测,天体的赤纬与高度相等,时角与方位相等(即地平坐标系与第一赤道坐标系合二为一)?
9. 已知恒星时 $S=6^h38^m$,某恒星再过 2^h10^m 上中天,试求该恒星的赤经。
10. 已知某恒星的赤经 $\alpha=20^h38^m$,当恒星时(S)为 23^h17^m 时,该恒星的时角是多少?
11. 对35° N而言,当春分点刚升起地平的时刻,黄道与地平圈成多大交角?当春分点刚沉入地平的时刻呢?(先调整天球仪的纬度,然后把春分点移至东/西方地平,就是使天赤道、黄道和地平圈同时相交于东/西点,便可直接读数。)
12. 试推算二分二至时太阳的黄道坐标和赤道坐标,填下表:

坐标		太阳黄纬	太阳黄经	太阳赤纬	太阳赤经
节气	春分				
	夏至				
	秋分				
	冬至				

13. 已知纬度 $\varphi=31.5°$ N,恒星时 $S=9^h45^m$,试推算下列各点的地平坐标和赤道坐标。填下表:

坐标		高度(h)	方位(A)	赤纬(δ)	时角(t)	赤经(α)
点	天顶					
	天底					
	天北极					
	天南极					
	东点					
	西点					
	南点					
	北点					
	上点					
	下点					

提示:①上表所列的10点,皆互为对跖点,即两者纬度相等(符号相反),经度相差180°(或 12^h)。② 上表中的10点,有8点位于子午圈上。位于同一经线上的点,有相同的经度。③ 基圈和始圈上的点,其纬度或经度为零;极点的纬度为90°,经度则为任意。④ 表中各点的方位和时角是给定的,与上述的已知条件无关。

第二章　地球的宇宙环境

第一节　恒星和星系

宇宙是物质的。宇宙间的物质以各种形态存在着:有的是聚集态,构成各类星体;有的成弥散态,构成星云,即云雾状天体;还有弥散于广漠的星际空间,极其稀薄,称星际物质,包括星际气体和星际尘埃。所有这些物质统称**天体**。宇宙间最重要的天体是**恒星**,太阳就是恒星的一个典型代表。恒星都拥有巨大的质量。相比较而言,太阳系内的行星、卫星、彗星和流星体等,其质量是微不足道的。

大量的恒星和星云构成巨大的天体系统,叫作**星系**。它们是宇宙的基本构件。地球和整个太阳系所属的星系,叫银河系;银河系以外的无数星系,统称"河外"星系。

一、恒星

1. 恒星及其自行

在无月的晴夜里,繁星满天,除了屈指可数的几个行星外,它们都是恒星。人们花费了许多个世纪的时间,才了解到恒星就是一个个遥远的"太阳"。试想,要把白昼所看到的这个炽热、辉煌和光芒四射的太阳,同暗夜里的点点繁星等同起来,在那个时代,需要有多大的想象力!恒星都是由炽热气体组成的、能够自身发光的球形或类似球形的天体。它们之所以是炽热的和能够自行发光,是因为它们具有巨大的质量;正是由于恒星的质量巨大,它们在自引力作用下,形成球形或类似球形的天体。

恒星都极其遥远,因而都成为天空中的光点。直到 180 余年前,才有人测定它们的距离。离我们最近的那颗恒星是半人马座 α(中文名南门二),其距离是 4.22 l.y.。这个数字的含义是,倘若半人马座 α 发生一起突发事件,譬如一次大的爆发过程,那么,在那以后的 4 年多时间里,我们对此事件将一无所知,因为再没有其他途径能使信息比光还快传递到我们这里。当我们极目向太空远眺时,在时间上说,我们是在看过去。我们现在所看到的,都是恒星"过去"的形象。测定恒星的距离,知道它们在哪里,这就向知道恒星是什么迈进了一大步,能够由此知道它的许多情况。其中,有两个非常重要的性质几乎立即就可以获得,这就是该恒星的光度和垂直于我们视线方向的运动速度。

"恒"星的本意是"固定的星",以区别于行星。所谓"固定",并非指没有随天穹东升西落的周日运动,而是指它们在天球上的相对位置保持不变。例如,为人们所熟悉的北斗七星,尽管不停地"斗转星移",却始终保持"斗"的形状不变。但是,恒星彼此间相对位置的不变性,只是近似的。事实上,恒星在空间中不断地运动,而且,其速度可高达每秒数百千米,只是由于它们的距离太遥远,短期内不易被察觉而已!

恒星的空间速度,可以分成两个分量,即**视向速度**和**切向速度**。前者是沿观测者视线的分量(离观测者远去为正,向观测者接近为负);后者是同视向速度相垂直的分量,它表现为恒星在天球上**相对太阳**的位移,并且被叫作**自行**(proper motion)(图2-1)。恒星自行的速度,一般都小于每年 0.1″,记作 0.1″/a,迄今只发现有 400 余颗恒星的自行超过 1″/a。其中,自行最快的恒星是蛇夫座的巴纳德星,它的切向速度为 10.31″/a。由此可知,恒星其实也不"恒"。

恒星的自行,没有统一的方向和速率。例如,北斗七星中的北斗一(天枢)和北斗七(摇光)的自行,与其他五颗星的自行大相径庭。多少年之后,北斗七星将变得面目全非(图 2-2)。

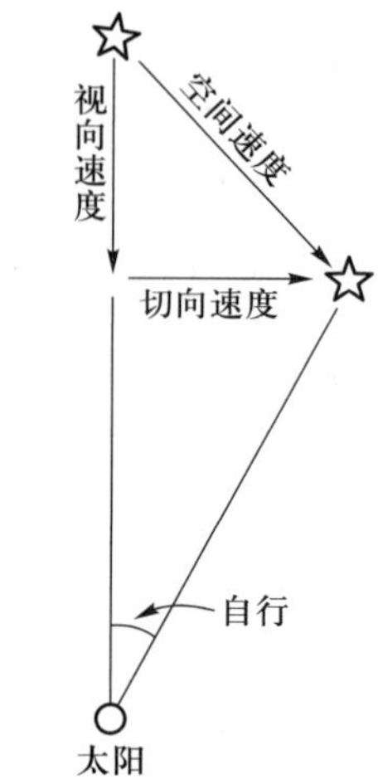

图 2-1 恒星的空间速度及其两个分量

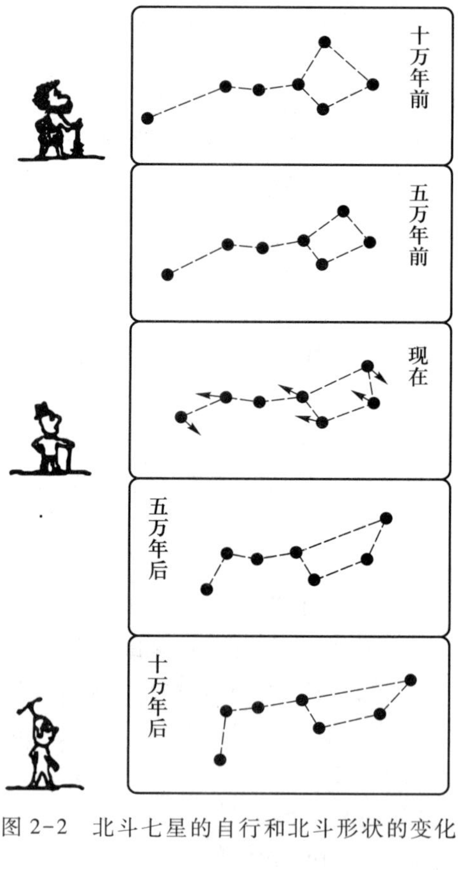

图 2-2 北斗七星的自行和北斗形状的变化

2. 恒星的发光和光谱

恒星能自行发光(指可见光),这是它的本质特征。恒星要产生可见光,其温度必然是很高的。为什么恒星能有很高的温度?这里有两方面的问题:一是质量大小问题,恒星有巨大的质量，因此，它有很高的中心温度，才能引起热核反应而释放大量能量；二是发展阶段问题，恒星并不是从来就发光的，也不会永远是发光的，只是在它生命史上的某个阶段才有发光现象，而且，在不同的演化阶段，会发出不同的光。

究竟要多大质量的天体才能发光？才算是恒星？根据对恒星质量的统计，大多数恒星的质量不小于太阳质量的10%，也不大于太阳质量的10倍。有些恒星的质量仅及太阳质量的百分之几，也有些恒星的质量超过太阳质量的100倍。如此看来，能自行发光的天体，其质量至少要达到太阳质量的百分之几。

人们为了区别不同的光，让星光通过分光镜一类的光学仪器，使不同波长或者说不同颜色的光，按其波长顺序排列成一条光带——光谱。我们知道，每一种物质当它发光的时候，都有自己独特的标志，也就是各种元素发出一定颜色，或者说一定波长的光，这叫发射光谱。另一方面，它们也会吸收别的光源发射的光线，在连续光谱中出现暗色的吸收线，这叫吸收光谱。有趣的是，各种元素（在低压下的炽热气体）所吸收的光线，正是它们（在同样条件下）所能够发射的光线。

恒星的光谱有不同的类型。不同光谱型之间的主要差别在于星光颜色，而颜色实际上是恒星温度的反映。红色的星，表面温度最低，约为3 000 K，黄色星约为6 000 K，太阳便属于这一类恒星；白色星一般为10 000~20 000 K，蓝色的星温度最高，可达30 000~100 000 K。按物理学定律，温度越高，光谱最明亮（辐射强度最大）部分越接近蓝色一端。为此，人们只要在谱线中找出最明亮部分所对应的波长，便可推算出恒星的表面温度。

化学家们凭光谱中的发射线（亮线）证认各种元素，天文学家则凭光谱中的吸收线（暗线）和发射线，研究天体的物理性质和化学成分。来自恒星的光，首先要通过自身的大气层，所以，大多数恒星的光谱是带有吸收线的连续光谱。少数恒星的光谱还有一些发射线，或者只有发射线而没有吸收线。根据恒星光谱的研究，不同温度的恒星，其化学组成大同小异。对于大多数恒星来说，主要成分是氢，约占90%；其次是氦，约占10%。其他元素很少，不足1%。此外，通过光谱分析可以确定恒星的光度，比较它的视亮度，就能推知恒星的距离。星光成了传递天体的各种信息的远方使者，故被称为“有色的语言”。

3. 多普勒效应

奥地利物理学家多普勒（1803—1853）从声波传播中发现，波的频率会因声源与观测者的相对运动而变化，并解释了这种现象，因而这种现象被叫作多普勒效应。

许多人都熟悉，火车的汽笛声在列车向你奔驰而来时，音调会变高；而当它掠过你离去时，声音马上就会低沉下来。音调高，表明声波的频率较高；音调低，声波频率较低。这并不意味着声源发生了什么变化，而是由于声源与观测者的相对运动。当声源对着观察者相向而来时，声音频率提高；当声源背离观察者而去时，声音频率降低。

多普勒效应是一切种类波所共有的现象，也适用于光波和电磁波。测定光的多普勒效应的最好办法，是观测它的谱线的变化：例如，大多数恒星的光谱里，在紫外光部分都有两条暗线，这是由于钙气吸收。令人诧异的是，遥远星系光谱里的这两条暗线，却不是处在它们应处的位置上，而是稍稍移向低频端（即红端）。这种现象称为“红移”。星系距离愈远，谱线“红移”愈显著，甚至使这两条应处于紫外光部分的暗线，移到了红光一端。这种某频率谱线的位移现象，说明该天体正在与观测者作相对运动。可见光谱如果发生了红移（波的频率降低，波长变长），表明该天体正在退行；反之，若谱线发生紫移（波的频率升高，波长变短），该天体就在向我们接近。

多普勒效应为天文学家提供了一种测定天体视向速度的方法:只需测定天体的光的波长变化,便能求得该天体相对于我们的速度。

4. 恒星的亮度和光度

恒星的亮度(luminosity,L)是指地球上的受光强度,即恒星的明暗程度;恒星的光度(brightness,F)表示恒星本身的发光强度。恒星看起来有明有暗,但是,亮星未必比暗星的发光本领强,因为这里还包含着距离的因素。在天文学上,天体的亮度和光度都用星等表示:表示天体亮度等级的叫视星等,记作 m;表示天体光度等级的叫绝对星等,记作 M。通常所说的星等是指视星等。

星等是天文学史上传统形成的表示天体亮度的一套特殊方法,如同气象学上用风级来表示风速一样,所不同的是,星等越大,恒星亮度越暗。2 000 多年前,希腊天文学家把肉眼可见的恒星分成六等*。后人沿袭了这套方法,同时,经过光学仪器的检测,使之更加精确。英国天文学家普森(Norman Robert Pogson)在 1850 年注意到,星等和亮度有一定的关系:随着星等按等差级数增加,亮度按等比级数减小,而一等星比六等星大约亮 100 倍,于是建议规定这个 100 倍的比率就定义为精确的五个星等差。这个建议被采纳并沿用至今。连续各个星等的亮度成几何级数,若相邻两星等的亮度比率(级数的公比)为 R,则有

$$R^5 = 100$$

两边取对数

$$5\lg R = 2$$

$$\lg R = 0.4$$

$$R = 2.512$$

有了这样的数量关系,就可以用星等来表示任何亮度。星等相差 1 等,恒星的亮度相差 2.512 倍。星等按等差级数增大,亮度便成等比级数递减。

望远镜和照相技术问世后,星等扩展到更暗的恒星。现代最强大的望远镜,能够观测到 30 等的暗星。另一方面,星等还向零值和负值扩展。例如,天狼星(全天最亮的恒星)的亮度为-1.45 等,金星最明亮时亮度为-4.22 等,满月的亮度为-12.73 等,太阳的亮度达-26.74 等。这就是说,太阳的亮度是一等星亮度的$(2.512)^{27.74} = 1\ 300$ 亿倍。

假定有两颗恒星,其星等为 m 和 m_0($m>m_0$),它们的亮度 E 和 E_0 的比率为

$$\frac{E_0}{E} = 2.512^{m-m_0} \tag{2-1}$$

两边取对数,并记住 $\lg 2.512 = 0.4$,得

$$\lg E_0 - \lg E = 0.4(m - m_0)$$

$$m - m_0 = 2.5(\lg E_0 - \lg E) \tag{2-2}$$

如果取零等星($m_0 = 0$)的亮度 $E_0 = 1$,那么

* 六个星等的尺度分别是:一等星特别明亮,全天共 21 颗,它们在附近恒星中显得非常突出。二等星比较明亮,北极星和北斗星(除北斗四外)可作为代表。三等星不大明亮,但在薄雾、明月和城市灯光下,一般仍可见到。四等星较为暗淡,在上述条件下,隐匿不见。五等星很暗淡,天空全黑时可见。六等星是最暗淡的星,只有在良好的观测条件下方能看到。

$$m=-2.5\lg E \tag{2-3}$$

(2-3)式称普森公式。该公式表明,只要有明确的零等星和它的标准亮度即平均亮度,就可根据恒星的亮度 E 推算其星等 m。

恒星的亮度与其距离远近有关。如图 2-3 所示,光源的视亮度与其距离的平方成反比。单从亮度是看不出恒星的真实光度的。为了比较不同恒星的光度,必须把它们"移"到同一位置(距离)上,才能对比出它们的真正亮度即光度来。天文学上把这个标准距离定为 10 pc*,相当于 0.1″视差的距离,合 32.6 l.y.。距离因素被消除后,星等仅与恒星的光度有关。

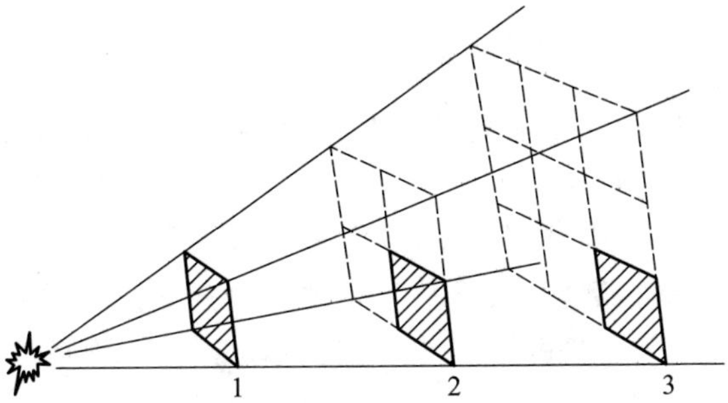

图 2-3　光源的视亮度与其距离的平方成反比
距离增加 1 倍,亮度便减为 1/4。

标准距离(10 pc)下的恒星的亮度称绝对亮度,其星等叫绝对星等**。有了这个标准距离,就可以根据恒星的实际距离(d)和视星等(m),推算它在 10 pc 时的亮度 E_M 和绝对星等 M。

设 E_M 表示绝对亮度,E_m 表示视亮度。由公式(2-1)可得

$$\frac{E_M}{E_m}=2.512^{m-M}$$

恒星的亮度与其距离的平方成反比,如该恒星的距离 d 以秒差距为单位,那么

$$\frac{E_M}{E_m}=\frac{d^2}{10^2}$$

把这个关系式代入前面那个方程式的左边,便得

$$\frac{d^2}{10^2}=2.512^{m-M}$$

两边取对数,并记住 $\lg 2.512=0.4$,那么

$$2\lg d-2=0.4(m-M)$$

$$m-M=5\lg d-5$$

$$M=m+5-5\lg d \tag{2-4}$$

(2-4)式是现代恒星天文学最重要的公式之一。恒星的两种星等之差,在恒星距离的测量工作中是十分重要的,只要测定恒星的绝对星等,便可按平方反比定律,求知该恒星的距离。

若 $d=10$,则 $5\lg d=5$,$M=m$。即恒星距离为 10 pc 时,它的视星等即为绝对星等。

10 pc 在恒星世界是"咫尺之距",只有为数不多的亮星位于这个距离之内。因此,对于绝大多数恒星来说,其绝对星等高于它的视星等。因为绝大多数恒星的距离都远于 10 pc。太阳是个

---

* 秒差距(parsec,简写作 pc)是天文学上常用的一种距离单位。当天体的周年视差为 1″时,其距离为 1 秒差距(1 pc),相当于 206 265 AU 或 3.26 l.y.(详见第三章)。

** 一般来说,忽略绝对星等与绝对热星等之间的区别。

例外。如果把太阳移到这个距离,它的星等将是 4.75 等*,成为一颗不起眼的暗星。在恒星世界里,光度的差异悬殊。光度最大的恒星,比太阳强 100 万倍;光度最小的恒星,仅及太阳光度的百万分之一。在这方面,太阳也是恒星世界的普通一员。

5. 恒星的多样性

恒星的化学组成基本一致,质量差异也不大(相对于其他物理参数而言),可谓大同小异。但是,它们存在的形式,却是五花八门和复杂多样的。

——单星、**双星**和**星团**　一般的恒星是单个存在的。但是,有一些恒星是成双成对的,被称为**双星**。例如,全天最明亮的天狼星就是一颗双星。它的伴星光度很小,肉眼不可见。在已知恒星中,双星约占 1/3。双星分**光学双星**和**物理双星**两类:前者在天球上位置很靠近,但实际上在视线方向上相距很远,并无物理上的联系,这类双星又叫**视双星**或**假双星**;后者两个子星空间距离接近,由于相互吸引而相互绕转,是真正的双星。若双星绕转的轨道平面平行于视线方向,还会发生周期性的相互掩蔽,从而发生亮度变化,叫作**食双星**。有的双星的子星本身也是一对双星。例如,半人马座 α(南门二)实际上是一颗三合星。它由 A、B、C 三星组成,其中的 A 和 B 是一对双星,二者又同 C 星结成双星。按目前的位置,C 星比 A、B 二星更接近我们,它是现在的**比邻星**。

在恒星世界中,还有许多恒星集中分布在一个较小的空间,彼此有物理联系,形成一个稠密的恒星集团,叫作**星团**。例如,金牛座的**昴星团**(俗称"七姐妹",事实上肉眼只见到六颗),一簇小星密集在月轮大小的天区内,比头等明星更引人瞩目。其实,它的成员多达 280 余个,天文上称**疏散星团**。最庞大的星团由数十万颗恒星聚集而成,它们呈球对称状分布,因而被称为**球状星团**(图 2-4)。

图 2-4　全天最亮的球状星团(半人马座 ω)

* 按照公式(2-4)算得太阳绝对星等 $M=+4.83$,经热改正(BC=-0.08)为+4.75 等。

——**变星、新星和超新星**　大多数恒星的光度是稳定的，短时期内几乎没有变化，太阳就属于这一类恒星。有些恒星的光度在短时期内会发生明显的、特别是周期性的变化。变化的周期，长的可达几年到十几年，短的只有几日甚至几小时。这样的恒星称为**变星**。银河系内已发现的变星约有 2 万多颗。按其成因，变星可分**食变星**、**脉动变星**和**爆发变星**三类。

食变星又叫**几何变星**。它的亮度变化是由于双星相互绕转时发生交食现象而引起的，即前述的食双星。最著名、也是最早被发现的食变星是英仙座 β（中文名大陵五），有魔星之称。该恒星平时的亮度约为 2.2 等，当伴星掩蔽主星时，在 4 小时 50 分钟内，亮度减为 3.4 等；然后，经过同样的时间，迅即又恢复到原来的亮度。它的变光周期为 2 日 20 时 49 分，变化十分有规则（图 2-5）。

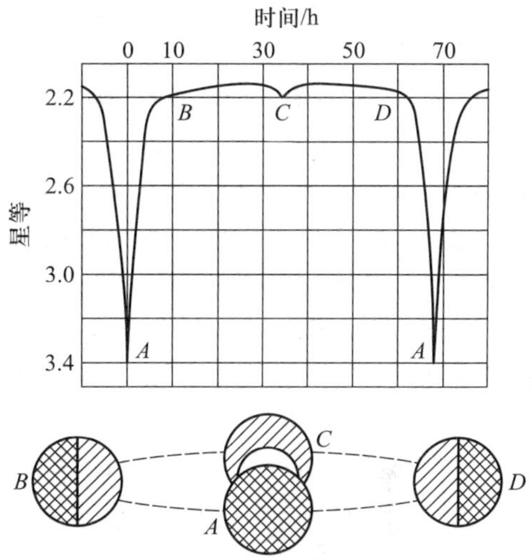

图 2-5　食变星——大陵五（英仙座 β）的亮度变化

脉动变星和爆发变星又叫**物理变星**。它们的亮度变化是由于恒星内部或其大气物理状况变化。脉动变星是恒星体积发生周期性膨胀和收缩而引起光度的变化：膨胀时光度变大，收缩时光度变小。已知银河系内的脉动变星有一万多颗，约占其变星总数的一半。爆发变星是星体爆发现象引起光度的变化。爆发变星中，亮度在很短时间内（几小时至几天）突然剧增、然后缓慢减弱的恒星叫**新星**。在爆发过程中，新星虽然释放大量的能量和损耗一部分质量，但以后仍作为一颗恒星而继续存在。爆发规模特别大的变星叫**超新星**，其光度变幅超过 17 个星等，即亮度可突然增强到原来的几千万倍甚至近亿倍。这是恒星“临终前的回光返照”。经过这样爆发以后，超新星只留下一个致密的残骸，而不再是通常意义的恒星了！银河系里已发现 200 多颗新星和 8 颗超新星。我国北宋至和元年（1054 年）所记录的“天关客星”（天关即金牛座 ζ），是最著名的一颗超新星。它的遗迹不断扩散，形成著名的**蟹状星云**。

——**巨星、超巨星和白矮星**　恒星世界也分“巨人”和“侏儒”，它们的体积大小悬殊。然而，恒星的大小是无法直接测定的，即使在最强有力的望远镜视场里，恒星也不分大小，都是一个光点。它们的体积大小，具体反映在恒星的光谱型（或温度）和光度（或绝对星等）的关系上。

19 世纪中叶，科学家发现恒星有距离上的差别后，随即就知道，恒星还存在着光度的差异。一旦获得了恒星的温度和光度的大量信息，下一步很自然地会把这两方面的知识联系起来，建立起一种关于恒星理论的至为重要的关系。20 世纪初，丹麦天文学家赫茨普龙（1873—1967）和美国天文学家罗素（1877—1957），不约而同地创制了恒星的光谱型和光度的坐标关系图，简称**光谱-光度图**，通常也叫**赫罗图**。它以恒星的光谱型（或温度）为横坐标（取对数），以它的光度（或绝对星等）为纵坐标（线性），每颗恒星按照各自的光谱型和光度，在图上占有一定的位置（图 2-6）。

赫罗图的一个明显特点是，恒星并不是在图上到处分布的。大多数（90% 以上）恒星分布在从图的左上方至右下方的一条窄带上,温度由高到低,光度由大到小,形成一个明显的序列。这条窄带叫作**主序**;位于主序上的恒星,则被称为**主序星**。这个关系图表明,大多数恒星的光度,决定于它们的温度,即恒星的温度越高,其光度就越大。

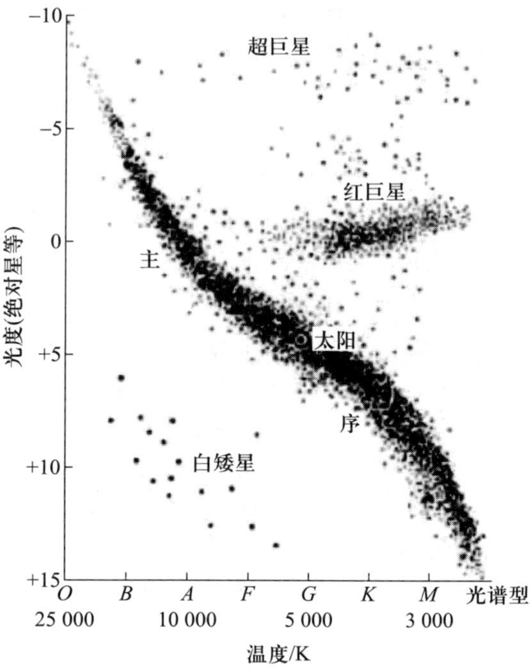

图 2-6　赫罗图——恒星的光谱-光度图

太阳位于主序的中部,可见它是一颗很典型的恒星。

同主序星相比较,赫罗图上有三部分恒星情况殊异。一部分集中在图的右上方,它们的温度不高,但光度却很大。这等于说,一颗“冷星”,却又十分明亮。对此,唯一的解释只能是它们的体积很大,因而增加了发光面积。这部分恒星叫**红巨星**。在红巨星的上方,一直延伸到图的左侧,是一些**超巨星**。其中,低温的红超巨星是恒星世界的“超级巨人”,为数不多,赫茨普龙把它们喻为“鱼中之鲸”。目前已知的最大恒星是仙王座 VV,其半径约为太阳半径的 1 600 倍,体积超过太阳的 40 亿倍(图 2-7)。巨星和超巨星在恒星中所占的比例不到 1%。

剩下的部分恒星分布在赫罗图的左下方。它们的温度相当高,但光度却很小。这表明,它们的发光面积不大,体积很小。这些小而热的恒星叫**白矮星**。最先发现的一颗白矮星是天狼伴星。其半径只及太阳半径的 0.75%;体积比地球还小,可却具有与太阳相仿的质量。在太阳系附近的恒星中,白矮星大约占 10%。

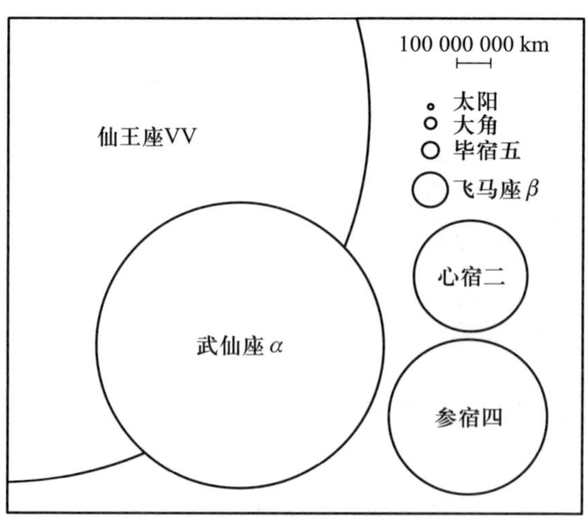

图 2-7　恒星大小的比较

恒星世界的一个奇妙特征是,巨星和矮星在体积上的差异,犹如动物世界中大象与蝼蚁的差异；然而，它们的质量却“不相上下”。可想而知，恒星的密度也存在着惊人的差异：巨星十分稀薄；白矮星则非常致密，其中心密度是水的100万~1 000万倍。

赫罗图的一项应用，是求主序星的距离。只需知道恒星的光谱型，便可从它在赫罗图主序的相应位置，直接得知其光度（根据纵坐标得到），再根据恒星的视亮度（实测得到），就能按平方反比定律求知其距离。赫罗图还反映出恒星的演化程，图上不同的序列，意味着恒星生命史上的不同演化阶段。

——**脉冲星**和**中子星**　20世纪60年代，天文学家发现了一种新型的变星，它有规律地发出射电脉冲讯号，所以取名为**脉冲星**。脉冲的周期很短，最长为4.3 s，最短的只有0.001 6 s，而且十分准确稳定，间隔的误差仅为0.000 000 01 s。这种信号如此稳定，一度被认为是外星人发出的信号，甚至还成立了著名的“小绿人”计划来寻找外星人。

什么样的天体能如此快速而稳定地发射脉冲讯号？一个天体发生周期性变化，其可能的机制不外乎三种：轨道运动、脉动和自转。显然，前二者是没有可能的，不可能设想恒星相互绕转的周期会短到0.033 s。所以，脉冲星不是食变星。同理，脉动周期也不会短到不及几百分之一秒，且脉动不具有那样严格的准确性，所以，脉冲星也不是脉动变星。剩下的唯一可能是恒星自转。可是，如此“疯狂般”的自转，不要说普通恒星承受不了，连白矮星那样致密的天体也会分崩离析。于是，学者们认定，它只能是人们早已预言的**中子星**。

中子星是由中子组成的恒星。这是由于恒星演化到晚期，能量耗竭。若经引力塌缩，其剩余质量大于某一极值时，电子运动都不能抗衡原子核吸引力，就继续塌缩，经逆β衰变形成大量自由中子，以至恒星密度很大，体积很小，形成中子星。中子星的直径只有几十千米，而它的质量可以超过太阳。白矮星的密度已使人惊叹不已，中子星的密度比它还要高出1亿倍以上。每立方厘米的这种物质，可达几亿吨到10亿 t！这样超高密度的天体，有足够强大的自引力，不致因高速自转而瓦解。

中子星是如何发射脉冲的呢？学者们认为，在这样的天体上可能形成一种条件，使它的射电波主要是从其表面的局部地区发射出来，而其他部分的辐射很弱。这样，中子星会像一个旋转着的喷头一样发出射电波，每转一周便朝观测者方向射来一束电波。这种间歇性的“闪烁”被称为“灯塔效应”。

“脉冲星”名称是指天体辐射的表现形式，“中子星”则表明这种恒星的物理实质。它已被观测所证实。

6. 恒星的演化

同自然界一切事物一样，恒星经历着从发生、发展到衰亡和转化的过程。搞清恒星演化问题，是20世纪后半叶天文学的最大成就之一。概括地说，恒星的一生大体上是这样度过的：

——现代天文学有证据表明，恒星是由星云（气体和尘埃）凝聚而成的。弥漫星云在自引力作用下，很快地（按天文学的时间尺度而言）收缩成比较密集的气体球。在收缩过程中，引力势能转化为热能，内部温度升高并辐射能量，向着赫罗图的主序上的某个位置移动。星云的质量愈大，收缩愈快，达到主序的位置愈高（温度高，光度大）。

——恒星“移”到主序后，内部温度高到足以“点燃”核火，热核反应代替引力收缩，成为恒星的主要能源（这是一种巨大而稳定的能源）。温度升高，热运动加快，恒星就要膨胀，使排斥力足以同引力相抗衡。从此，恒星停止收缩,长期稳定地依靠热核反应进行辐射。一颗恒星待在主序中的时期,占去其生命的大半辈子;而且,恒星在主序上逗留时间的久暂,也取决于其质量的大小。恒星质量愈大,引力愈强,它必须维持较高温度和较大的辐射功率来抗衡引力收缩,它的氢燃料消耗更快,寿命愈短。

——热核反应是在恒星的中心区域进行的,那里的氢核燃料最先耗尽,逐渐形成一个由氦组成的核,停止释放能量。氢燃料的逐渐枯竭,是恒星在结构上发生根本变化的前奏。随着氦核的不断增大,其引力收缩急剧增强,并释放大量能量。结果,恒星的核心收缩(变得愈来愈致密和炽热),外层膨胀(温度降低而光度增大),成为一个非常巨大的、具有"热"核的"冷"星。这时,恒星便离开主星序,进入红巨星区域,到了它生命的"晚年"。

——恒星过渡到红巨星阶段后,其演化速度大大加快起来。中心区域的温度和密度因收缩而继续升高,当温度升高到1亿K时,会发生由氦核聚变为碳核的新一轮热核反应;氦烧完后,温度继续因收缩而升高,原子核再聚变产生更重的元素。但这以后的聚变过程所释放的能量很有限,恒星已到了"垂暮"之年。一旦核反应终止,对引力的抗衡全线崩溃,恒星的最后归宿便是自行坍缩。

——红巨星收缩时,其核心部分收缩最为猛烈,外部层次处在较弱的引力下。核心温度因猛烈收缩而急剧上升,由此掀起的热浪会把外层气壳抛掉,剩下一颗致密和炽热的白矮星;以后逐渐冷却,变成又小又暗的黑矮星。大多数恒星就这样结束它的一生。

然而,并非所有恒星都经历这样"平静"的演化道路。那些质量和体积特别巨大的恒星,在其演化的最后阶段会发生爆炸,迸发出盛大的太空焰火。这就是超新星爆发。如果它们留下的"残骸"的质量足够大(1.4~3.2倍太阳质量),它就会"一落千丈"地坍缩为中子星。超过这个限度,甚至连核力也将在引力前面低下头来,中子也会崩坍,形成所谓黑洞。

恒星在引力作用下"诞生",也在引力作用下"死亡"。

二、星系

1. 银河与银河系

夏秋季节,无月的晴夜,人们可以在天空中看到一条淡云薄纱般的白色光带,天文学上称之为**银河**(民间也叫天河)。银河曾是一个猜不透的谜。直到望远镜问世后,云雾状的银河才被分解为点点繁星。由于它们太密集,距离又遥远,所以,肉眼望去就成为白茫茫一片的云雾状光带。恒星天文学的创始人、英国天文学家赫歇尔(1738—1822)系统地研究了恒星的分布后发现,愈近银河,恒星分布愈密集;离银河愈远,恒星分布愈稀疏。他由此悟出,密集在银河中的无数恒星,连同散布在天空各方的点点繁星,包括我们的太阳系在内,都属于一个庞大无比的恒星系统,并把它称为**银河系**。如果把银河系比作一座茂密的森林,那么,从地球上看来,满天繁星好比是它周围可辨的单株树木,而银河则是远方的一片模糊密林。

由此看来,银河与银河系是同一事物的两个不同图像:银河系是以银河命名的星系,我们置身于银河系内,无法看清它的全貌;我们所见到的,只是银河系主体在天球上的投影,这便是银河。

银河绵延周天,平均宽度约20°,其中心线(称银道)构成天球的一个大圆,与天赤道成62°交角。明亮的银河中,夹有暗的、长条形的裂隙和局部暗区,使银河各部分明暗不同,支离破碎。这是因为那些天区有暗星云存在,对银河发生消光现象。由于银河与天赤道斜交,因而其姿态绰约多变。夏秋之交的黄昏,银河最为明显。它从东北方向起越过头顶,分二支平行地伸向西南方。"银汉横空万象秋",成了秋夜星空的写照。到冬去春来的黄昏,银河又一次在头顶越过。这一次的方向变成由西北向东南；而且，这半圈银河十分暗淡，不引人瞩目。

银河系是大量恒星、星云和星际物质的聚集体。它拥有一两千亿颗恒星，总质量约为太阳质量的 1 400 亿倍，其中恒星约占 90%，星云与星际物质约占 10%。银河系的主体部分是一个又圆又扁的圆盘体，直径约为 8 万 l.y.；中部较厚，边缘很薄，状如铁饼（图 2-8）。银河之所以成为周天环带，就是因为银河系具有圆而扁的形状。圆盘体是在旋转中形成的。它的旋转轴指向天球的两点，叫作银极，距南北天极各为 62°。银盘在旋转中形成一些旋臂，旋臂是星系内年轻恒星集中的地方。银河系有 4 条旋臂：猎户臂，人马臂，英仙臂，天鹅臂。太阳位于其中的猎户座旋臂上（图 2-9）。

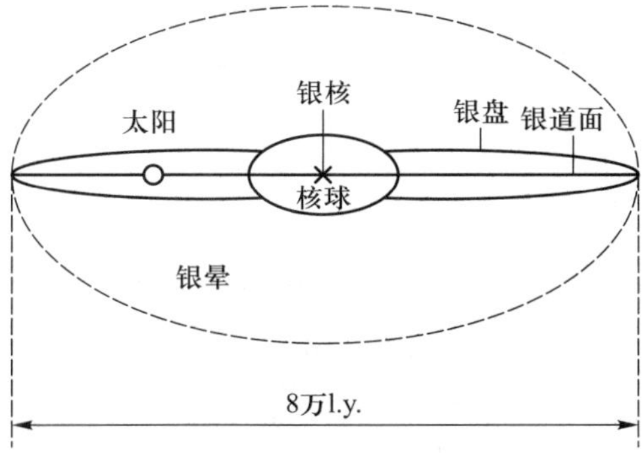

图 2-8　银河系侧视图

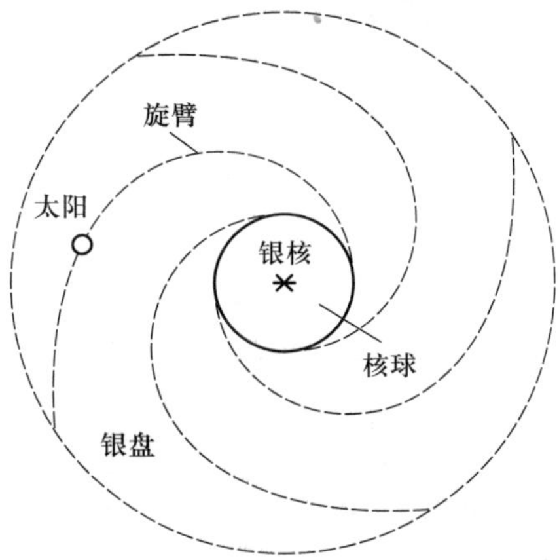

图 2-9　银河系俯视图

圆盘体分核球和银盘两部分。核球是圆盘体的中心部分，长径约 10 000~13 000 l.y.，厚约 10 000 l.y.，是圆盘体中恒星最密集的部分。核球的中心部分叫银核，银核的中心叫银心。银盘位于核球的四周，内侧较厚，约 2 400~4 800 l.y.；外侧较薄，约 800 l.y.。在圆盘体外围，还有银晕。它大体成球状，范围很大，但其物质密度比银盘低得多。

2. 太阳在银河系中的位置和运动

太阳在银河系中居于怎样的位置，可以从如下两方面考察：

——银河的中线大体上把天球分成相等的两半。这证明，我们太阳（或太阳系）的位置，很接近银河系赤道平面（即银道面）。要不然，如果太阳远离银道面，银河将不再成为周天的环带，而只占据天穹之一隅。

——银河两半圈的明暗程度不同。这证明，太阳并不位于银河系中心，而是偏踞银盘的一侧。如果它位于银河系中心，那么，银河各部分的亮度应该大体相同。具体地说，太阳的位置距银心约 2.4 万 l.y.，向银心所在方向（在人马座），太阳距银盘边缘约 6.4 万 l.y.。从这个方向看去，恒星特别密集，银河显得最宽最亮。反之，在同银心相反的方向，太阳距银盘边缘只约 1.6 万 l.y.，从这个方向看来，恒星分布稀疏，银河显得十分暗淡。

作为银河系的成员，太阳有相对于银心的绕转，其速度为 250 km/s。按太阳与银心的距离，推得其绕转周期为 2.5 亿年。如果地球年龄为 46 亿年，那么，它随同太阳环绕银心已经转了约 18 周。

恒星在绕转银心的同时,还有相对于邻近恒星的运动。我们的太阳率领其行星家族,向着天空中武仙座方向(近织女星)前进。这个方向所指的点被称为**奔赴点**。人们都有这样的经验:当汽车行驶在市郊的林荫道上时,透过车窗向前方凝视,会感到道路两旁的行道树从远方的一点向两边散开;向后凝视,又会觉得它们向远方一点汇聚。如果太阳系向着武仙座方向前进,那么,天空中的恒星,也会从武仙座中的一点向四周散开。事实上,人们正是根据这个现象,推知太阳系向着武仙座方向前进。太阳的这项运动,速度是 20 km/s。

既有绕转银心的运动,又有相对于邻近恒星的运动,对于这二者的关系,有人作了一个形象的比喻:太阳及其邻近的恒星,好似飞行中的群蜂。它们既成群结队地朝某个目标飞行,又有相互间杂乱无章的穿插运动。前者好比绕银心转动,后者则是恒星间的相对运动。

3. 河外星系

像银河系这样包含大量恒星的天体系统,被叫作星系。在现代观测工具所能察觉的范围内,这样的星系约有 1 000 亿个。所有这些星系(除银河系外),统称**河外星系**。因为它们远在“河”外,所以显得十分暗淡和渺小,肉眼可见的寥寥无几。它们在外表上表现为模糊的光点,同银河系内由气体和尘埃组成的弥漫星云相似,因而被称为“河外星云”。把外形相似的河外星云同银河星云区分开来,证实它们是“河外”的星系,还是 20 世纪 20 年代的事,是天文史上的一次重大突破。

星系的分布也有结群现象。一些相互邻近的星系结合成**星系群**。银河系所属的星系群,叫**本星系群**,约有 40 个成员,除银河系外,最主要的成员是大、小麦哲伦云*。它们和银河系的距离分别为 16 万 l.y.和 19 万 l.y.,是银河系的近邻,二者与银河系组成一个三合星系。此外,本星系群中最接近的星系,当推仙女座大星云(M_{31})。这是北天唯一的、肉眼勉强可见的河外星系,距离为 220 万 l.y.。这就是说,我们现在看到的仙女座大星云的暗淡光芒,远溯到它离开光源的时候,人类还处在“从猿到人”的进化过程中!

比星系群更加庞大的天体系统叫**星系团**。一个星系团包含几百甚至几千个星系。在星系团所在的天空区域,星系分布特别密集。已经发现的星系团有上万个,其中离我们最近、最著名的是室女座星系团,距离为 6 000 万 l.y.,在天球上占据长 40°、宽 15°的天空区域,直径为 6 000 万 l.y.,包含着 2 500 余个星系。

比星系团更高一级的天空世界为**总星系**。它包括现有观测工具所能涉及的全部宇宙空间和已被觉察的 1000 亿个星系。其中,最遥远的星系超过 100 亿 l.y.。

4. 宇宙

宇宙是天地万物的总称,即客观存在的物质世界,也就是广漠的空间及存在于其中的天体和弥漫物质。但它的本义兼有空间和时间两个方面概念。战国时代的尸佼在《尸子》中有:“四方

---

* 大麦哲伦云和小麦哲伦云是南天肉眼可见的两个河外星系,也是离我们最近的两个河外星系,由于近南天极,北纬 20°地方始升起地平。1521 年,葡萄牙航海家麦哲伦作环球航行时,首先对它们作了精确描述,故名。大云约 6°大小,相当于 12 个月轮直径;小云约 2°大小,相当于 4 个月轮直径。两云空间距离约 5 万 l.y.,天球上相距 20°,在天空中蔚为奇观。除了太阳、月亮和银河外,它们是天空中最显著的观察目标。

上下曰宇,往古来今曰宙”,可见我国古代就把宇宙看成空间和时间的统一。

哲学上所说的宇宙或物理宇宙是无限的,即空间上的无限性和时间上的无限性。张衡在其《灵宪》中已明确地说道:“宇之表无极,宙之端无穷。”宇宙在空间上是无边无际的。它没有边界,没有形状,也没有中心;在任何方向上,它都是无穷的。宇宙在时间上是无始无终的。它没有起源,没有年龄,也没有寿命;无论是过去或是未来,它都是无尽的。宇宙无限的理论,不是三言两语所能阐明的。一位天文学家用“巧妙”的方法,简单地论证宇宙无限的理论。他说:要证明宇宙是无限的,倒不如反过来证明宇宙不可能是有限的！如果认为宇宙在空间上是有限的,它不论多大,总是有边界的。那么,边界之外又是什么呢？如果宇宙在时间上是有限的,它不论多久,总是有一个开端。那么,“在此之前”又是什么呢？如果宇宙不可能是有限的,那么,它自然是无限的了。

现代宇宙学所研究的宇宙或科学上的宇宙,是指“观测到的宇宙”,即现在能够观测的现象的总和,实质上就是前述的总星系。这样的宇宙是物理宇宙的一个组成部分,它不是无限的。在无限的宇宙之中,任何具体的事物都是“渺小”的和有限的,在空间上有它的边界,在时间上有它的起源。

在现代宇宙学中,最有影响的是大爆炸宇宙论。这种学说是在宇宙膨胀理论的基础上发展起来的。1929年,美国天文学家哈勃(1889—1953)在研究星系光谱时发现,谱线的“红移”是一个普遍的现象。如果把星系光谱中谱线的红移看作多普勒效应的结果,那么,除本星系群的少数星系外,所有星系都以很高的速度背离我们飞驰远去(这并不意味着我们正是处于膨胀的中心)。哈勃进一步发现,星系的退行速度同它的距离成正比:星系愈远,退行速度愈快。哈勃的这一发现被称为哈勃定律。星系的退行表明,宇宙仿佛是一个正在被充气的气球,或者像一个逐渐吹胀起来的肥皂泡,正在不断地膨胀*。如这一理论成立,那么,合乎逻辑的推论是,宇宙在过去要比今天小;而且,在遥远过去的某个时刻,它应当是一个高温、致密的物质核心。随之而来的另一个问题是,宇宙为什么会膨胀？最简单而且几乎是必然的一个解释是,宇宙起源于最初的一次爆炸,故称大爆炸宇宙论。

按照这个学说的观点,宇宙在最初是一个温度极高(100亿K以上)和密度极大的“宇宙蛋”,那时只有中子、质子、电子、光子和中微子等基本粒子形态的物质。这个宇宙蛋发生了爆炸,由于不断膨胀,导致温度和密度很快下降。当温度降至10亿K上下时,中子开始失去自由存在的条件,不是衰变,便是与质子结合成氘、氦等元素。至温度降低到100万K时,早期形成化学元素的过程结束。这时,宇宙中弥漫着由质子、电子和一些较轻原子核构成的等离子体。持续膨胀使电离气体温度降低至4 000 K时,足以允许中性原子形成;原子核开始俘获自由电子,把它们保持在稳定的组态中,等离子体复合成为通常的气体。以后,气体逐渐凝聚成星云;再后来,进一步形成各种各样的恒星体系,成为我们现在所看到的宇宙。

大爆炸宇宙论所描绘的是一个演化的宇宙,能很好地说明一些观测事实,但它还不是科学上的定论。

5. 天文新发现

类星体——既非普通恒星和星云,亦非普通星系,而是一种新型的“类星射电源”(辐射较强无线电波的天体),因在照相底片上类似恒星,故名。

---

* 宇宙膨胀使人们对宇宙的观测受到限制。当星系退行的速度接近光速时,它的光辐射(在我们看来)大大减弱,或“消失不见”。人们只能探测到退行速度低于光速一定值的那部分星系。尽管宇宙是无限的,但是,人们能涉猎的部分却是有限的。现代强大的望远镜已经探测到那些退行速度达光速90%以上的遥远天体。这已接近人们有可能探查的极限距离了。若把探查距离再扩大一些,那么可以说,人们可见的那部分宇宙已“尽收眼底”了！

类星体的最显著特征是,它具有特大的谱线红移现象。一般河外星系最大的红移量不超过 0.5,而至今观测到红移最大的类星体,其红移量达 4.43,对应的退行速度达光速的 95%,即 285 000 km/s。按哈勃定律推算,后者的距离远达 180 余亿光年。这样,该类星体便成了迄今所知的最遥远的天体。

类星体如果确实这么遥远,而我们又观测到如此强烈的辐射,这就不难推出它的辐射功率大得惊人,达到 10^{40} J/s,比普通星系的辐射大一千倍;可是它的体积比普通星系小得多,直径不到几光年。类星体这么小,发射的能量却如此巨大,即使将所有物质都转化为能量也不够。这是目前任何能源理论都无法解释的。

3 K 微波背景辐射——是指宇宙空间在微波波段所发出的各向同性辐射,也称宇宙背景辐射。过去一般认为,除天体或星际云能辐射能量外,广漠的星系际空间是无限的空虚,温度只能是绝对零度(-273 ℃),不可能有能量辐射。事实上,星系际空间并不像过去所想象那样漆黑一团和空无一物,而是有"光"和"热":光是不可见光,波长属于微波波段的电磁波;热表现为背景辐射温度 3 K,相当于-270 ℃。这个事实说明,宇宙空间并不空,物质及其能量是普遍存在的。进一步的观测证明,在天空的各个方向上,都有热力学温度 2.7 K、强度近似相等的微波辐射。

微波背景辐射的发现,对现代宇宙学研究产生深远影响。按大爆炸宇宙学的理论,宇宙的全部发展史,就是"原始火球"的大爆炸。火球从高密、高温状态分崩离析,愈来愈稀,愈来愈冷,热辐射大部分凝聚成各种形式的天体,至今还剩下 5 K 左右的残余辐射。微波背景辐射的发现证实了这个预言。

星际有机分子——指存在于星际空间的有机分子。直到 20 世纪初,人们普遍认为宇宙空间是一无所有的"真空"。20 世纪 60 年代以来,在射电波的厘米和毫米波段,先后发现了百余种分子形态的星际物质,其中相当大一部分是有机分子。这证明,广漠的宇宙空间充满着物质,不仅有简单的无机物,还有复杂的有机物。

星际有机分子的发现,把天体演化与生命起源问题联系了起来,为生命起源的研究提供了新的材料。已发现的星际有机分子,大多数是地球上生命不可缺少的那一类。碳是组成这些有机分子的关键。既然有机分子广泛分布于宇宙空间,而地球上的生命也是在这些有机分子的基础上进化而来,这说明,生命现象并不是地球所独有,而是宇宙间的普遍现象。其他天体上的生命很可能沿着同样的途径进化。

类星体、3 K 微波背景辐射、星际有机分子和前述的中子星,被称为 20 世纪 60 年代天文学的"四大发现"。它对天文学及其他学科的发展具有深刻的意义。

复习与思考

1. 什么是恒星?恒星为什么会发光?光谱能传递天体的什么信息?
2. 什么是恒星的亮度和光度?什么是视星等和绝对星等?两种星等如何换算?为什么绝大多数恒星的绝对星等高于它们的视星等?
3. 比 5 等星亮 100 倍的恒星,其星等为几等?
4. 织女星(天琴座 α)的视星等为 0.1,若其距离增加为 10 倍,这时,它的星等将是几等?肉眼还能看到它吗?
5. 什么是赫罗图?它在恒星理论上有何重要意义?
6. 比较银河与银河系。什么是河外星系和总星系?

第二节　太阳和太阳系

一、太阳

太阳是一颗恒星,具有极大的质量和很高的温度。它的质量相当于地球质量的 33 万余倍,或太阳系八大行星质量总和的700余倍。巨大的质量使太阳具有很高的中心温度(约1 500万K),因而进行着热核反应,成为自身发光的天体。在浩瀚的银河系的千百亿颗恒星中,按天文学标准,太阳只是其中的普通一员。它的各种物理参数,诸如质量、体积、密度、温度和光度等,都没有什么与众不同的地方。

但是,在太阳系范畴内,在同地球的关系上,太阳就不是普通的一颗恒星了。太阳是太阳系的中心天体,因而有别于其他恒星。首先,太阳是地球绕转的恒星,因此,它有周年的巡天运动。其次,比起其他恒星来,太阳离地球很近。太阳光到达地球,只需8分多钟;而比邻星(离太阳系最近的一颗恒星)的光到达地球,需时4.22年。距离上的悬殊,使恒星在天球上都成为光点,唯太阳具有视直径约半度的日轮,因而显得特别明亮,其视亮度为一等星的1 300亿倍。此外,由于距离上的接近,太阳赋予地球的热量特别多。"万物生长靠太阳",它是地球以及整个太阳系的光明和热量的源泉;而一切别的恒星的辐射,根本没有可能引起任何可察觉的地球物理效应。

在天文学上,太阳的重要性还在于,它是认识宇宙中亿万颗其他恒星的主要媒介。由于日地距离足够近,使我们有可能直接研究它的表面,太阳的一些活动,都可以在太阳表面观测到。人们利用从太阳得到的知识,来检验关于恒星的一般理论。

1. 太阳的距离、大小和质量

地球与太阳的平均距离,常被用作太阳系范围内计量距离的单位,即**天文单位**(astronomical unit,AU)。

天文上测定天体距离(太阳系范围内)的基本手段,就是大地测量中常用的三角测量法。在地球半径已知的条件下,通过测定天体的地平视差,来推算它的距离。但是,在测定太阳距离时,由于距离遥远,其地平视差太小,以及技术上的种种困难,不能直接用这个方法。于是,天文上通过对某个小行星距离的测定,来推算太阳的距离。具体步骤如下:

——如图2-10所示,设日地距离为a,某个距地球较近的小行星(如爱神星)与太阳的距离为a_1。当小行星冲日时(即该小行星最接近地球的时候与太阳角距离为180°),测定其地平视差,从而推算出它同地球的距离。这个距离即为a_1-a,就是小行星与地球的轨道半径的差值。

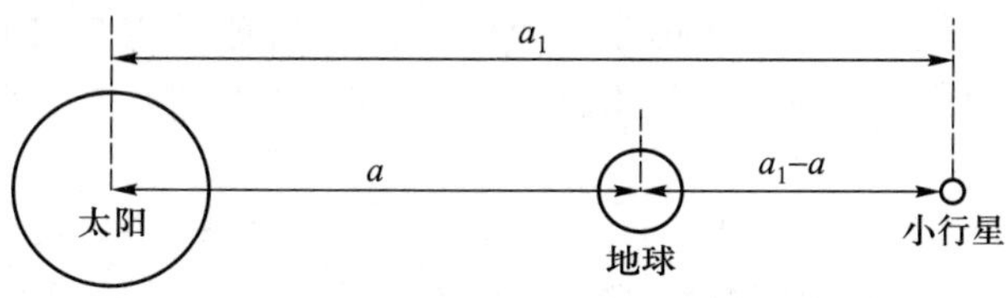

图2-10　测定日地距离的第一步

通过小行星距离的测定,得a_1-a。

——按开普勒第三定律,二行星公转周期的平方之比,等于它们同太阳距离的立方之比。设地球和小行星的公转周期分别为T和T_1,那么便有

$$\frac{T_1^2}{T^2}=\frac{a_1^3}{a^3}\quad 即\quad \frac{a_1}{a}=\sqrt[3]{\left(\frac{T_1}{T}\right)^2}$$

即小行星与地球的轨道半径的比值,可以通过二者的周期之比得出。而天体周期的测定,相对说来是比较简单的。

——若得两个未知量(a_1 和 a)的差值和比值,如

$$\begin{cases} a_1 - a = m \\ \dfrac{a_1}{a} = n \end{cases}$$

那么,这两个未知量可以解二元一次方程组而求得。

近年来,人们用雷达测定金星与地球的距离,进而推算出日地距离最新值为 $1.495\ 978\ 71\times10^8$ km。

已知日地距离,就可以根据太阳的视半径,推算其线半径(图 2-11)。太阳的平均视半径为 16′(这个角度是容易测定的)。如日地距离为 a,太阳半径为 R,那么便有

$$\sin 16' = \frac{R}{a}$$

$$R = 149\ 600\ 000\times\sin 16' \approx 700\ 000 \text{ km}$$

这个数值相当于地球半径的 109 倍。

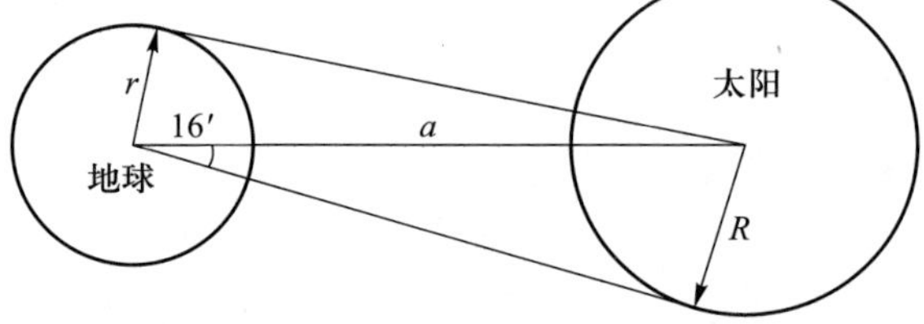

图 2-11 太阳大小的测定

地球半径(r) 对太阳所张的角,是太阳的地平视差,在地球半径已知条件下,据此推算日地距离 a;太阳半径 (R)对地心所张的角,是太阳的视半径,在日地距离已知条件下,据此推算太阳的线半径 R。

由太阳的半径可知,其表面积是地球表面积的 12 000 倍,太阳的体积为地球体积的 1 300 000 倍。

太阳是太阳系的中心天体。其质量可以通过行星(如地球)的运动来测定,因为绕转运动是由中心天体的引力造成的,而引力大小同它的质量有关。

一个做圆周运动的物体,必受一个向心力的作用。按物理学定律,向心力(J)的大小,与运动物体的质量(m)和速度(V)的平方成正比,而与圆的半径(R)成反比,即

$$J = \frac{mV^2}{R}$$

对地球绕转太阳而言,这个向心力正是太阳对地球的引力,式中的 m 便为地球质量,V 即地球公转速度,R 则为地球的轨道半径。

按牛顿的万有引力定律,引力的大小与两物体的质量乘积成正比,而与两者的距离平方成反比。如以 m 和 M 分别表示地球和太阳的质量,R 为日地距离,那么,太阳与地球间的引力为

$$F = G\frac{Mm}{R^2}$$

式中的 G 为引力常数。

我们知道,地球轨道的偏心率很小,地球绕太阳公转,可近似地看作圆周运动。换句话说,太

阳对地球的引力，正好就是地球绕太阳运动所需的向心力。于是有

$$\frac{mV^2}{R}=\frac{GMm}{R^2}$$

等式两边消去 m 后，得太阳的质量

$$M=\frac{RV^2}{G}$$

式中的 R、V 和 G 都是可以测定或已知的：

日地平均距离 $R=1.496\times10^{11}$ m；

地球公转平均速度 $V=2.978\times10^{4}$ m/s；

万有引力常数 $G=6.67\times10^{-11}$ N・m²/kg²。

将这些数值代入上式，便得太阳质量 M 为

$$M=1.989\times10^{30}\ \text{kg 或 } 1.989\times10^{27}\ \text{t}$$

这个数字相当于地球质量的 33 万余倍，或全部行星质量总和的 745 倍。

同理，地球（行星）的质量，可以从月球（卫星）的绕转情况推得。

求得了太阳的质量，就有条件根据太阳的大小推算它的平均密度和重力。太阳的平均密度为 1.41 g/cm³，约为地球平均密度（5.52 g/cm³）的 1/4。但太阳各部分密度差异悬殊，外部密度很低，而核心密度可高达 160 g/cm³，是钢锭密度的 20 倍！太阳表面的重力加速度为 274 m/s²，相当于地面重力加速度（9.8 m/s²）的 27.9 倍。

2. 太阳的热能、温度和热源

太阳是地球和整个太阳系光和热的主要源泉。大半个世纪以来，人们精密地测定了太阳辐射的能量，其方法和步骤如下：

——人们能够直接测定的是地面上所得到的太阳辐射热量。根据长期积累的观测资料，平均来说，在日地处于平均距离，太阳光垂直照射并排除大气影响的条件下，地面上单位面积（cm²）每分钟所接受的太阳热量为 8.16 J，即 8.16 J/（cm²・min）。这是一个重要的数据，被称为**太阳常数**。

——地面上单位面积所得太阳热量既经测定，就有可能据此推算太阳辐射的总量。设想有一个以太阳为中心，以日地平均距离为半径的巨大球面，它的总面积达 $(4\pi\times1.496\times10^{8})\ \text{km}^2\approx2.83\times10^{27}\ \text{cm}^2$。这个球的内表面的每一点同太阳的距离，都等于日地平均距离，并且处处与太阳光垂直，它把全部太阳辐射如数吸收。这个球面积乘以太阳常数，便得到太阳辐射总量，其值为 3.826×10^{26} J/s。这个热量足以使覆盖地表 150 km 厚的冰层，化成 0 ℃的水。

——在这个巨大能量中，地球得到多少？按类似计算方法，它等于地球大圆面积上所接受的热量。地球大圆面积为 $\pi(6.371\times10^{8}\ \text{cm})^2\approx1.27\times10^{18}\ \text{cm}^2$，乘以太阳常数得 1.74×10^{17} J/s。这个数量仅占太阳辐射总量的二十二亿分之一。对太阳来说，这是微不足道的；但对地球来说，则是举足轻重的。

太阳放出如此巨大的能量，其温度自然是很高的。推算太阳的温度有如下两方面线索：

——太阳的温度同它所辐射的热量有关。上述 3.826×10^{26} J/s 的热量，是从整个太阳表面发出的。根据太阳的半径，不难推算它单位面积发射的功率，其值为 6.284×10^{3} J/（cm²・s）。按物理学的斯特藩-玻尔兹曼定律，对于完全不透明物体，每平方厘米每秒所发出的能量，同它的绝对

温度的 4 次方成正比。太阳表面并不是绝对黑体,但和黑体差不多,把这个定律应用于太阳,得出太阳的温度为 5 770 K,即约 5 500℃。用这个方法求得的温度称有效温度。

——太阳的温度同它所辐射的光谱有关。黑体发出的辐射随温度而变化:温度升高,总辐射量增大;同时,辐射能量最高峰的波长变短,犹如随着炉温的升高,炉火的颜色由红转橙,逐渐变白的情形一样。只要测定太阳能量随波长的分布,就能求得太阳的温度。用这个方法测定的温度,称为辐射温度,其值与有效温度相仿,在 5 700 K 以上。

上述温度是根据太阳辐射推算的,而太阳辐射来自它的光球,所以,这个温度只是太阳的表面温度,即光球温度。太阳的不同部分有不同的温度。在光球以内,温度随深度而增加。据天体物理学的理论推算,太阳核心的温度高达 1 500 万 K,这是整个太阳最高温度的所在。在光球以外,还有色球和日冕,那里的温度随高度而增加:在 2 000 km 高度上,色球温度约为 10 万 K;而日冕温度可高达 100 万 K。

太阳具有 1 500 万 K 的中心温度和每分钟 $2.343\,6\times10^{28}$ J 的能量输出,说明太阳是一个强大的产能系统。如此巨大的能量从何而来? 如果是燃烧过程,即使太阳是一个优质煤球,按目前的功率发射能量,估计不到 1 500 年就会熄灭。然而,太阳像现在这般发射能量,已有几十亿年之久。

太阳能源的探索经历了一个漫长的过程。人们先后提出过不少解释,如重力收缩说、陨星假说、天然放射性等。但计算表明,这些都不能令人信服地说明太阳能量的来源。直到 20 世纪初,爱因斯坦创立相对论以后,太阳的能源才找到正确的答案。从本质上说,太阳不是“燃烧着”的一团火,而是一座热核反应炉:

——太阳的产能过程是太阳内部的核反应过程。在太阳内部上千万开高温和高压条件下,物质的原子结构遭到破坏,电子被剥离了原子核,一部分原子核获得极高的速度,能够克服原子核之间的电斥力,使较轻的原子核聚合成较重的原子核,并在聚变过程中释放出巨大的能量。这种以粒子在高温条件下的高速运动为条件的核反应,叫作热核反应。另外,物质要高度密集,才能使核反应持续进行下去。

——太阳的产能方式是由物质的质量转化而来。按照相对论,质量和能量可以互相转化。爱因斯坦的一个重要贡献是,他把质量守恒定律和能量守恒定律,统一为质能守恒定律,两者之间存在如下的当量关系:

$$E=mc^2$$

式中 E 是能量,以 J 为单位;m 是质量,以 kg 为单位;c 是光速,以 m/s 为单位,光在真空中的传播速度为 30 万 km/s,即 3×10^8 m/s。

爱因斯坦提出的这个质能公式,启发了后继研究者,打开人类释放核能的奥秘之门。根据这个公式,很容易得出,同 1 g 物质相对应的是 9×10^{13} J 的能量。这相当于 1 万 t 煤全部燃烧所放出的热量!

太阳内部进行的热核聚变,是 4 个氢原子核结合成 1 个氦原子核的过程。我们知道,1 个氢核相对原子质量是 1.007 8[*],而氦核相对原子质量为 4.001 5。因此,在一次反应中有 $\Delta m=4\times1.007\,8-4.001\,5=0.027\,6$ 的质量损耗。据此推算,1 g 氢聚变为氦,只造成 $\frac{0.027\,6}{4\times1.007\,8}\times1\ \text{g}\approx0.006\,85$ g 的

* 科学上取 C^{12} 原子质量的十二分之一为相对原子质量,单位为 1。

质量损耗,而对应产生的能量为 6.21×10^{11} J。它可使 1 500 t 水从 0 ℃加热到 100 ℃。这样的过程比化学反应过程释放的能量大 100 万倍,这便是太阳能够持久地进行强烈辐射的源泉。

——太阳的产能中心在太阳的核心区域。那里存在着 1 500 万 K 的高温和高压条件。所产生的能量主要靠辐射方式,通过原子的反复吸收和反复发射,辗转传递到太阳表面。

要维持 3.826×10^{26} J/s 的辐射,太阳每秒要消耗 6.2×10^{8} t 的氢核燃料,其中有 0.69%的质量,即每秒 430 万 t 的物质在聚变中消失。它不停地发射光和热,而没有外界补充能量,天长地久,总会有一个时候,太阳的核燃料耗尽,核火熄灭,最终难免消亡。宇宙间一切事物,都是在不断地发展和变化着的,都有其发生、发展到消亡的过程,太阳也不例外。但这是非常遥远的将来。要知道太阳的总质量达 2×10^{27} t,而且绝大部分的组成物质是氢,太阳像目前那样稳定地发光,将持续几十亿年之久!人们没有必要为太阳的"能源枯竭"而焦虑。

3. 太阳的大气

5 770 K 以上的高温,意味着太阳是一团灼热的气体球,并无地球那样的固体表面,也就无所谓相对于固体表面的大气层。而且,由于高温,太阳的气体也不同于地球大气。地球大气是由分子组成的,太阳大气则因高温电离成等离子体*。这里所说的太阳大气,是指它的可以直接观测的外部层次。至于太阳的内部情形,由于那里物质吸光本领很强,太阳内部产生的辐射,全部被它自己的物质吸收,因而无法被直接观测到。

太阳大气可分**光球**、**色球**和**日冕**三层:

——光球是太阳大气的低层,厚度约 500 km。它之所以被叫作光球,是由于它的明亮。前面说过,太阳内部产生的辐射,都被它自己的物质吸收。只有光球发射的光,才能透过这一薄层向空间传播。因此,光球在天球上就成为具有明确轮廓的圆面,即明亮的太阳光盘。人们在日常生活中往往把太阳光球看作太阳整体。

光球的有效温度为 5 770 K,密度只有地面大气的万分之几;到光球上层,温度降低为约 4 000 K,密度减小到地面大气的十万分之一。就我们日常生活的意义来说,太阳大气十分灼热而又稀薄得令人窒息。

——色球是太阳大气的中层,厚度约 2 000 km。色球的亮度仅及光球的千分之一,因此,它的微弱光辉总是被光球所掩隐。只有在日全食的短暂瞬间,当太阳光球全部被月轮遮蔽时,色球才表现为阴暗圆面周围的玫瑰色花边,色泽鲜艳,故称色球。仔细观看,色球的边缘不像光球那样清晰整齐,而是呈锯齿状,由许多细小的"火舌"组成,也叫针状体。它们不断产生,又不断消失。

色球的物质密度比光球低得多,但却比光球更热。它的底层约为 1 万 K,高层可达几万甚至几十万开。这种奇怪的温度逆升现象,目前还没有完满的解释。色球的结构和物理状态十分复杂。

——日冕是太阳大气的外层,延伸范围很广,可达太阳半径的几倍甚至十几倍,没有明确的上界。日冕色清白、淡雅,但亮度很弱,仅及色球的千分之一,肉眼只有在日全食时才可见到,形状和大小变幻无定。

---

* 在高温下原子变为离子的过程叫电离。离子就是原子得到电子或失去电子。太阳大气的主要成分是电子和氢原子核(质子)。电子带负电,质子带正电,但从总体上看,正电量和负电量相等,所以叫等离子体。

日冕的密度极低,温度却很高,达百万开以上。目前,人们还不了解日冕为什么有如此高的温度。但这一事实说明,日冕的稀薄物质是以极高的速度运动着,例如,那里氢核运动的平均速度达 220 km/s,以至一部分粒子能够摆脱太阳重力,奔向广漠的行星际空间,这种现象叫日冕膨胀。

由于日冕高速膨胀,行星际空间不断地得到从太阳喷发出来的高速粒子流,称为**太阳风**。太阳风同日冕本身一样,几乎不含有热量。其带走的质量损失与太阳总质量相比,微乎其微,不影响太阳结构和演化。太阳风吹遍整个太阳系,尽管物质十分稀薄,但仍十倍于星际空间的物质密度,并对行星造成一些重大影响。地球离太阳近,首当其冲。在太阳风作用下,面对太阳的半个地球磁场,被压缩在一个较小的范围内;而背对太阳的半个地球磁场,扬起一条长长的**磁尾**(详见第六章)。

4. 太阳活动

太阳是一颗基本稳定的恒星。它的辐射总量(大部分是可见光)变化甚微。然而,它的外层大气受太阳磁场的支配,处于局部的激烈运动中,称为**太阳活动**。从某种意义上说,太阳活动可以通俗地比喻为太阳的“天气变化”,它使得太阳辐射在紫外线和 X 射线波段,有大幅度的起落。太阳大气有时比较平静,叫**宁静太阳**;有时变化激烈,叫**扰动太阳**。所谓太阳活动,主要是指扰动太阳的活动状况。

扰动太阳的最明显的标志是**黑子**。黑子是出现在太阳明亮光盘上的暗色斑点。黑子其实不黑,只是其温度比周围光盘低一些(约为 4 500 K),在明亮的光球反衬下,才呈现暗色。如果能看到黑子本身闪光的话,其亮度要比弧光灯强。黑子的大小不等,形状各异,大多成对或成群出现。它们不断产生和成长,也不断衰竭和消逝。小黑子出现仅几个小时,大黑子群可持续数月。黑子出现的范围,多半限于日面南北纬 5°—25°之间,赤道和高纬区域甚少;而且,黑子出现的区域在这个纬度带内定期往返。对黑子进行连续观测可以看出,它们都会缓慢地从太阳光盘的这一边移动到另一边,形状也发生相应的改变(图 2-12)。当年伽利略就是根据黑子的这种移动和变形,确信太阳也有自转,其赤道部分自转一周约需 25 日。

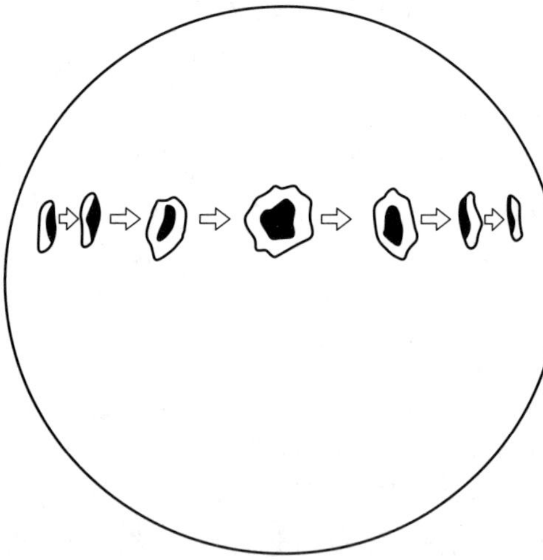

图 2-12　黑子的位置和形状随太阳自转而变化

黑子是什么?一般认为它是太阳表面剧烈活动所激起的气旋涡;也有的认为是膨胀着的大气团,因膨胀造成温度下降而使亮度变暗。但是,要使一个大黑子(直径可达 20 万 km)能够抵消周围高温区传递进来的热量,长期保持其“低温”,必须有一个巨大的“热泵”才行。关于黑子生成的机制,尚未得出一个公认的理论,但普遍认为它与那里的强磁场有关。

同样使人们难以理解的是,黑子的盛衰有一个 11 年轮回的周期,称为**太阳活动周期**(图 2-13)。黑子极盛时,意味着太阳活动特别强烈,天文学上把这个年份称为太阳活动**峰年**;黑子最少时,太阳显得最宁静，是太阳活动的**谷年**。国际上规定，以1755年的黑子数最低开始的11年周期为第1号。照此顺序，从2019年起，太阳黑子活动开始进入第25号的11年周期。

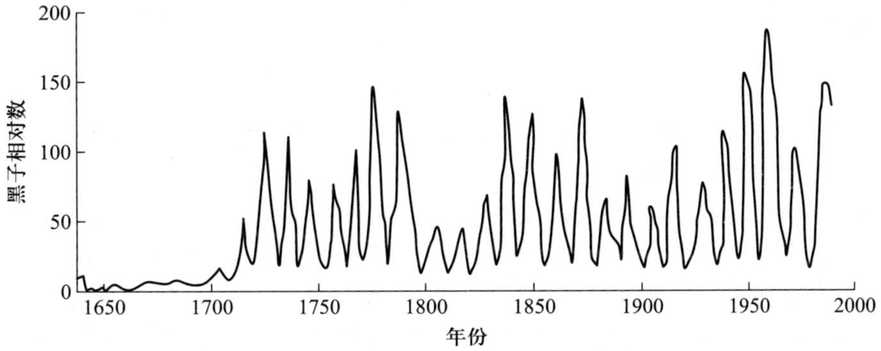

图2-13　太阳黑子的变化周期

太阳活动种类繁多，除黑子外，还有光斑、耀斑、日珥及日冕膨胀等。这些形形色色的变化，大体上都随黑子的变化而同步起落。这表明，太阳活动实际上是一个整体。**光斑**是光球上明亮的斑点，常出现在日轮的边缘，说明它存在于光球的上层，可能是光球上更炽热的气团。**耀斑**亦称色球爆发，是太阳大气极小区域内发生的爆发性能量释放现象，表现为日面上局部区域的突然增亮，一般只能用氢和钙单光观测，特大的耀斑在连续光谱区也能见到。耀斑通常出现在黑子群上部的色球中。**日珥**是从色球不断喷射出来的火焰状物质，形态绰约多姿，千变万化，肉眼只有在日全食时才能观测到。

在所有太阳活动中，最强烈和对地球影响最大的要算耀斑。它的特征是来势猛，能量大。一个大的耀斑从诞生到消失，一般历时仅一二十分钟，但它释放的能量，相当于100亿颗百万吨级氢弹爆炸的威力。巨大的能量释放，引起局部区域的瞬时加热和各种电磁辐射及粒子辐射的突然增强，除可见光外，有紫外线、红外线、X射线、γ射线、高能粒子及宇宙线等。这些“品种”繁多、令人眼花缭乱的辐射，在短时间内倾泻而出，穿过日地空间到达地球，引起异常的地球物理现象。强烈的短波辐射会破坏地球大气电离层的结构，使电离层的电离度增高，电波吸收加强，从而影响地面的无线电通信，甚至导致全部中断。这对军事、通信部门是一种严重的威胁。高能粒子流（速度可达每秒数百或近千千米）到达地球附近时，扰乱了地球磁场，引起磁针剧烈颤动，就像地球磁场突然卷起一场风暴，称为**磁暴**。这时，罗盘失去了它的作用，甚至连飞翔中的鸽子也会失去辨别方向的能力。一部分高能粒子受地球磁场所迫，沿着磁力线向地球的南北磁极大量降落，与高层大气的原子和分子撞击，激发出绚丽多姿的**极光**。近期的理论又认为，粒子的主要作用不是与大气质点碰撞，而是在地球周围形成电场，由此引起放电现象，产生极光。此外，太阳活动对气象、水文和地震等现象也会产生复杂的影响，甚至某些疾病的流行也与之有关。

由此看来，耀斑的出现是扰动太阳的更加直接和重要的标志，它已成为当前太阳研究的主题之一。

二、太阳系

1. 太阳系的发现

太阳系的发现,是天文史上最辉煌的一页。16—17世纪初,即欧洲"文艺复兴"时代,天文学摆脱了托勒密的"地心"宇宙体系,创立了哥白尼的"日心"宇宙体系。这两种对立的宇宙体系,其分歧的焦点是:天动还是地动?

地心说主张天动,认为地球静止在宇宙中心,日月星辰围绕大地作昼夜旋转。这种宇宙结构符合人们的直觉印象,也符合人类心中的基督教义,成为中世纪欧洲维护神权统治的理论支柱。**日心说**主张地动,认为宇宙的中心是太阳,地球只是绕太阳运动的一颗普通行星。这一观点使《圣经》赋予地球的"宇宙主宰"的地位丧失了,上帝也就失去了藏身之所。于是,新旧宇宙体系,科学与宗教之间,爆发了一场旷日持久和惊心动魄的斗争。"地球仍在转动!"是当年伽利略在宗教法庭上发出的呼声。

日心体系取代地心体系的一个突破口,是行星的视运动。

早期的天空探索者们发现,有七个明亮的天体"游离"于恒星之外,与众不同。它们是太阳、月亮和五大行星,即水星、金星、火星、木星和土星。我国古时称它们为"七曜"。太阳和月亮都有巡天运动。行星的运动则令人眼花缭乱:它们行踪无定,"或见或伏",忽进忽退,变幻莫测(行星一词的希腊语原义是"流浪者"之星);但它们走的都是同一条空中大道——黄道带。在通常情形下,行星向东顺行。但是,在一段不长的时间内,它会掉过头来向西逆行;不久,又恢复向东顺行,在天球上走过一条柳叶状的曲折路线(图2-14)。

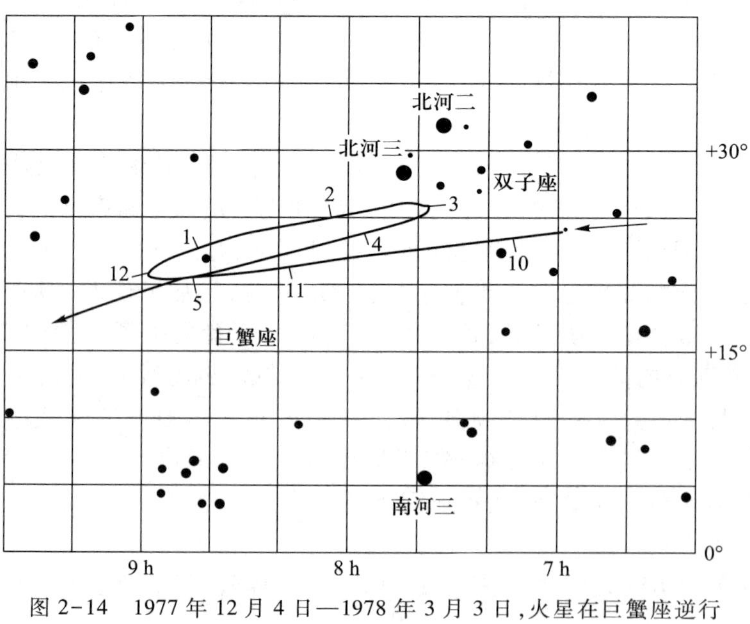

图2-14　1977年12月4日—1978年3月3日,火星在巨蟹座逆行
图中的数字表示月份。

探求行星这种奇特运动的合理解释,成了古代宇宙论者无法回避的一大障碍。托勒密的地

心体系采用一种叫作本轮的先验理论,来解释行星的逆行和亮度变化。按照这种理论,行星都沿着一个叫作本轮的较小圆周匀速运动;本轮中心又沿着一个大的圆周绕地球匀速运动,这个大圆叫作均轮。在这种假设下,当行星接近地球时,它在本轮上运行的方向,与本轮中心在均轮上运行的方向相反,再假定其速度又大过后者,这时,从地球上看行星,便成了逆行(图 2-15)。

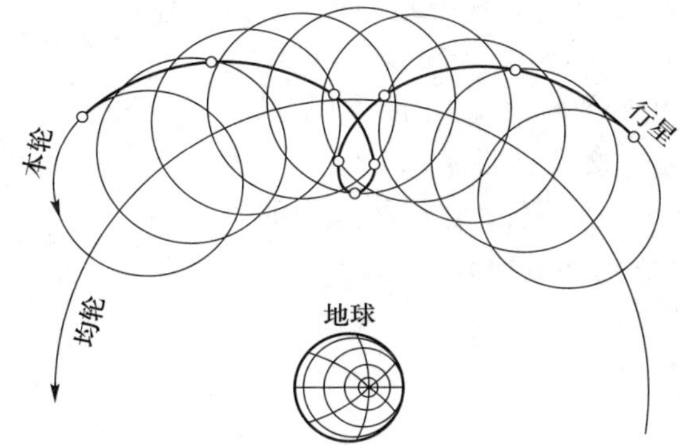

图 2-15　本轮与均轮

哥白尼的日心体系把周日运动归之于地球绕轴自转,而把周年运动归之于地球绕太阳公转;行星的复杂的环状视运动,则是地球和行星同时绕太阳公转的复合运动的结果(图 2-16)。只有月球才是唯一绕地球运动的卫星。

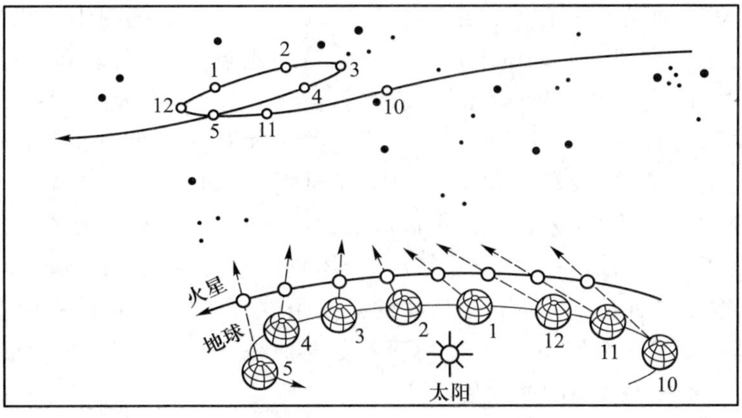

图 2-16　日心体系

以地球和行星共同绕太阳运动来解释行星的视行,这是哥白尼日心说的精髓。

把地球排除出宇宙中心而代之以太阳后,乍看好像杂乱无章的行星世界,显出其惊人的统一性。地心说垮台和日心说确立,在天文学上掀起一场划时代的、“翻天覆地”的革命。一个运动着的地球,是整个近代天文学的基石,而且,对人类的哲学思想也产生了深远的影响。

受时代的局限,哥白尼体系本身是存在缺陷的。它仍然保留固体的恒星球层,不动的中心天体和匀速的圆周运动等根深蒂固的陈腐观念。竟哥白尼事业之功、揭示太阳系行星运动真实规律的,是德国天文学家开普勒(1571—1630)。他经过对前人观测记录的严密分析,提出著名的行星运动三定律:

——所有行星分别在大小不同的椭圆轨道上绕太阳运动,太阳位于行星轨道椭圆的二个焦点之一。这是行星运动第一定律,也叫轨道定律。

——在同样的时间内,行星向径在其轨道平面上扫过的面积相等。这是行星运动第二定律,也叫面积定律(图 2-17)。

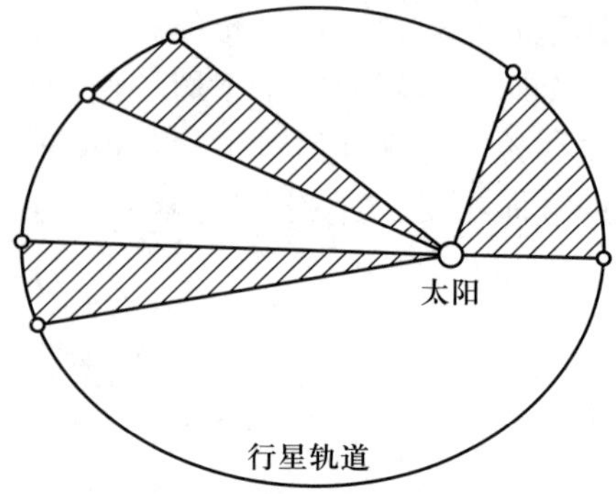

图 2-17 开普勒第二定律:面速度不变

——任何两个行星绕太阳公转的周期的平方之比,等于它们与太阳的距离的立方之比。设 T_1 和 T_2 分别表示两行星的公转周期,a_1 和 a_2 分别表示它们与太阳的平均距离(即各自轨道的半长轴),那么便有

$$\frac{T_1^2}{T_2^2}=\frac{a_1^3}{a_2^3}$$

若 T 以恒星年为单位,a 以天文单位为单位,那么,上式便有更简单的形式

$$T^2=a^3$$

这是行星运动第三定律,也叫周期定律。由此可知,行星同太阳的距离,可以根据该行星公转的恒星周期进行推算,即

$$a=\sqrt[3]{T^2}$$

上述的行星运动三定律,被称为开普勒定律。它表明,太阳及其周围的天体,不是偶然的、没有秩序的"乌合之众",而是一个有严密组织的天体系统。这个系统的中心天体是太阳,受来自太阳的某种统一力量所支配。太阳位于每个行星轨道的焦点之一,行星运动的周期和速度则取决于各行星与太阳的距离。开普勒因他的成就被后世学者尊称为"天空立法者"。

开普勒定律廓清了行星轨道的几何特征。但这些定律是凭数据分析得出的经验定律;用严密的数学分析推出它的结果,解释行星运动的物理原因的,则是牛顿(1642—1727)。牛顿用物质的一般运动规律的观点,对开普勒定律进行概括,更精确地确定和发展了开普勒定律:

——牛顿扩展了开普勒第一定律。他指出,天体轨道不仅限于开普勒椭圆,而且可以是任何一种圆锥曲线,或称二次曲线。决定轨道形状的必要条件,仅限于物体的初始条件——速度。

——牛顿论证了开普勒第二定律。他用新的数学方法——积分法来求曲边形的面积,证明在引力作用下,行星绕太阳运动的面速度不变。

——牛顿修正了开普勒第三定律。万有引力定律是从开普勒第三定律导出的。反过来,牛顿运用他的万有引力定律,对开普勒第三定律作了重要修正。修正后的第三定律精确公式为

$$\frac{T_1^2(M+m_1)}{T_2^2(M+m_2)}=\frac{a_1^3}{a_2^3}\ *$$

牛顿公式与开普勒公式不同之处,在于等号左边多了一项质量的乘数(括号内的 M 和 m 分别表示太阳和行星的质量)。修正后的开普勒定律变得更为重要。它可以测定那些伴有卫星的天体的质量比。牛顿是第一个"秤出"天体质量的天文学家。

---

* 该公式的推导参见附录二。

开普勒定律指出了“行星怎样运动?”牛顿则用万有引力定律回答了“行星为什么这样运动?”他证明,在引力作用下,行星必然遵循开普勒定律而运动。万有引力定律奠定了天体力学的基础,从此,天文学从它的幼年状况进入成年时代。恩格斯说:“**牛顿由于发现了万有引力定律而创立了科学的天文学***。”这一切都是在太阳系发现和完善的过程中产生的。

太阳系曾经是天文学研究的主要领域。后来,由于地面观测所能获取的资料日益匮乏,自20世纪30年代初发现“第九颗行星”——冥王星后,太阳系天文学再没有什么重大突破,人们把注意力转向恒星天文学。近年来,随着空间探测技术的发展,人类结束了“坐地观天”的局限,复使冷落了多年的太阳系天文学重放异彩,成为当前科学研究最活跃的前沿领地之一。

2. 太阳系的组成

根据国际天文学联合会(IAU)2006年第26届大会决议,太阳系天体分类为:八大行星(planet,包括水星、金星、地球、火星、木星、土星、天王星和海王星)、矮行星(dwarf planet,包括冥王星和类冥天体)和太阳系小天体(small solar system bodies,包括小行星、彗星和流星)。

太阳占有这个系统总质量的99.9%,因此,它有足够强大的引力支配其他天体,形成一个以它为中心天体的天体系统——太阳系。如以冥王星的轨道为太阳系的边界,其直径约为120亿km,是一个庞大的天体系统;但在银河系里,太阳系只是沧海一粟而已。

八大行星按其同太阳的距离,由近及远,分别是水星、金星、地球、火星、木星、土星、天王星和海王星。接近太阳的五颗行星,即上述的水、金、火、木和土星,在地球上看起来,是天空中游荡的明星,自古被称为**五星**或**五行**,并同太阳和月亮合称**七曜**。古人把它们同众星列宿区别开来,另立门户,直到太阳系的发现。其余的“二王”(天王星和海王星),因距离遥远,肉眼不可见。它们是望远镜问世后才陆续被发现的。

除上述八大行星外,太阳系中还有数以千万计的**小行星**,已发现并正式命名或编号的超8 000颗。同八大行星一样,小行星按一定的轨道环绕太阳运动。小行星的轨道,远的可越出土星轨道之外,近的可进入地球轨道以内,但绝大多数集中在火星和木星的轨道之间,在那里形成一个小行星带。根据这个情况,有学者认为,小行星大概是一个已经崩解了的行星的残存碎块。小行星的质量很小,无法同八大行星伦比。据估计,所有小行星的质量总和,大约只相当地球质量的0.04%,或月球质量的3.2%。

八大行星中,除最接近太阳的水星和金星外,都伴有自己的卫星。各行星拥有卫星的数量和大小不一:地球有一个大型的卫星——月球;火星有两个很小的卫星;木星和土星的卫星最多,分别为79个和82个;天王星有27个卫星;海王星有14个卫星。这样,太阳系行星的卫星总数达205颗。随着太阳系空间探测的继续,这个数字还会不断刷新。

除了行星和卫星以外,太阳系的成员还包括**彗星**和**流星体**。彗星的质量很小,这种天体在绕太阳运行中呈现奇特的外貌变化。已被发现的彗星约有1 600颗。流星体的数量不胜枚举,但它们的质量微不足道。

像太阳系这样的天体系统,很可能普遍地存在于宇宙中,然而,目前还没有得到确凿无疑的证据。

---

* 《马克思恩格斯全集》,第一卷,人民出版社,1956,第657页。

3. 行星

太阳系的行星,以地球轨道为界分为两组:水星和金星的轨道位于地球轨道以内,称为**地内行星**(inferior planets,旧译内行星);地球轨道以外的行星,称为**地外行星**(superior planets,旧译外行星)。两者在对太阳的会合运动中,表现出"内外有别"。另外,八大行星还可以小行星带为界,分成两组:水星、金星、地球和火星为**内行星**(inner planets),意即带内行星;木星、土星、天王星和海王星为**外行星**(outer planets),意即带外行星。

继开普勒发现行星运动第三定律后,人们试图找出行星与太阳平均距离(即行星轨道的半长径)间的数量关系。距太阳的远近,意味着公转轨道的大小。若以天文单位(日地平均距离)表示,八大行星对太阳的平均距离如表 2-1 所示。

表 2-1　八大行星对太阳的平均距离

行星	对日距离/AU
水星	0.387
金星	0.723
地球	1.000
火星	1.524
木星	5.20
土星	9.54
天王星	19.18
海王星	30.06

从上表可以看出,太阳系行星的分布,不仅远近悬殊,而且疏密悬殊。海王星的距离约为 30 AU,土星、天王星大体位于这段距离的三分点上。这就是说,3/4 的行星集中在 1/3 距离内,半数以上的行星拥挤在 1/8 的距离内。一般地说,离太阳愈远,行星轨道的间隔便愈宽。

1766 年,德国天文学家提丢斯(1729—1796)提出一个表示行星与太阳平均距离的经验定律,后由波得(1747—1826)重新研究并予发表,史称**提丢斯-波得定则**。其见解是,取一数列:

0　3　6　12　24　48　96

这个数列的前三项是以 3 为公差的等差数列,第二项起是以 2 为公比的等比数列。在每项数字先加 4,再除以 10,便得到另一列数字:

0.4　0.7　1.0　1.6　2.8　5.2　10.0

这一列数字便与当时已知的六大行星(天王星、海王星尚未发现)对太阳的平均距离相当吻合,只是在 2.8 AU 处出现一个空缺,所以,火星与木星轨道的间隔显得过宽。1781 年,赫歇尔发现天王星,延伸了这个序列,它差不多恰好在预言的轨道上。1801 年,意大利人皮亚齐发现了第 1 号小行星谷神星,填补了 2.8 AU 的空缺。这样看来,提丢斯-波得定则似乎代表着一定的规律性。可是,后来海王星的发现破坏了这个序列,这样的规律性便难以令人置信。有人认为提丢斯定则纯系一种数学游戏。它不能同具有深刻力学意义的开普勒第三定律相比。

八大行星的轨道及主要物理参数,如表 2-2 所示。该表的数据表明:

表 2-2　太阳系行星表

行星	轨道半长径/AU	公转周期	轨道偏心率	轨道倾角	自转周期	赤道与轨道交角	赤道半径/km	质量（地球=1）	体积（地球=1）	密度（水=1）	表面重力（地球=1）
水星	0.387	88 d	0.206	7.0°	58.6 d	<28°	2 440	0.055 4	0.056	5.46	0.37
金星	0.723	225 d	0.007	3.4°	243 d	177°	6 050	0.815	0.856	5.26	0.88
地球	1.000	1 a	0.017	0°	23 h 56 min	23°26′	6 378	1.00	1.00	5.52	1
火星	1.524	1.88 a	0.093	1.9°	24 h 37 min	23°59′	3 395	0.107 5	0.150	3.96	0.38
木星	5.205	11.9 a	0.048	1.3°	9 h 50 min（赤道）	3°05′	71 400	317.94	1 316	1.33	2.64
土星	9.576	29.5a	0.055	2.5°	10 h14 min（赤道）	26°44′	60 000	95.18	745	0.70	1.15
天王星	19.28	84 a	0.051	0.8°	（24±3）h	97°55′	25 900	14.63	65.2	1.24	1.17
海王星	30.13	165 a	0.006	1.8°	（24±4）h	28°48′	24 750	17.22	57.1	1.66	1.18

注："d"为地球日，即平太阳日 24 h，"a"为地球公转周期（恒星年），为 365.256 4 d。

——除水星外,行星轨道的偏心率和轨道倾角都很小。这就是说,行星是在基本接近的平面上,沿近乎圆形的轨道运动(图 2-18)。

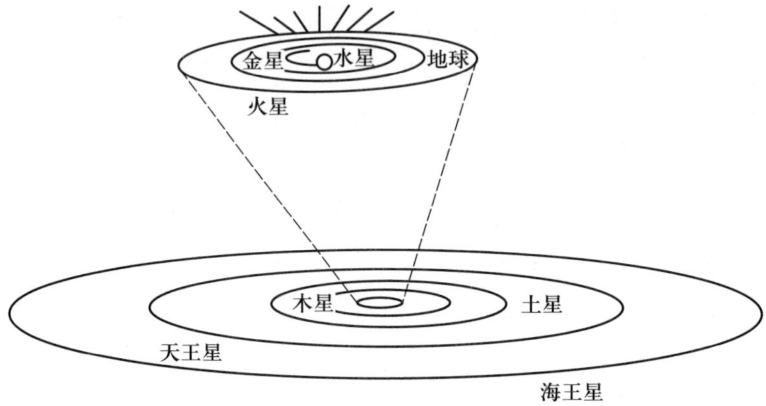

图 2-18　行星的轨道大小

——金星的赤道与其轨道的交角达 177°,这意味着金星的自转是逆转(即自东向西转,与公转方向相反)。在金星的天空中,太阳是从西方升起的。另一个例外的情形是天王星,其赤道与其轨道的交角约为 98°,这意味着天王星的自转也是逆转。如果把金星的自转比喻为倒转,那么,天王星便是"躺着"自转。除金星和天王星外,其余行星的自转方向皆与公转方向相同。

——地内行星有特别长的自转周期。水星自转周期长达 58.6 日。金星自转周期甚至超过它的公转周期,长达 243 日,其一昼夜长度是地球上的 117 日,因此,金星上的一年还不到二个昼夜*。两颗巨行星——木星和土星的自转周期却很短,还不及地球自转周期的一半。因此,木星和土星都显得较扁,在它们的视圆面上,肉眼也能清楚地分辨出来。这两颗行星都是流体球,因而不同于固体行星的自转,其赤道部分的自转周期比其他部分要短。它们的视圆面上,有明显的平行于赤道的云带(图 2-19)。

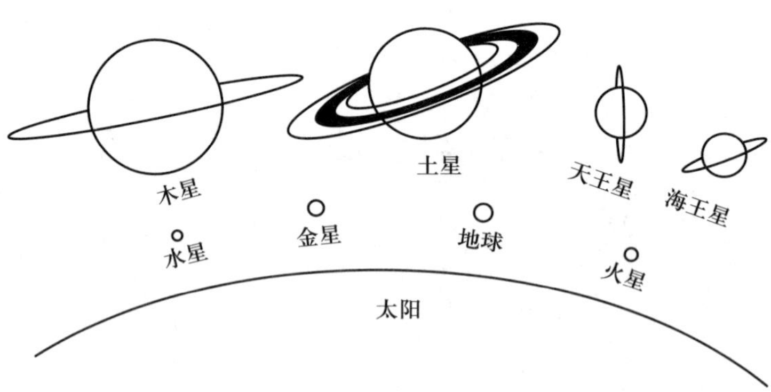

图 2-19　行星的大小对比

根据质量、大小和化学组成的不同,行星又可分成另外的两大类:一类以地球为典型代表,称

* "一昼夜"即一个太阳日,即行星和太阳的会合周期。

类地行星，包括水星、金星、地球和火星；另一类以木星为典型代表，称**类木行星**，包括木星、土星、天王星和海王星。近来，人们又把类木行星，分成**巨行星**（木星和土星）和**远日行星**（天王星和海王）两类。不同的行星分类法，比较如下：

<table>
<tr><td colspan="4">类地行星/内行星</td><td></td><td colspan="4">类木行星/外行星</td></tr>
<tr><td>水星</td><td>金星</td><td>地球</td><td>火星</td><td>（小行星）</td><td>木星</td><td>土星</td><td>天王星</td><td>海王星</td></tr>
<tr><td colspan="2">地内行星</td><td></td><td></td><td></td><td colspan="2">巨行星</td><td colspan="2">远日行星</td></tr>
<tr><td colspan="3"></td><td colspan="6">地外行星</td></tr>
</table>

类地行星接近太阳，自水星的 0.39 AU 到火星的 1.52 AU；类木行星远离太阳，自木星的5.2 AU到海王星的 30 AU。这种对于太阳距离上的巨大差异，在很大程度上影响它们物理性质和化学组成的不同：

——类地行星质量小，类木行星质量大。木星和土星的质量分别是地球质量的 318 倍和 95 倍，而类地行星中的其他成员的质量均小于地球。由于质量小，水星没有大气，酷似月球世界；火星只有极微弱的大气，是一个极其荒凉的世界。水星和火星表面，都有环形山分布。

——类地行星平均密度较高，类木行星平均密度较低。若以水的密度为 1，那么，类地行星（除火星外）的密度均超过 5；而类木行星中密度最大的海王星也不足 1.7，其中土星的密度仅 0.7，如果把它放入水中，它将浮出水面。

——从化学组成看，类地行星主要由重物质组成，中心有铁核，含金属元素比例高，有固体表面。类木行星则以轻物质为主，主要是氢、氦、氖等，因而没有固体表面。

——过去，人们一直以为土星是太阳系唯一有光环的行星。空间探测证实，木星、天王星和海王星都有光环。这样看来，光环是类木行星的共同特征。类地行星都没有光环。

——类地行星接近太阳，因而有较高的温度。就这个条件而言，太阳系的生命圈限于类地行星（水星除外）。从理论上说，金星和火星都可能有生命。金星的大小、质量和逃逸速度都同地球相近似，有“地球的姐妹星”之称。金星表面覆盖着一层浓厚的大气，其密度是地球大气的 50 倍，表面气压高达 90 atm，主要成分是二氧化碳（97%）。由于高效的温室效应，金星表面温度高达 465~485 ℃，连铅和锡都要熔化，是一个非常炎热的世界。火星比地球小得多，大气十分稀薄，气压仅为 7.5 hPa，相当于地面 40~45 km 高空的大气压强，主要成分是二氧化碳，水汽更少得可怜。迄今的空间探测证实，金星和火星都不存在生命。

4. 彗星

彗星（comet）俗称扫帚星，天空中不常见。古人见其外貌奇特，拖着一条长长的尾巴，来无影，去无踪，在相当长时期里，对它怀有极大的恐怖心理。

彗星同行星一样，在太阳引力作用下，也是沿椭圆轨道绕太阳运行。所不同的是，其轨道的偏心率很大，轨道显得又扁又长。如著名的**哈雷彗星**，其轨道的近日点位于地球轨道以内，而其远日点却在海王星轨道以外（图 2-20）。因此，彗星绕转的周期很长，如果周期小于 200 年，就算是**短周期彗星**了。大多数彗星的轨道几乎接近抛物线,远远延伸到冥王星轨道之外。这样的彗星,周期很长,迄今不能测定,因为有史以来,它们只出现过一次,何时再来,杳无定期,被称为**非周期彗星**。

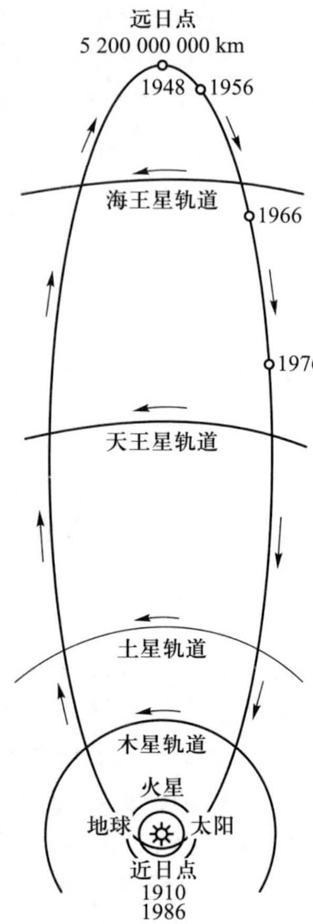

图 2-20　哈雷彗星的轨道

彗星的特征是同它们的轨道形状相联系的。彗星的质量很小,大体上是由固体颗粒,掺杂着尘埃以及冻结的水汽、甲烷、氨、二氧化碳等,称为**彗核**。在大部分时间里,彗核是在远离太阳的寒冷空间运行,以至它们的物质总是处于冰冻状态。这时候的彗星,个体很小,默默无闻。而当它在轨道上逐渐接近它的近日点、距太阳足够近的时候,太阳的热力使彗核中一部分冻结的气体蒸发或升华,形成一个云雾状的包层,称为**彗发**。彗星继续接近太阳,彗发的直径可扩大到 10 万 km。彗发中的一部分气体和尘埃,被太阳风和光压推向一旁(对很小的微粒来说,太阳风和光对微粒的压力,会有效地超过太阳对它们的引力),飘向远方,形成长长的**彗尾**。这时候的彗星就成为非常壮观的天体。

太阳风和光压均来自太阳。所以,彗尾的方向总是背向太阳(图 2-21)。有的彗尾是平直的。这是太阳风作用下形成的,主要是由 CO^+离子组成,故称**离子彗尾**,常呈蓝色,是 CO^+离子在太阳光作用下发射的荧光。有的彗尾是弯曲的。这是太阳光压作用的结果,主要由微尘组成,因而称**尘粒彗尾**。由于尘粒绕太阳公转因尘粒本身远离太阳而减速,所以自然地形成弯曲彗尾。它多成黄色,是微尘反射的太阳光。

一般地说,彗星在距太阳仅 2 AU 时,才显现其可察觉的彗尾。对于肉眼观测来说,即使最明亮的彗星,也只有当它通过近日点前后才是可见的:或者黄昏时出现在西方天空,彗尾向东;或者在黎明前出现在东方天空,彗尾向西。特别明亮的彗星,甚至在白昼也清晰可见。过了近日点,随着彗星离太阳远去,彗尾和彗发渐次消失,恢复彗核原状。总之,彗星在本质上就是在偏心率很大的轨道上绕太阳运动的冰冻物质,其奇特的外貌,只是通过近日点前后的暂时现象。

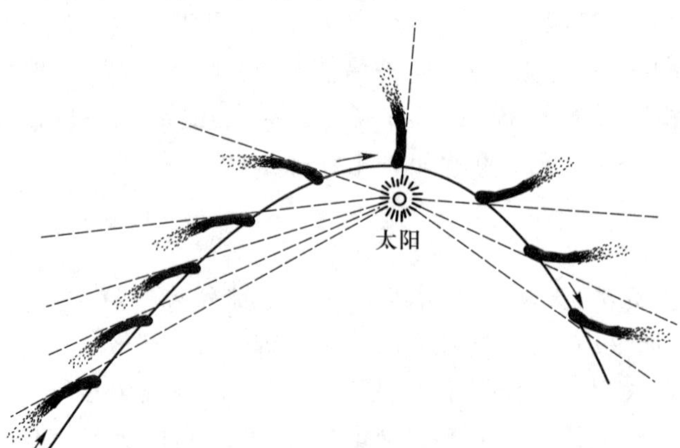

图 2-21　彗尾总是背向太阳

比较起来，彗星是一种“短命”的天体。彗星每次通过近日点，总要被太阳烤热，并损耗一部分物质。因此，经过千百次接近太阳以后，彗核中的冰冻物质消耗殆尽，残存的固体颗粒崩解成为流星体群，继续绕太阳运动。

最著名，也是最早被发现的周期彗星是**哈雷彗星**。其轨道的半长径为 17.95 AU，偏心率是 0.967；远日距 35.31 AU，近日距 0.59 AU。它的公转是逆转，周期为 76 年（这是唯一的周期短于 100 年的明显彗星）。其最近一次的回归是 1986 年。

5. 流星和流星体

流星体是存在于太阳系中的微小颗粒，环绕太阳运动。在经过地球附近时，流星体因受地球引力的摄动，改变轨道，向地球接近。当它们闯入地球大气时，同气体分子和原子发生猛烈摩擦而燃烧发光，在天空中划出一道闪亮的余迹，叫作**流星**（meteor）。亮度超过-5 等的明亮的流星，又叫**火流星**。特别明亮的火流星，甚至在白天也是清楚可见的。

流星通常是单个出现的，这样的流星叫作**偶发流星**。一个目视观测者，夜间平均每小时可看到 10 颗流星。通常，下半夜的流星比上半夜多而且明亮，其原因在于：下半夜的流星是与地球迎面相遇（速度高），或地球赶上流星（出现频率高）；而上半夜出现的只是追上地球的流星（图 2-22）。有时，人们在一定的天空区域，在特定季节，会发现流星的数量有显著的增加，甚至像雨滴一般密集，因而称之为**流星雨**。我国古代，曾经有过“星陨如雨”的记载（见《春秋左传》庄公七年）。在近代，1833 年曾经有过每小时出现 35 000 条流星的天空奇观。

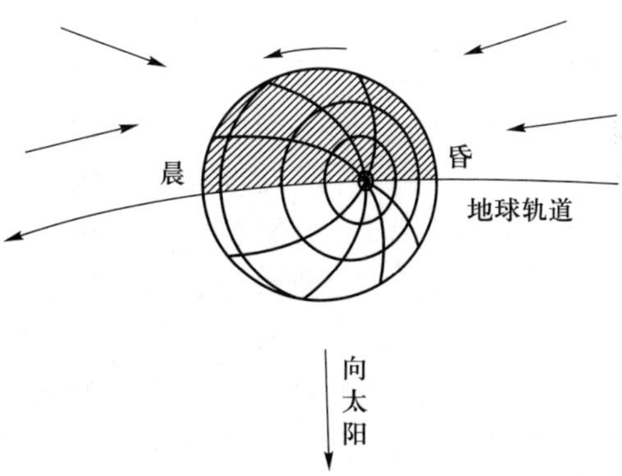

图 2-22　下半夜的流星多而且明亮

流星雨的出现是同**流星群**有关的。所谓流星群，其实是指**流星体群**，就是许许多多沿着相同的轨道绕转太阳的流星体。它们的共同轨道在一定的宇宙空间同地球轨道相交。地球一年一度经过这一空间，并在同一天空区域造成流星雨。所有的流星似乎是从天球上同一点辐射出来的。正是这一现象说明流星体的轨道是相同的。这种情况之所以会发生，是因为流星体群的形成，是一个彗星的瓦解的结果。例如，比拉彗星（Biela comet）的分裂和瓦解，造成了仙女座的流星雨。

流星体（meteoroid）的质量很小，在它们进入大气以前，一般只是沙粒或小石砾那样的东西。这样的流星体在燃烧过程中化为气体和尘埃，全部陨灭。但是，个别特别巨大的流星体，在持续燃烧过程中，穿过整个大气层，一直降落到地面，这叫作**陨星**（meteorite）。按照化学组成的不同，陨星分为石陨星（亦叫陨石）、铁陨星（亦叫陨铁）和石铁陨星。石陨星主要由硅酸盐组成，铁陨星主要由铁镍金属组成，石铁陨星介于二者之间。在所有陨星中，石陨星约占 92%。1976 年降落在我国吉林境内的石陨星，是迄今世界上最大的石陨星。它在降落过程中分裂成许多块，其中最大的一块重 1 770 kg。世界最大的铁陨星是非洲纳米比亚的戈巴陨铁，重约 60 t。我国的新疆大陨铁重 30 t，名列第三。

最大的陨星，事实上就是太阳系的小行星，最小的陨星是宇宙尘。在小行星、流星体和宇宙尘之间，自然界并不存在绝对的界线。

在进入地球大气以前,流星体本来是在绕转太阳的,因而具有很快的轨道速度。如果它们是迎面进入地球大气,其速度甚至可达到 72 km/s。由于速度高,流星体具有很大的动能,因而具有很大的杀伤力(远超过普通的枪弹和炮弹),只是由于大气的作用,人类才能基本上免遭流星的袭击。正是由于大气对于流星的阻力,流星体的动能大都转化成热能,并且使得流星体本身熔化或气化。但是,尽管在大气中发生减速,巨大而且结实的流星体,在它们作为陨星降落地面的时候,仍然具有很大的动能,并且造成大而深的陨星坑。

6. 太阳系起源的星云假说

太阳系起源理论的提出,是科学史上一定阶段的产物。从哥白尼创立日心体系后,他的后继者开普勒发现行星运动定律,完满地廓清了行星轨道的几何性质;牛顿继而以他的运动定律和万有引力定律,成功地解释了行星运动的物理原因。至此,太阳系的结构完全搞清楚了。人们很自然地就会探索这种结构的成因,即太阳系如何起源?

太阳系起源的理论,基本上是一些揣测的看法。没有人能目睹行星的形成。迄今为止,人们能够直接观测到的行星系统,只有我们自己的太阳系;而且,所能了解的主要是它的现状,缺乏它早期的历史资料。所以,对于这个理论的探索,虽然已有 200 多年历史,至今还只是一种假说。

地质学上有句名言:“现在是过去的钥匙。”人们正是根据太阳系的现状,设想它的形成过程。太阳系的整个图像表明,它的结构具有某些统一的特征。

——**共面性**:行星绕太阳运动的轨道平面,都很接近黄道面;卫星的轨道平面,也都接近各自行星的赤道面。就整体来说,太阳系是很“扁”的。

——**同向性**:太阳系的天体大致朝同一方向运动。行星绕太阳运动,概无例外地都与地球公转的方向相同;卫星除极个别的例外,也是如此;行星绕轴自转,除金星和天王星以外,也都同地球绕轴自转的方向一致;还有,太阳本身也作同样方向的自转。

——**近圆性**:行星轨道形状都接近圆形。除冥王星轨道的偏心率稍大外,其余行星轨道的偏心率都很小。

根据这些特征,天文学上最合理的推测是,行星系统是由同一薄层物质所形成的。1755 年,年轻的德国哲学家康德(1724—1804)根据牛顿的万有引力理论,第一个提出了太阳系起源的星云假说。这个假说的基本论点是:第一,太阳系是由弥漫星云物质,即大团的气体和尘埃演化而来;第二,形成太阳系的动力是自引力,即星云各部分之间相互吸引的力。1796 年,法国天文学家拉普拉斯(1749—1827)独立地提出了另一个星云假说,细节上稍有差异,但两者的基本观点一致。因此,人们通常把它们合称为康德-拉普拉斯星云假说。

继康德和拉普拉斯之后,形形色色的太阳系起源和演化理论不断涌现。但是,这些假说没有一个被普遍接受,而康德-拉普拉斯星云说的基本论点经受住时间的考验。最近几十年,随着恒星演化理论的发展,星云说被赋予新的科学内容:第一,康德认为,形成太阳系的是银河星云的整体。现在看来,形成太阳系的仅仅是银河星云的一个很小的碎块。星云的质量远大于一般的恒星,约为太阳质量的 100~1 000 倍,而它的球状碎块的质量,大体上与一颗普通恒星相当。第二,拉普拉斯认为,形成太阳系的星云物质是炽热的。现在看来,形成太阳系的星云物质是低温的,它的温度仅比绝对零度高出 10~100 K。因此,从星云到太阳系的历史是由冷变热的历史,而不是由热变冷的历史。

按照今天的理解,从星云到太阳系的过程,首先是在银河星云中产生太阳星云,然后是太阳星云变成星云盘,最后是在星云盘中产生太阳和行星(图 2-23)。

银河弥漫星云因自引力而收缩,在收缩中产生旋涡。旋涡使星云碎裂而成大量的碎块。每一碎块具有一个恒星的质量,以后分别形成恒星。其中形成太阳系的碎块,就是太阳系的原始星云,称为太阳星云。

在自引力的作用下,太阳星云进一步收缩,使本来是在旋转着的太阳星云旋转加快,因而产生更大的惯性离心力。由于惯性离心力的作用,太阳星云的收缩是不等速的。赤道上的收缩是最慢的。随着引力收缩的持续进行,太阳星云愈来愈扁;同时,由于体积愈来愈小,它的旋转就愈来愈快,所产生的惯性离心力也愈来愈大。当惯性离心力足以全部抵消自引力的时候,赤道上的物质就在原地停留下来。这一过程的长期持续进行,使得太阳星云变成一个中部厚而四周薄的又圆又扁的天体。这就是星云盘。

在进一步收缩中,星云盘的中心和主要部分变成原始太阳。在星云盘的总质量中,它占有绝大部分。原始太阳因为持续收缩而不断增温,当内部温度升高到几百万开时,开始热核反应,成为自行发光的恒星。同时,在星云盘的周围部分,通过碰撞和吸积,进行着行星的形成过程。行星周围的残余物质,在较小范围内重演行星形成的过程,产生了卫星。它们都可能是太阳形成的"副产品"。

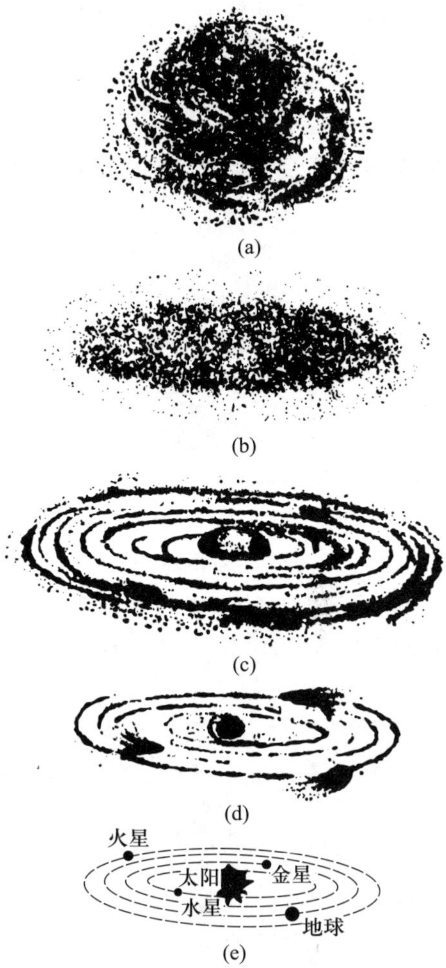

图 2-23　太阳系起源示意图

(a)太阳星云;(b)星云变成扁球形;(c)原始太阳和圆环体;(d)太阳和行星的形成;(e)太阳系

恩格斯曾高度评价康德的星云说:在**"僵化的自然观上打开第一个缺口","关于第一次推动的问题被取消了;地球和整个太阳系表现为某种在时间的进程中逐渐生成的东西"** *。

复习与思考

1. 太阳的距离、大小和质量是怎样测定的?
2. 何谓太阳大气? 什么是"太阳风"? 何谓太阳活动? 太阳活动对地球产生什么影响?
3. 哥白尼"日心"体系的基本思想与重要意义是什么? 什么是开普勒定律? 牛顿如何发展开普勒的行星运动定律? 它对天文学的发展有何贡献?
4. 设某行星距太阳为 25 AU,那么,它绕太阳公转的周期应有多长? 设某小行星绕太阳公转的周期为 8 年,问:它与太阳的平均距离是多少?

---

* 恩格斯:《自然辩证法》,人民出版社,1971,第 12 页。

5. 行星如何分类？比较地内行星与地外行星、内行星与外行星的差别；比较类地行星与类木行星，它们的物理性质与化学组成有何差异？
6. 彗星的本质特征是什么？什么是流星体和流星？如果地球没有大气，地面上仍能看到彗星吗？仍能看到流星吗？
7. 康德“星云说”的基本论点和它的重要意义是什么？

第三节　月球和地月系

一、月球

月球，俗称月亮，是地球唯一的天然卫星。它在天空中与太阳有同样的视大小，所以自古以来，人们总是日月并提，把前者叫作太阳，把后者叫作太阴。

在地球上看起来，月球有时会遮蔽太阳(日食)、行星和恒星(掩星)，却从未见过它被别的天体所遮蔽。因此，古人早就认识到，月球是距地球最近的一个天体。由于距离上的接近和相互绕转，月球对于地球的作用就显得特别重要。月相的圆缺变化，曾是一种天然的和最早的历法。日月有同样的视大小，因而月轮有可能遮蔽日轮而发生日食现象。月球对地球上的潮汐现象也起着主导作用(详见第五章)。因此，对于地球来说，月球是一个十分重要的天体，也是唯一的“属于我们的”天体。它还是迄今人类足迹所至的第一个天体。1969—1972 年间，美国曾实施阿波罗登月计划，分 6 批共 12 人次乘飞船登上月球，进行实地科学考察和研究。

1. 月球的距离和大小

月球是离地球最近的天体，因此，可以用地面上的三角测量法测定它的距离。天文上在测定太阳系内较近天体的距离时，通常采用地球半径作为基线。从天体到基线二端的连线所夹的角，即地球半径对该天体所张的角，叫作该天体的视差。如图 2-24 所示，当天体位于地平时，其视差最大，这个最大的视差值，叫作天体的**地平视差**(horizontal parallax)。根据测定，月球的地平视差为 57′。它与地球半径 r 和月地距离 d 有如下的关系：

$$\csc 57' = \frac{d}{r}$$

$$d = r\csc 57' = 60r$$

即月地距离约为地球半径的 60 倍。在地球半径(6 371 km)已知的条件下，求得月地距离为 384 261 km(月地平均距离为 384 400 km)。

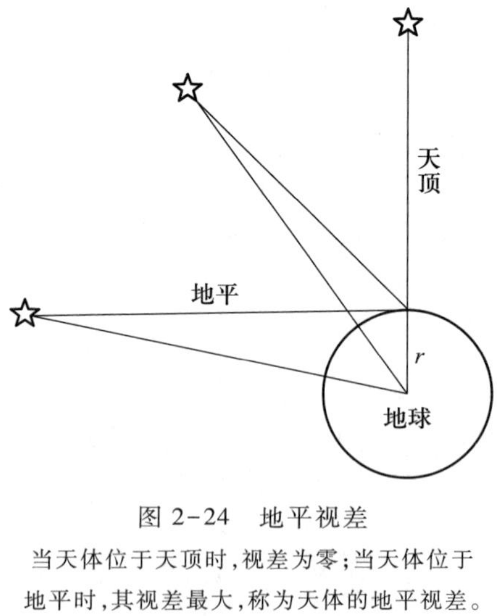

图 2-24　地平视差

当天体位于天顶时，视差为零；当天体位于地平时，其视差最大，称为天体的地平视差。

在实际工作中，月球地平视差的测定，是选择在相距很远(一地在北半球，一地在南半球)，尽可能接近同一经度的南北两地进行，分别于月球中天时测定其视赤纬，然后推算出月球的地平视差。现在，天体距离的测定主要采用雷达天文学方法，特别是近年来激光技术迅速发展,只要向月球发一激光信号,并测定它从月面返回的时间,便能精确地测定月地距离,其误差仅为几米。

已知月地距离,就可以根据月球的视半径推算它的线半径。由观测得知,月球的地心平均视半径为 15′33″,于是求得月球的半径(r)为:

$$r = 384\ 400\ \text{km} \times \sin 15'33'' = 1\ 738\ \text{km}$$

这个数值相当于地球赤道半径的 27.25%。由此可知,月球的表面积为地球表面积的$(27.25\%)^2$,即约 7.4%;月球的体积为地球体积的$(27.25\%)^3$,即约 2.03%,或 1/49。

月球质量的测定,曾经是一个复杂的问题。按牛顿的万有引力定律,可以根据天体的绕转来测定中心天体的质量,却不能用这个方法来测定绕转天体的质量。人们注意到,月球和地球彼此环绕它们的共同质心运动。从地月系质心分别至地球和月球质心的距离之比,即为二者质量的反比率。这是以前测定月球质量的基础。通过对太阳视运动的精密观测,确定地月系质心距地球质心为 4 671 km(由月地距离可知,它距月球质心为 379 729 km)。由此推得月球质量为地球质量的 1/81.3。再根据地球质量推得月球质量为 7.196×10^{22} kg。自从宇宙火箭飞往月球后,月球质量便可用开普勒定律方便地推出。

正是由于质量上的悬殊,月球才成为地球的卫星。但是,这个悬殊程度在行星系中算是最小的。在太阳系的其余卫星中,它们的质量一般只有母行星的几千分之一或几万分之一,甚至更小。从这个意义上说,我们的月球是太阳系众多卫星中出类拔萃的一个。

已知月球的质量和体积,不难得出其平均密度为 3.341 g/cm^3,约为地球平均密度的 60.5%。表明,月核相对地比地核小。已知月球的质量和半径,按万有引力的质量乘积和距离的平方反比定律,可知月面的重力加速度为 1.622 m/s^2,约为地面重力加速度的 1/6。

2. 月球表面

凭肉眼就能看出,月面上存在着明暗不均现象。用一架小型望远镜(普通的双筒望远镜即可),更能看清月面上地形起伏的细致特性,月面有同地面相似的结构。

月面上比较阴暗的部分被称为**月“海”**(mare,复数 maria)。其实,那里没有任何形态的水,而是广阔的平原;那里存在着大范围的熔岩流,反照率低,因而显得阴暗。月“海”是月面上范围最广的地形。在月球的可见半球,较大的“海”有 10 个,它们都有一个富有幻想的名称:位于西部的是危海、澄海、静海、丰富海和酒海;位于东部的是风暴洋、雨海、云海、湿海和汽海(图 2-25)。其中,最大的“海”是风暴洋,面积达 500 万 km^2,比地中海还大得多。

月面上比较明亮的部分是高地,统称**月陆**(lunar highland)。月陆一般高出月“海”2~3 km,反照率高,因而显得明亮。

无论在月“海”还是月陆,整个月面遍布一种四周凸起、中部低凹的环形隆起,叫作**环形山**(lunar crater),现在也叫**月坑**。伽利略首次在望远镜中发现环形山,把它喻为“孔雀羽毛上的翠眼”。环形山数量惊人,达 33 000 个以上。大小悬殊:最大的环形山直径达 235 km,容得下一个海南岛;小的月坑直径只有几十厘米,甚至更小。环形山内侧的坡度陡峻,外侧坡度平缓,形状颇似地面上的火山口或陨星坑。人们很自然联想到,它们似乎是陨星撞击的产物。在所有的环形山中,最明显的是第谷环形山,靠近月球南端,满月时看得十分清楚;其次是哥白尼环形山和开普勒环形山,都位于月面的东部。

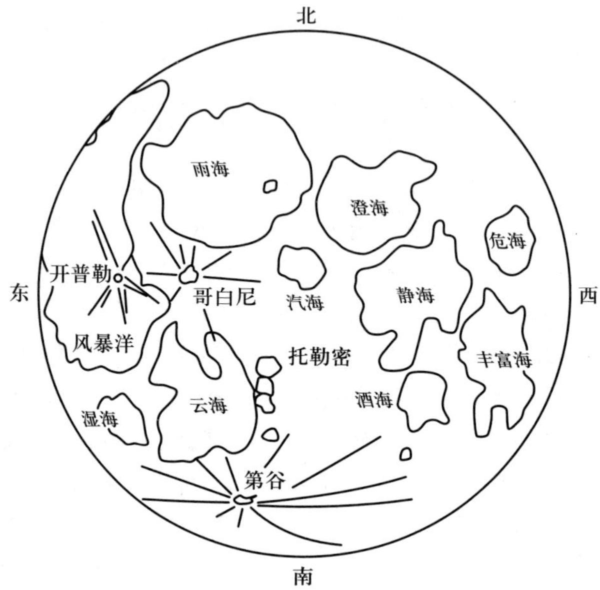

图 2-25　月球上的“海”

月面上也有连绵高峻的山脉,高度达 7 000~8 000 m,但数量并不多。这些山脉的名称,多半是早期天文观测家仿照地球上的山脉命名。例如,伽利略把月球上最显著的两条山脉命名为亚平宁山脉和阿尔卑斯山脉(是他的祖国意大利境内的主要山脉)。月球山脉的特点是,向“海”的一面陡峭,呈明显的断崖状;向月陆一侧较平缓。月球上最高的山峰,高达 9 000 m,超过地球上的最高峰——我国喜马拉雅山的珠穆朗玛峰。

此外,月面上还有一些亮线和暗线。亮线叫**辐射纹**(lunar ray),是从大环形山向四周辐散的明亮线条,可以穿过山脉、月“海”,延伸达数千千米。它们可能是环形山中抛出物辐散堆积的薄层,其中,以第谷环形山和哥白尼环形山的辐射纹最为优美,在满月时看得很清楚。暗线是深陷的裂缝,有如地面上的沟谷,被叫作**月谷**(rift valley)。

3. 月面的物理状况

月面重力加速度只及地面的 1/6。人若来到月球,体重将减为原来的 1/6,他会感到身轻如燕。人们花同样的力气,便能举起是地面上 6 倍重的东西*。

月球的微弱重力,使它不能保持大气。人们在望远镜里看到清晰的月轮,便证明了这一点。飞船登月实地考察也证实,月球上只有极微量气体,其密度不及地面大气密度的一万亿分之一,主要成分是氦和氩。因为重力小,月面逃逸速度就小,只有 2.4 km/s(地面逃逸速度是 11.2 km/s),氧和氮气分子的运动速度,在常温下就能超过这个速度。假如月球曾经有过大气的话,它必定不断地失去自己的大气。由此可知,月球没有大气绝非偶然,并且,可以推断,一切质量较小的天体,

* 不能认为在月球上干什么事都可以比在地面上省 5/6 的力。物体到了月球上,重量减轻,但质量没有改变。按牛顿第二定律:$f=ma$,要使一定质量(m)的物体获得一定的加速度(a),仍须用同样的力(f)。只是由于重量减轻,摩擦减少,没有空气阻力,比在地面上省力些。

也不会有大气。

在一个没有大气的世界里，充满着寂寞与荒凉。登月的宇航员形容月球世界“有一种自成一格的荒凉之美”。在那里，声、光和热等物理效应，与地面上迥然不同：

——没有大气，声音得不到传播。月球世界万籁俱寂，听不到一点声音。没有大气对光的散射作用，月球上不见蔚蓝色的天空，也没有迷人的晨昏蒙影，即使在白天，天空也是一片漆黑；星星不会闪烁，但不分昼夜地出现在天空。

——没有大气，无法保持水分，因为水总是要蒸发为水汽，然后散逸到行星际空间。因此，月球上没有风云变幻，不见雨露霜雪，也不会出现雷电和彩虹。总之，月球天空没有人们所熟悉的“天气”变化。

——由于得不到大气和水分的调节，加上月球上昼夜漫长（它的一昼夜相当于地球上的一个月），月面的温度变化十分剧烈。白天，在太阳直射下，温度可高达 130~140 ℃；日出前可降至 -173 ℃。月食时对月面温度的测量结果表明，月球进入地球本影后，1 小时内温度便可降低 150 ℃。这说明，月面物质的热容量很小，不像是由岩石组成。登月考察证明，月球表面含有一层平均约 10 cm 厚的细沙粒层。

没有大气，没有水分，温度变化剧烈，月球上缺乏生命存在的必要条件。虽然在月球物质中已发现有机化合物，但没有任何证据表明存在有生命能力的有机体。

尽管月球的生活条件如此严酷，但它却有“天文学家的乐园”之称。地球上“千载难逢”的日全食景象，在那里只需用一块纸片遮住太阳光盘即成，随时随地可以观测到日冕。太阳和恒星的光谱，可以检查到最充分的程度。

根据月震资料的分析表明，月球内部构造与地球相似。它分月壳、月幔和月核三个同心圈层。月壳厚度约 60 km，月面下 60~1 000 km 为月幔，1 000 km 以下为月核。月壳和月幔组成刚性的岩石圈；月核为软流圈，温度约为 1 000 K，可能是由硅酸盐类物质组成，不会是地球那样的金属核。因此，它的密度比地核小得多。这一事实表明，月球内部曾经有过长期的圈层分化过程。空间探测发现，在某些月“海”表面，有特别强的重力场，表明那里的物质聚集特别集中，被称为重力瘤（或质量瘤）；目前，已发现 12 处这样的重力瘤，全部都在月球的正面。说明月球内部的物质分布是不均匀的。

中国探月工程大事记：

- 2003 年 10 月，中国首艘载人飞船神舟五号航天飞行圆满成功，中国成为继俄罗斯和美国之后第三个独立掌握载人航天技术的国家。
- 2004 年，被命名为“嫦娥工程”的中国探月工程正式起航，按照总体划分，共有“绕、落、回”三阶段任务。
- 2007 年 10 月 24 日，成功发射首颗探月卫星“嫦娥一号”绕月探测器，获取了世界上第一幅全月面三维立体图像。
- 2010 年 10 月 1 日，成功发射“嫦娥二号”绕月探测器。
- 2013 年 12 月 2 日，成功发射“嫦娥三号”探测器，实现月面软着陆，“玉兔号”月球车实现了月面巡视勘察。
- 2018 年 12 月 8 日，成功发射“嫦娥四号”探测器，是世界上第一个在月球背面软着陆的探测器，获取了世界第一张近距离拍摄的月背影像图并传回地面。

• 2020 年 11 月 24 日,成功发射“嫦娥五号”探测器,12 月 1 日探测器成功在月球正面着陆,12 月 17 日,返回器携带月球样品在内蒙古四子王旗预定区域安全着陆,中国探月工程“三步走”圆满收官。

月球几乎没有磁场,也没有地球那样的磁层。太阳辐射的粒子流和宇宙线,可以直接轰击月面。但是,月岩中却含有微弱的剩余磁性,其成因尚无公认的解释。

二、地月系

1. 地月系的绕转

月球绕转地球,构成一个天体系统,即地月系。由于地球的质量远大于月球,所以,这个系统的中心天体是地球。严格地说,是月球和地球对于它们的共同质心的绕转(图 2-26)。但由于地月系质心十分接近地球质心,因此,通常把地月系的共同运动,看作月球绕转地球的运动。

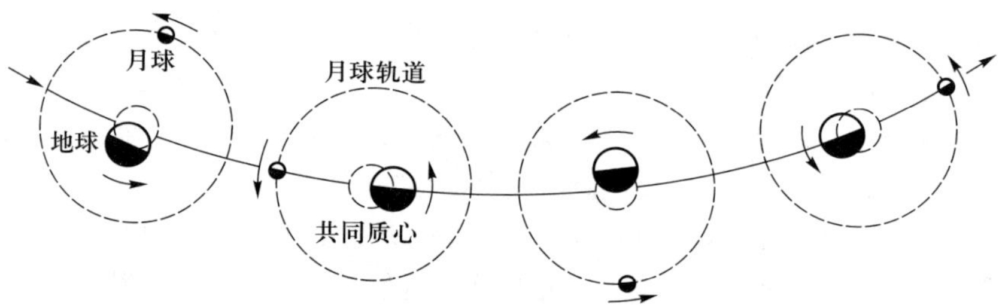

图 2-26　月球和地球都绕它们的共同质心而运动
共同质心在地球内部位置随绕转变化。

月球绕地球公转的轨道是一个椭圆(地球位于椭圆的焦点之一),其半长轴,即月地平均距离为 384 400 km。这个椭圆的偏心率是 0.054 9,比地球绕太阳公转的轨道(偏心率为 0.016 7)要扁得多。月球轨道近地点的距离是 363 300 km,远地点距离为 405 500 km,二者相差 42 200 km,相当于月地平均距离的 11%。由于这种距离上的变化,月球的视半径相应地变化于 16′46″~14′41″之间:近地点时月轮较大,远地点时较小。

月球轨道在天球上的投影叫作**白道**。白道面相对于黄道面有 5°9′的倾角,称为**黄白交角**。由于这个倾角的存在,月球在绕转地球的同时,往返于黄道南北;同时,由于黄赤交角的存在,月球在绕转地球时,其赤纬也在不断改变,变化范围为±(23°26′+5°9′),即月球直射点可达赤道南北 28°35′。江南一带称中天时接近天顶的月亮为“当头月”。

月球绕转地球的周期,笼统地说是 1 月。但按照参考点的不同,天文上月的长度有 4 种,它们是**恒星月**、**近点月**、**交点月**和**朔望月**,分别以恒星(无明显自行)、近地点、黄白交点和太阳为参考点。其中,恒星月是月球绕转地球的真正周期,即月球在白道上连续二次通过同一恒星(无明显的自行)所需的时间,其长度为 27.321 7 日,即 27 日 7 时 43 分 12 秒。

根据月球绕转地球的恒星周期,推知它的平均角速度为 13°10′/d,或 33′/h。这个角度大体上与月球本身的视直径相当。这就是说,月球每小时在天空中移动的距离,约等于月轮的圆面*。根

* 月球绕转地球的周期最短,因而其角速度最大,是天空中唯一可以“目睹”其运动的天体。月球以 15°/h 的速度向西随天球周日运动,又以 0.5°/h 的速度作向东运动,既有前进,又有后退。我国古代文人学士形象地称之为“徘徊”。

据月球的轨道半径和绕转周期可知，月球运动的线速度平均为 3 672 km/h，或 1.02 km/s。月球绕转地球的角速度和线速度，皆因月地距离而变化：接近近地点时，速度最快；过远地点时，速度最慢。

月球在绕转地球的同时，也有自转。月球的自转与它绕地球的公转，有相同的方向（向东）和周期（恒星月）。这样的自转称为**同步自转**。正是由于这个原因，地球上所见到的月球，大体上是相同的半个球面（图 2-27）；而在月球天空中，地球始终盘踞在天之一方，岿然不动。

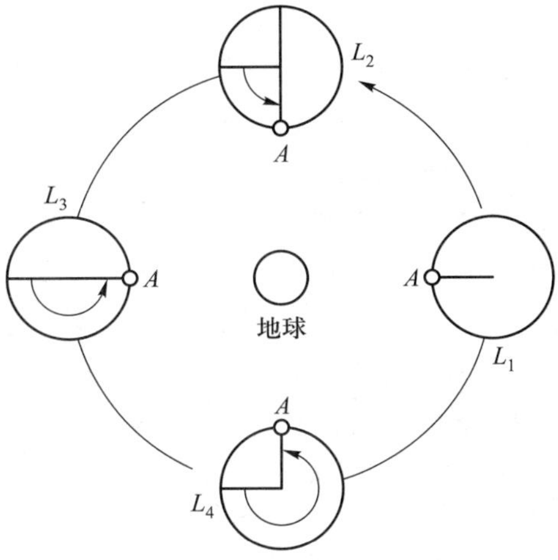

图 2-27　月球的同步自转使它始终以同一半球对着地球

同步自转并非月球所独有，其他卫星对于各自的行星也有同样的情形。显然，在遥远的过去，月球自转比现在快得多。地球的潮汐作用使它不断减慢，直至达到同步自转，虽然月球上没有海洋（详见第五章）。

牛顿在研究行星运动中发现引力定律，而且，在研究月球运动中验证他的引力定律。牛顿自问：月球会不会是一个落体？地球的重力能传达到月球吗？如果那里是它“力所能及”的范围，它是否就是使月球保持在其轨道上的那个力？

牛顿首先假定，在月球轨道处，重力应减为多少？由落体实验得知，地面重力加速度平均为 981 cm/s^2。牛顿假定重力与引力一样，也遵循距离平方反比定律，已知月球距离为地球半径的 60.27 倍，那么，月球轨道处的重力加速度，应等于地面重力加速度的 $1/(60.27)^2$，其值为

$$g=\frac{981\ cm/s^2}{(60.27)^2}=0.27\ cm/s^2$$

其次，按惠更斯的向心加速度公式：$J=\frac{v^2}{R}$，计算月球运动的实际加速度

$$J=\frac{4\pi^2 R}{T^2}=\frac{4\times(3.14)^2\times 38\ 400\ 000\ 000\ cm}{(27.32\times 86\ 400\ s)^2}=0.27\ cm/s^2$$

计算表明，受引力作用而运动的实际加速度（J），正确无误地恰好等于月球轨道处的重力加速度（g）。牛顿把伽利略的落体定律推广到天上，出色地证明：“苹果落地”和天体运行，都为同一种自然力所支配。

牛顿证实太阳系行星方面的引力定律，都毫无例外地适用于天体运动的一切场合，后来加以概括为任何两质点间的引力定律，并冠以“万有”称号。这是牛顿的最大功绩。

2. 月相和朔望月

“月有阴晴圆缺”。它时而一钩斜挂，时而冰轮圆涌；残月消逝以后，新月总是如约而来，从不违失。月亮的这种圆缺变化称为月相（moon phase），这是最常见且为人们所熟知的一种天象。

月球本身不发光，只能反射太阳光。在太阳照射下，月球总是被分为光明和黑暗两个半球。它们是月球上的昼半球和夜半球。但从地球上看来，这明暗两部分的对比，时刻发生变化：有时看到它的光明半球，有时看到它的黑暗半球；在一个时候，月轮的光明部分不断扩大，黑暗部分持续缩小；在另一个时候则反之。如此往复循环，这便是月相变化。这种变化视日、月、地三者的相对位置而定。它取决于两方面因素：一是太阳照射月球的方向；二是地球上观

测月球的方向。

如图 2-28 所示,当月球与太阳处于地球的同一侧,即日月合朔(阴历每月初一)时,太阳照射月球的方向,同地球上观测月球的方向相反,面对地球的是月球的黑暗半球,叫作新月。它偕日升落,夜晚在天空中见不到它的影子。当月球和太阳分处地球两侧,即日月相望(阴历月半)时,太阳照射月球的方向,与地球上观测月球的方向相同,人们看到的是一轮银盘似的满月。它在天空中与太阳相距 180°,此起彼落,轮番照耀大地,因而满月通宵达旦可见。由新月变为满月的过程中,当月球绕行其轨道的 1/4 行程时,叫上弦(阴历上半月初八)。这时,太阳照射月球的方向,与地球上观测月球的方向垂直,人们见到的月亮明暗各半,叫上弦月。它在天空中东距太阳 90°,继日而入,上半夜见于西部天空。同理,满月变为新月过程中的下弦月(时值阴历下半月廿三),西距太阳 90°,先日而出,后半夜见于东方天空。民谚有"初八、廿三半夜月"。上弦月与下弦月的区别在于:前者位于太阳之东,明亮的凸面向西;后者位于太阳之西,因而凸面朝东。显然,凸面,即"弓"总是朝向太阳。

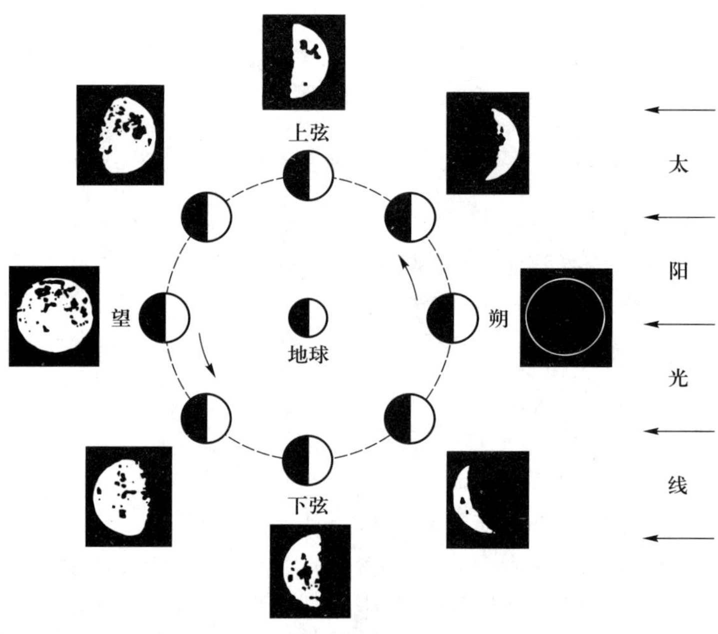

图 2-28　月相的变化(一)

上半月由亏转盈,凸面向西;下半月由盈变亏,凸面向东(外圈表示地球上所见的月相)。

新月和满月,上弦月和下弦月,周期性地轮番出现。上半月(阴历)由缺变圆,下半月由圆变缺(图 2-29)。从这一次新月(或满月)到下一次新月(或满月)所经历的一段时间,即月相变化的周期,称为**朔望月**,其长度为 29.530 6 日,或 29 日 12 时 44 分 3 秒。它比恒星月约长 2.2 日。这是因为,月球绕转地球的同时,太阳也在作周年运动(由于地球公转)。恒星月是月球绕转地球的恒星周期,而塑望月则是月球同太阳的会合周期(详见第三章)。

月相既随月球的距角(在天球上同太阳的角距离)而定,那么,月球的出没及中天时刻,自然随月相而变化。以上述的朔、望和上、下弦为例,若不计昼夜长短的纬度和季节差异,便有如下所列的简单关系:

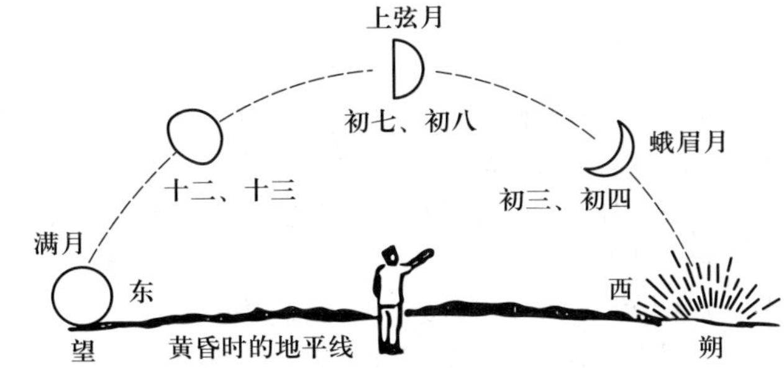

(a)

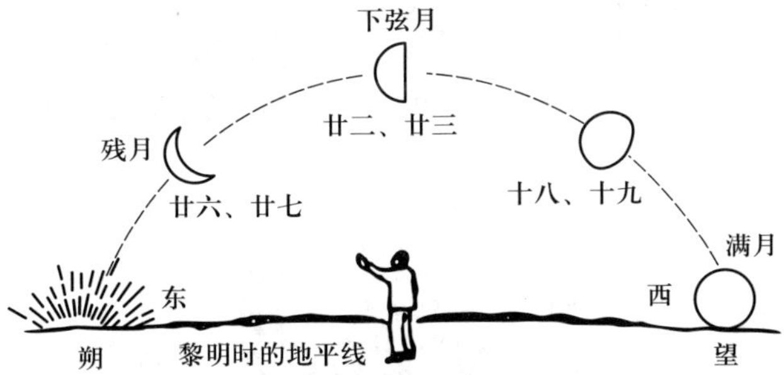

(b)

图 2-29　月相的变化(二)

(a)阴历上半月傍晚所见的月亮;(b)阴历下半月清晨所见的月亮。

月相	距角	同太阳出没比较	月出	中天	月落	夜晚见月情形
新月	0°	同升同落	清晨	正午	黄昏	彻夜不见
上弦月	90°	迟升后落	正午	黄昏	半夜	上半夜西天
满月	180°	此起彼落	黄昏	半夜	清晨	通宵可见
下弦月	270°	早升先落	半夜	清晨	正午	下半夜东天

可以看出:

——月亮愈圆,夜晚见月时间愈长;月牙愈窄,见月时间愈短。满月通宵可见,弦月半夜可见,新月则不可见。

——月相、时刻和月亮方位(东升、南中、西落),三者之间有固定的联系,特定的月相,必在特定的时刻出现在天空特定的方位,不能混乱*。

* 对于月相变化,人们司空见惯,但常常习而不察,随意滥用。特别是蛾眉月,因其月相妩媚,惹人喜爱,不论影视屏幕、舞台布景,还是橱窗广告和书刊插图,在作家和艺术家们的笔下,它几乎垄断了夜晚的天空。

复习与思考

1. 古人怎么知道月球是最近的天体?对地球来说,月球又是一个重要的天体,为什么?
2. 试比较月球的地平视差和它的视半径,两者的比率说明了什么?
3. 地球的反照率为月球的6倍,试计算地球在月球天空中的亮度,比月球在地球天空中的亮度大多少倍?(提示:月球半径约为地球半径的1/3.7)
4. 什么是同步自转?为什么地球上看到的月球总是它的同一个半面?
5. 在地球上观测,月亮在地平上升起(自上缘露出地平到下缘脱离地平),大约需时2分钟。问:若在月球上观测,地球“升起”需多长时间?
6. 什么是恒星月?什么是朔望月?两者有何不同?
7. 上弦月何时中天?下弦月呢?半夜时,满月位于天空何方?
8. “月上柳梢头,人约黄昏后”(欧阳修《生查子·元夕》),指何种月相?
9. “月落乌啼霜满天,江枫渔火对愁眠。姑苏城外寒山寺,夜半钟声到客船”(张继《枫桥夜泊》)。夜半月落,该是什么月相?
10. 下图是丰子恺所作的一幅漫画,题为“杨柳岸晓风残月”,观察图中的元素,指出可能存在的问题。

第三章　地球的运动

第一节　地球的自转

一、地球自转及其证明

地球自转(rotation)就是地球本身的旋转。它的旋转轴叫地轴,地轴通过地球的中心,所以,地球的这种绕轴旋转被称为“自”转,以区别于它绕太阳的公转。地球自转的方向,在北半球看起来呈逆时针方向(南半球反之),这样的方向被叫作向东。太阳从东方升起,正是由于地球向这个方向自转。

近代天文学奠基人哥白尼首先从理论上论证,“天旋”是由于“地转”。他用几何方法严格地证明:“天比地大,其大无比”,如果让庞大无比的天穹,在 24 小时内绕小小的地球旋转一周,那是不可思议的。伽利略说得更尖刻:“如果有人认为,为了使地球保持静止状态,整个宇宙应当转动,是不合理的;试想有个人爬上你府上大厦的穹顶,想要看一看全城和周围的景色,但是连转动一下自己的头都嫌麻烦,而要求整个城郊绕着他转;这两者比较起来,前者还要不近情理得多……地静说比起上述那个要求整个城郊围绕转动的例子,其荒谬程度有过之而无不及。”*

地球的自转,有许多理论和实验上的证据。其中,最雄辩和直观的证据,当推法国物理学家傅科(1819—1868)在巴黎进行的摆的实验(为纪念他的这个功绩,后人称这种摆为“傅科摆”)。众所周知,摆总是力图保持其摆动面的方向不变。有了这个不变的摆动面作标记,人们就有条件目睹足下大地的旋转而深信不疑。

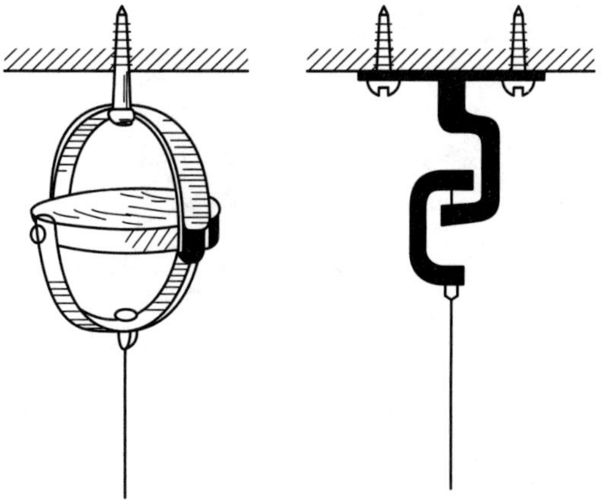

图 3-1　傅科摆的悬挂

傅科摆与普通单摆没有什么根本的不同,只是它采取一种特殊的悬挂装置,以保证它的摆动超然于地球的自转(图 3-1)。同时,为了使摆动的持续时间达到足够长度,以便能清楚地看出地球自转的效果,傅科摆比普通单摆要大得多。傅科当时用一根 67 m 长的钢丝绳为摆臂,上端系在

---

* 伽利略:《关于托勒密和哥白尼两大世界体系的对话》,上海人民出版社,1974,第 151 页。

教堂大厅的穹顶上,下端吊一个 27 kg 重的金属球,构成一个举世罕见的特大号的单摆。绳长,是为了增加摆的振幅和周期;锤重,是为了有效地克服空气阻力的影响。摆锤的下方嵌一枚尖针;地面上,在摆锤往返经过的地方,安放两个沙盘。这样,当摆锤往复摆动的时候,尖针便在沙盘上划出一道道痕迹来(图 3-2)。

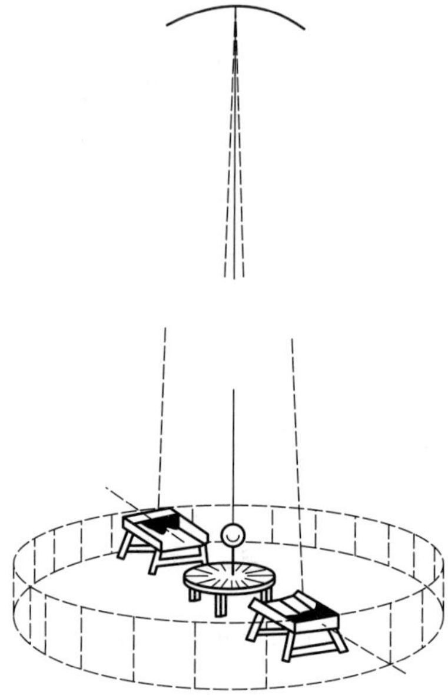

图 3-2　傅科摆示意图

傅科摆的特点是绳长、锤重,使摆动能持续较长时间,并在沙盘上留下摆动的轨迹。

傅科的实验表明,摆锤在沙盘上留下的痕迹并不重合,但都在中心相交。他当时测定,在离中心 4 m 远的沙盘上,摆锤连续两次所划出的痕迹,相隔 3.6 mm。很明显,相对于地面(沙盘)方向来说,摆动面在缓慢地、持续地沿顺时针方向偏转。

这个实验宜在高纬度地带进行。在北极,朝着某个恒星方向摆动的摆,会追随这颗恒星做周日运动(图 3-3),每小时偏转 15°。这一事实表明,摆动面始终保持在恒星的方向,而它同经线方向之间的关系则发生了变化。它生动地证明:地球按逆时针方向(向东)旋转。

理论和实验证明,傅科摆偏转的方向,因南北半球而不同:北半球右偏,南半球左偏。偏转的速度,则与纬度的正弦成正比。

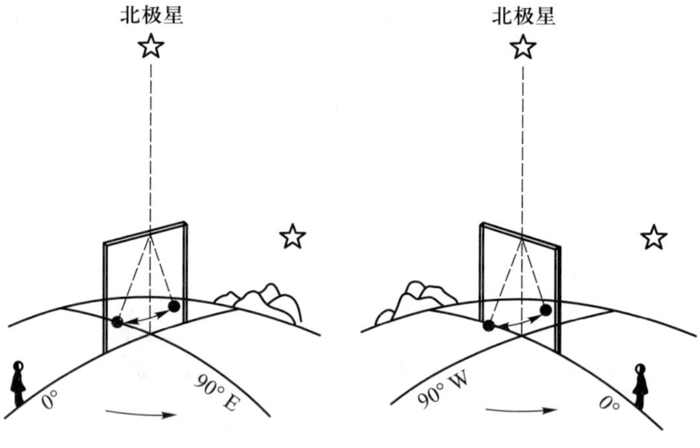

图 3-3　假想在北极进行傅科摆实验

(a)摆动面沿本初子午线方向,同时指向北冰洋上一座冰山与天空中的某恒星;
(b)6 小时后,子午线(连同观测者)和冰山随地球转动了 90°,而摆动面保持不变,仍指向天空中那颗恒星。
实验证明,摆下的地球在向左,即向东自转着。相对而言,摆动面右偏了 90°。

如图 3-4 所示,A 地的纬度为 φ,经过短暂的时间 Δt 以后,它随地球自转移至 A'。PA 和 PA'分别表示 A 和 A'两地经线的切线方向,两线相交于地轴延长线上,其夹角为 $\Delta\theta$。$\angle APO=\varphi$(对应边互相垂直)。在 Δt 时间内,地球自转的角度为 $\angle AOA'=\Delta\eta$。

$$\because \quad \Delta\eta=\frac{\widehat{AA'}}{OA} \qquad \Delta\theta=\frac{\widehat{AA'}}{PA}(\because \Delta\theta \text{很小})$$

$$\therefore \quad \frac{\Delta\theta}{\Delta\eta}=\frac{OA}{PA} \qquad \text{而}\frac{OA}{PA}=\sin\varphi$$

$$\therefore \quad \Delta\theta=\Delta\eta\cdot\sin\varphi$$

$$\frac{\Delta\theta}{\Delta t}=\frac{\Delta\eta}{\Delta t}\cdot\sin\varphi$$

当 $\Delta t\to 0$ 时，有：

$$\frac{\mathrm{d}\theta}{\mathrm{d}t}=\frac{\mathrm{d}\eta}{\mathrm{d}t}\cdot\sin\varphi$$

而$\frac{\mathrm{d}\theta}{\mathrm{d}t}$为傅科摆偏转的角速度；

$\frac{\mathrm{d}\eta}{\mathrm{d}t}=\omega_0=15°/\mathrm{h}$，为地球自转的角速度*。

$$\therefore \frac{\mathrm{d}\theta}{\mathrm{d}t}=\omega_0\sin\varphi$$

$$=\sin\varphi\cdot 15°/\mathrm{h}$$

即傅科摆偏转的(角)速度与所在地的纬度的正弦成正比。

例如：

在赤道上，$\varphi=0°$，$\sin\varphi=0$，$\theta=0°$，傅科摆不发生偏转(图 3-5)。

在两极，$\varphi=90°$，$\sin\varphi=1$，$\theta=15°/\mathrm{h}$，傅科摆偏转速度最大，等于地球自转的(角)速度。

在南北纬 30°，$\sin\varphi=1/2$，$\theta=7.5°/\mathrm{h}$。

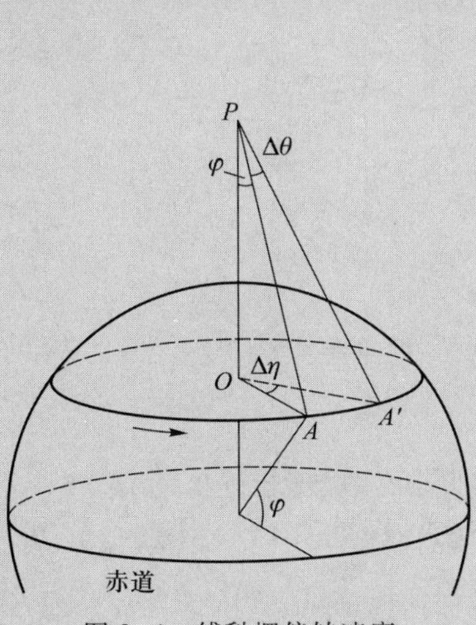

图 3-4　傅科摆偏转速度

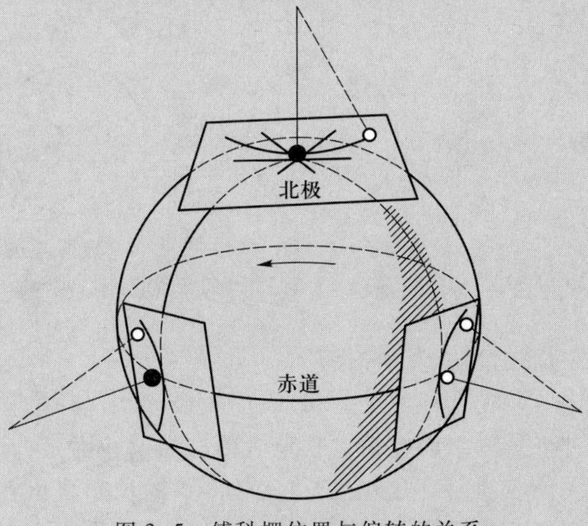

图 3-5　傅科摆位置与偏转的关系

在两极，傅科摆偏转最快(与地球自转(角)速度相同)；

在赤道，偏转速度为零。

* $\omega_0=15°/\mathrm{h}$，这里实际是忽略了恒星日和太阳日的微小差异，实际上地球自转一周并不是 24 h 而是 23 h 56 m。

二、地球自转的规律性

1. 地轴和极移

地球自转是地球相对于地轴的旋转。因此,关于地球自转的说明,首先是对地轴的说明。地轴同地面相交于南北两极。地轴的无限延伸叫天轴。天轴同天球相交于南北天极,是天球周日运动的旋转轴。

南北两极在地面上的位置,可用来表示地轴在地球内部的位置;南北天极在天球上的位置,可用来表示地轴在宇宙空间的位置。地轴在地面上通过哪里,那里就是南北两极;地轴在天球上指向哪里,那里就是南北天极。无论是地球上的南北两极,还是天球上的南北天极,都是由地轴的位置决定的。

南北两极在地面上的位置和南北天极在天球上的位置,都不是一成不变的。换言之,地轴在地球内部的位置和它在宇宙空间的位置,都是在变化着的。值得指出的是,上述的变化是两种不同的运动——极移和进动。它们容易使人混淆。如图 3-6 所示,南北两极在地面上的位置的变化,是整个地球相对于地轴的运动所造成的。在这一过程中,地轴被认为是不动的,因此,它不改变天轴在宇宙间的位置,从而不影响南北天极在天球上的位置。反之,南北天极在天球上的位置的变化,是地轴相对于宇宙空间的运动所造成的。在这一过程中,地球各部分同地轴的相对位置被认为是不变的,因此,它不改变南北两极在地面上的位置。

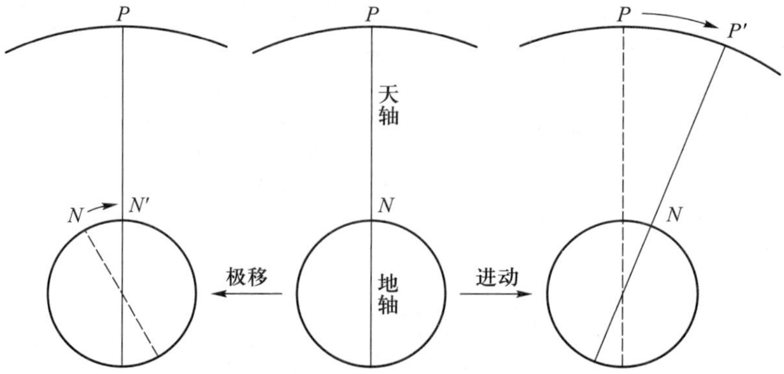

图 3-6　极移与进动的比较

极移是地极的移动,不涉及天极在天球上位置的变化;进动造成天极的移动,不涉及地极在地面上的位置的变化。

下面先说明前一种运动。

南北两极在地面上的移动,叫作**极移**。这种位移的幅度很小,一般不超过 0.5″,或 15 m,但却是一种极其复杂的运动。它包含多种周期性因素:其中主要的一种是以 14 个月为周期;另一种是以 1 年为周期。此外,还有比较次要的长期变化和短期变化。

图 3-7 所表示的是 1968—1974 年的极移轨迹。从图中可以看出,极移的轨迹是连续不断的圆圈,大体上反映出一种周期性运动。圆圈的大小不一,这表明各种因素相互干扰;每一年的轨迹都不是完整的一个圆圈,因为它的主要周期超过一年。

极移的结果引起各地纬度和经度的微小变化。反过来,人们正是通过对各地纬度和经度的变化的观测,来研究极移的状况。

2. 地轴进动

南北天极在天球上的移动，反映了地轴在宇宙空间的运动，叫**地轴进动**（precession）。“进动”一词，原是物理学的术语，是指转动物体的转动轴环绕另一根轴的圆锥形运动。地轴进动是指地轴绕黄轴的圆锥形运动。我国古代天文学文献中，有一个词义截然相反的名称，叫**交点退行**。二者指的是同一事物。地轴进动的具体情况，可以归纳为如下几条：

——圆锥形运动的圆锥轴线，垂直于地球轨道平面，指向黄极。

——圆锥的半径为 23°26′，就是黄赤交角。

——进动的方向向西，同地球自转（和公转）方向相反。“退行”就是这个意思。

——进动的速度是每年 50.29″，周期为 25 800 年。

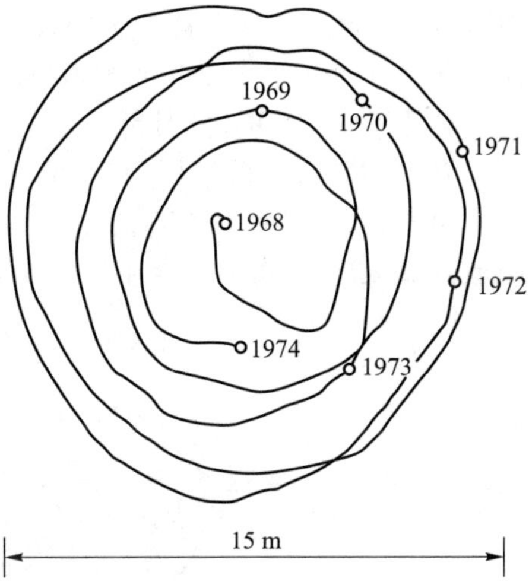

图 3-7　1968—1974 年的极移轨迹

玩具陀螺是这种运动的一个生动实例。陀螺旋转时有保持轴线方向不变的特性。如果我们把旋转着的陀螺轻轻地推一下，使陀螺的自转轴倾斜，这时，重力产生的力矩，有使陀螺倒向地面的作用。但由于陀螺在旋转，它并不倒向地面，而是在重力作用下产生进动：它的旋转轴会绕铅直线缓慢地摇晃，并在空间画出一个圆锥面，进动方向与自转方向相同（图 3-8）。随着陀螺旋转速度减慢，到一定时候，重力的作用才使陀螺倒地。

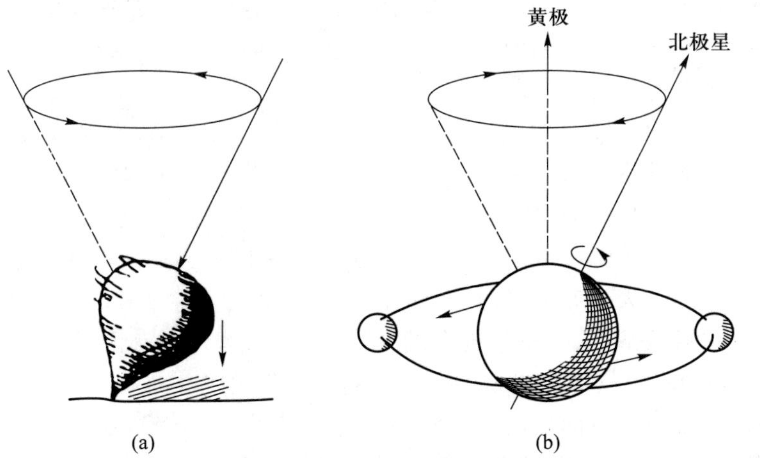

图 3-8　陀螺和地轴进动

（a）陀螺的进动（向东）；（b）地轴进动（向西）。

地轴进动的原理与陀螺的进动相同。它的发生同**地球的形状**、**黄赤交角**和**地球自转**有关：

——地球是一个明显的扁球体，它的赤道部分由于自转的惯性离心力的作用，形成环形隆起。月球和太阳对赤道隆起产生附加的引力。

——由于黄赤交角（以及黄白交角）的存在，使月球和太阳经常在赤道平面以外对赤道隆起施加引力。实际上由于距离的关系,月球对于进动的决定作用大于太阳,因此下面以月球引力为例介绍进动方向。如图 3-9 所示,月球对两部分赤道隆起施加引力,以地心为中心,分别产生力矩 M_1(向月部分)和 M_2(背月部分)。力矩 M_1 的作用,是把赤道面“拉”回到黄道面,或使地轴垂直于黄道面;力矩 M_2 的作用,则使地轴倒向黄道面。但因距离的不同,向月一侧的引力,要大于背月一侧的引力,因而 $M_1>M_2$,合力矩 M_1-M_2 为正。如果没有其他方面原因,合力矩最终会使地轴趋近黄轴,或使赤道面重合于黄道面。

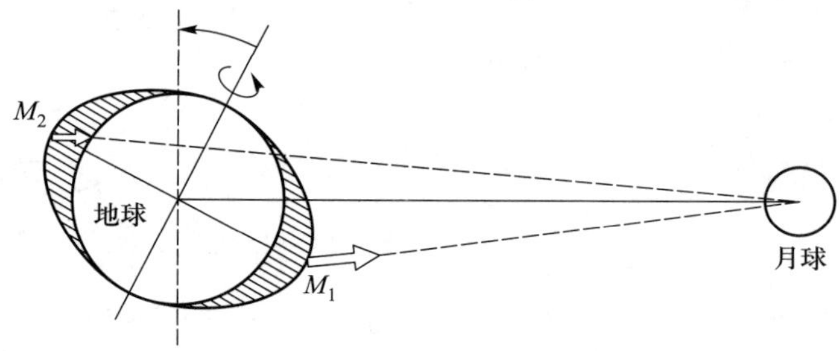

图 3-9　月球引力对地轴作用

力矩 $M_1>M_2$,合力矩使地轴趋近黄轴。

——由于地球的自转,合力矩的作用使地球产生了进动。与陀螺的进动相比,地球所受的合力矩与陀螺所受重力矩的方向相反。因此,二者进动的方向相反:陀螺进动方向与其旋转方向相同;而地轴进动方向与地球自转方向相反,即向西。按物理学原理,转动物体受到垂直于其自转轴的外力矩作用时,其自转轴便向外力矩的正方向靠拢。如图 3-9 所示按右手螺旋法则,这个方向垂直于纸面向外,即地球自转至处于如图的向右边倾斜的位置时,进动方向垂直于纸面向外,同理,如地轴向左边倾斜,则进动方向垂直于纸面向内,因此地轴进动方向是与地球自转方向相反的。

地轴进动有多方面的表现:

——地轴进动表现为天极的周期性圆运动。在北半球看起来,天北极以黄北极为中心,以 23°26′为半径,由东向西做圆运动(图 3-10),每年移动 50.29″,历时 25 800 年完成一周。随之而来的是北极星的变迁。这是因为,北极星就是最靠近天北极的亮星,它必然随天北极的移动而轮番替换。公元前 3000 年,北极星曾是右枢(天龙座 α),目前是勾陈一(小熊座 α,星等为 2 等)。到公元 13600 年,织女星(天琴座 α,星等为 0 等)将成为北极星,那时的北极星是众望所归的头等亮星。25 800 年以后的情形,又恢复现在的样子。目前,南天没有南极星,因为天南极附近没有亮星。然而到 14 000 年后,老人星(船底座 α)将成为明亮的南极星。

——地轴进动表现为赤道面(和天赤道)的系统的变化。赤道面永远垂直于地轴,当然要随着地轴的进动而进动,从而使天赤道与黄道的交点(二分点)以同样的方向(向西)和速度(50.29″/a)在黄道上移动,约 71 年又 7 个月移动 1°。这就是所谓“交点退行”(图 3-11)。

——由于交点退行(西移),使以春分点为参考点度量的回归年,略短于恒星年。这样,太阳巡行一周天,有别于季节上的一周岁,其差值约为 20 分钟。我国古时把地轴进动(或交点退行)的这种表现,称为**岁差**,意即岁岁微差。岁差的发现,是历法上的一大进步。

——由于春分点的西移,在赤道坐标系中,恒星的赤经和赤纬都发生缓慢的持续变化;在黄道坐标系中,恒星的黄经发生持续变化,黄纬则不变,因为春分点是沿黄道移动的。

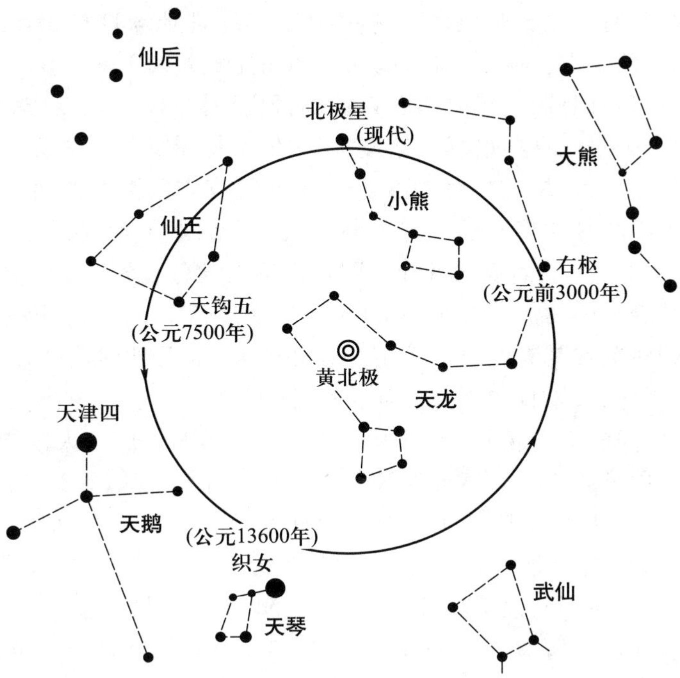

图 3-10　北极星随天北极移动而变迁

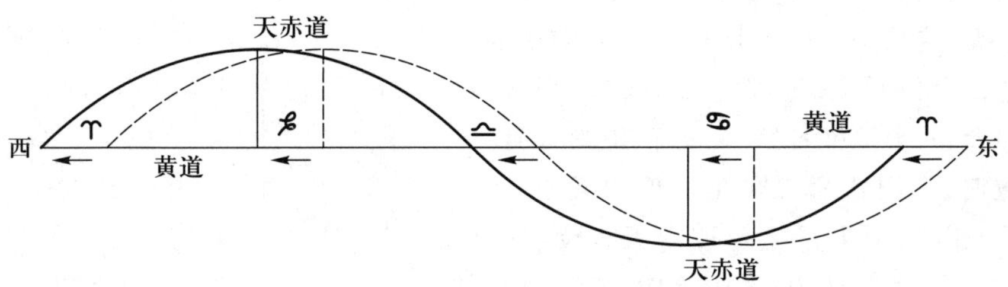

图 3-11　二分二至点因地轴进动而在黄道上不断西移

图中虚线表示旧天赤道,实线表示新天赤道,以新旧天赤道的变化,表示二分二至点的西移。

地轴进动是一种复杂的现象。为简单起见,这里只提到月球和太阳的作用所造成的岁差,叫日月岁差,而忽略了行星作用所造成的岁差(称行星岁差);只考虑黄赤交角的存在,而没有考虑黄白交角的存在。因此,实际的地轴进动是更为复杂的。

3. 地球自转的周期

笼统地说,地球自转的周期是 1 日。地球自转周期的度量,需要在地外的天空找一个超然于地球自转的参考点。按参考点的不同,天文上的日的长度有 3 种,它们是**恒星日**(sidereal day)、**太阳日**(solar day)和**太阴日**(lunar day),分别以春分点、太阳和月球为参考点。通常所说的 1 日(一昼夜)是指太阳日。

天球周日运动是地球自转的反映。因此,地球自转周期可以从天体周日运动的周期来测定。恒星日是指同一恒星连续两次在同地中天的周期。同理,太阳日就是太阳连续两次在同地中天所需的时间;太阴日则是月球连续两次在同地中天所经历的时间。

以上 3 个周期中,只有恒星日是地球自转的真正周期,即地球自转 360°所经历的时间,因为恒星通常被视为天球上的定点。应当指出,天文上用来定义恒星日的,不是具体的某个恒星,而是春分点。这是由于恒星日是同恒星时相联系的,而恒星时是以春分点作为量时天体的。恒星时就是春分点的时角。为了同这些情况相适应,用来定义恒星日的只能是春分点。如考虑到地轴进动或春分点西退,那么,恒星日与地球自转周期,也还存在细微的差别。

同恒星相比较,太阳和月球都不是天球上的定点。它们除了参与天球周日运动(向西)外,还有各自的巡天运动(向东),因而太阳日和太阴日都不是地球自转的真正周期。太阳和月球在天球上向东运行,意味着它们的赤经持续递增(赤经向东度量)。我们在讲述第二赤道坐标系时曾着重指出,**天体中天时刻按其赤经次序而定**。赤经增大,中天时刻就推迟到来,使连续两次中天的时间间隔增长。因此,太阳日和太阴日都要长于恒星日。

太阳日和太阴日之间的互不相同,是因为二者具有不同的速度。太阳周年运动是地球公转的反映,其速度是每太阳日约 59′;月球的巡天运动是它本身绕转地球,其速度是每太阴日 13°38′(或每太阳日 13°10′)。在 1 个太阳日期间,地球自转不是真正的一周,而是 360°59′;在 1 个太阴日期间,地球自转不是 360°,而是 373°38′。如果以恒星日的长度来分 24 小时(恒星小时),那么,太阳日的长度是 24 时 04 分,太阴日长度是 24 时 54 分。但在日常生活中,人们总是以 24 小时表示太阳日的长度,在这种情形下,恒星日长度为 23 时 56 分,太阴日长度则为 24 时 50 分。

图 3-12 是恒星日与太阳日的比较。地球在轨道上有三个不同位置:在第一个位置上,太阳和某恒星在 A 地同时中天,这是一个恒星日和一个太阳日的共同起点。在第二个位置上,地球完成自转一周,恒星再度在 A 地中天,一个恒星日终了,但正午尚未到来。到第三个位置时,太阳才第二次在 A 地中天,从而完成一个太阳日;那时,恒星早已越过中天。读这个图时必须注意,在太阳系范畴内,太阳是中心天体,它的光线是辐散的;恒星无比遥远,它的光线可看作平行的,图中所示的三颗星,指的是同一颗恒星。

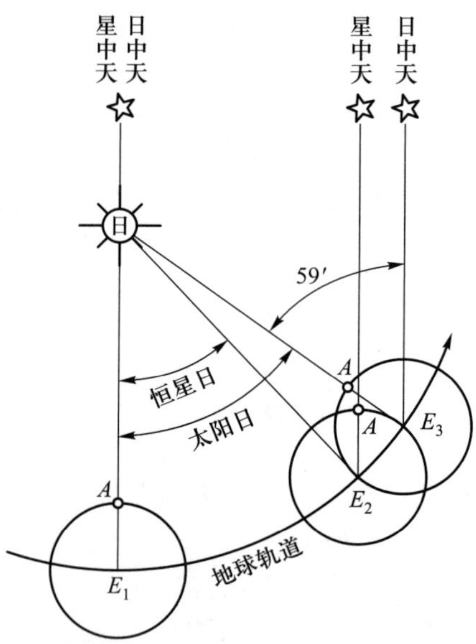

图 3-12　恒星日与太阳日比较

在一个恒星日内,地球自转 360°,但在一个太阳日内,地球公转 59′,自转 360°59′。这 59′的差值是地球公转造成的,使太阳日比恒星日约长 4 分。

恒星日与太阴日的差异,与此类同(图 3-13)。

4. 真太阳日与平太阳日

太阳日是昼夜交替的周期,它的长度不仅取决于地球自转周期,而且也包含着地球公转的因素。地球自转可以被认为是均匀的,因而恒星日长度是不变的;但是,公转的影响是非均匀的,因而太阳日的长度略因季节而变化。

地球公转,在天球上表现为太阳周年运动,方向向东。因此,太阳赤经逐日递增,太阳日>恒星日。如果太阳每日赤经变化是均匀的,那么,太阳日虽不同于恒星日,其本身长度也是均匀的。事实上,太阳每日赤经差(即每日赤经的增量)因季节而变化,以至太阳日长度发生季节变化:每日赤经差愈大,太阳日便愈长;反之,则愈短。这种因季节而变化的太阳日,叫**真太阳日**(或**视太阳日**)。真太阳日的全年平均值,叫**平太阳日**(即平均太阳日,“平太阳”是“平均赤道太阳”的简称,即假想的在天赤道上匀速运动的太阳,详见第四章)。作为时间单位的太阳日是平太阳日,它的长度是同每日 59′的太阳赤经差(平均值)相联系的。

造成太阳每日赤经差的季节变化,有两方面原因:

——首要原因是**黄赤交角**(图 3-14)。太阳周年运动的路线是黄道,因此,首先变化的是太阳的黄经。但直接影响真太阳日长短的,则是黄经差所引起的赤经差。这是因为,时间是以天体时角度量的,而时角与赤经是等量的。我们知道,第二赤道坐标系与黄道坐标系有共同的原点(春分点),但因基圈不同,因而黄经不同于赤经;同样的黄经差,有不同的赤经差,具体差异与黄赤交角大小有关。

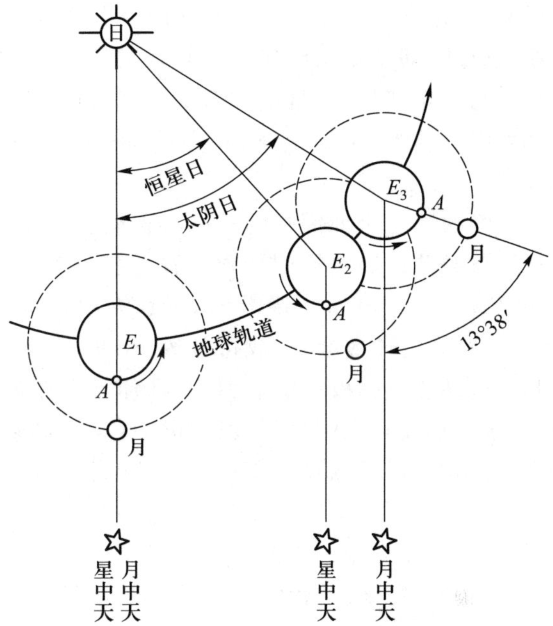

图 3-13　恒星日与太阴日比较

在一个恒星日内,地球自转 360°,但在一个太阴日内,月球公转 31° 38′,地球自转 373°38′。这 13°38′的差值是月球公转造成的,使太阴日比恒星日长约 54 分。

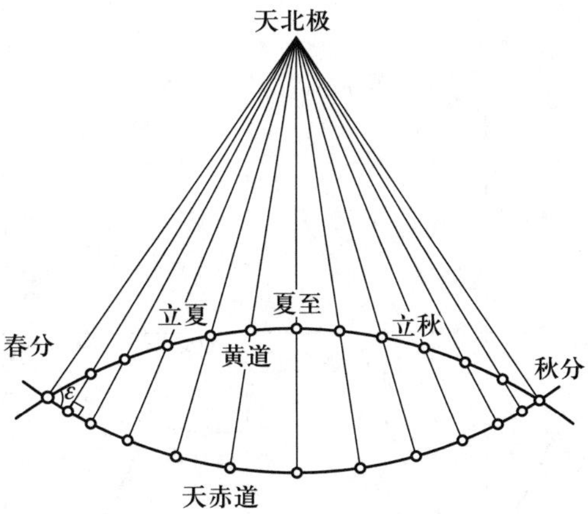

图 3-14　黄赤交角与视太阳日长度

每一节气的太阳黄经差都是 15°。由于黄赤交角的存在,它们造成的赤经差却不同:二分最小,视太阳日最短;二至最大,视太阳日最长。

在春秋二分处,黄道和天赤道交角最大,为黄赤交角 ε,此时赤经差最小,赤经差 = 黄经差×cos ε,则每日赤经差为 59′×cos23°26′ = 54′,我们知道 59′的赤经差造成了太阳日比恒星日长了 4 分钟,则 54′的赤经差造成了太阳日比恒星日长了 3 分 39 秒,相应地,此时的真太阳日比平太阳日短了 21 秒,是全年的最小值,为 23 时 59 分 39 秒;冬夏二至处,黄赤二道平行,此时赤经差最大,赤经差 = 黄经差/cos ε(赤经差就是天赤道上的经度间隔,球面上经度间隔和纬度余弦成正比,回忆地理坐标章节图 1-5),则每日赤经差为 59′/cos23°26′ = 64′,此时的真太阳日比平太阳日日长了 21 s,是全年的最大值,为 24 时 0 分 21 秒。

综上所述,即使太阳周年运动是均匀的,每日有不变的黄经差,由于黄赤交角的存在,它的赤经差也会有周年变化,并且造成真太阳日长度的周年变化。如果没有别的原因,那么,一年中最长的真太阳日约为 24 时 0 分 21 秒,发生在冬夏二至;最短的真太阳日约为 23 时 59 分 39 秒,发生在春秋二分。

——其次的一个原因是地球的**椭圆轨道**。由于日地距离的变化,地球公转的速度不等,造成太阳每日黄经差本身的周年变化。在近日点时(1 月初),地球公转最快,造成每日约为 59′+2′=61′的黄经差,相应地赤经差增大 2′,真太阳日增长 8 s,这是全年的极大值。反之,在远日点时(7 月初),地球公转最慢,造成每日约为 59′-2′=57′的黄经差,相应地赤经差减少 2′,真太阳日减少 8 s,这是全年的极小值。因此,即使不存在黄赤交角,不同的黄经差也造成每日赤经差的周年变化,从而造成真太阳日长度的周年变化。如果椭圆轨道是真太阳日长度周年变化的唯一原因,那么,一年中最长的真太阳日约为 24 时 0 分 8 秒,发生在每年的 1 月初;最短的真太阳日约长 23 时 59 分 52 秒,发生在每年的 7 月初。

事实上,黄赤交角和椭圆轨道这两个因素是同时起作用并相互干扰的。前者使真太阳日长度发生±21 秒的变化;后者使真太阳日长度发生±8 秒的变化。两者之中,前者是主要的,因此,真太阳日长度的变化,大体上是二至最长,二分最短;后者只是使冬至的真太阳日略长于夏至,而秋分的真太阳日比春分更短些。

如图 3-15 所示,由于两个因素的叠加,全年最长的真太阳日是 24 时 0 分 29 秒,发生于冬至

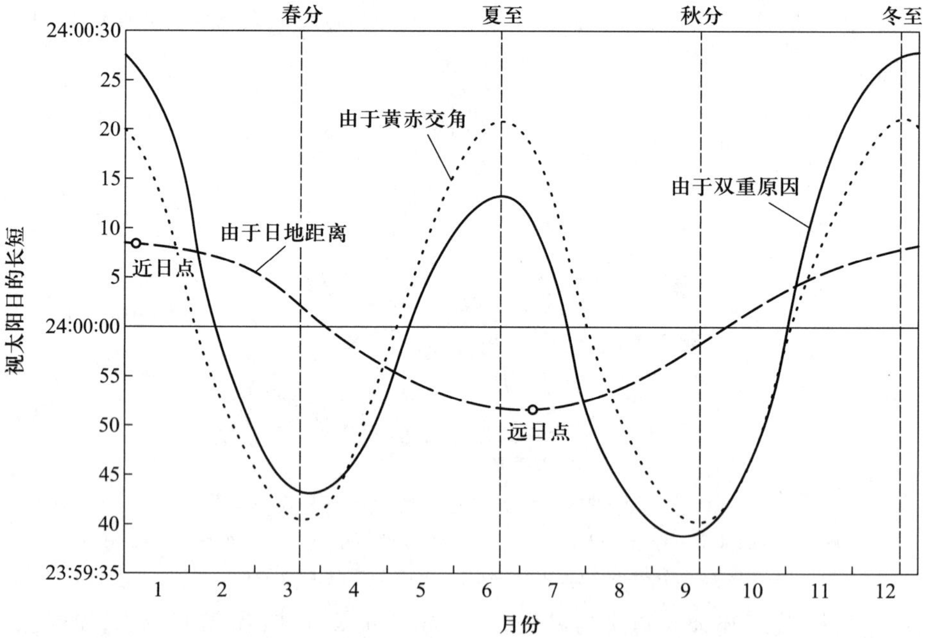

图 3-15　视太阳日长度的周年变化

点线表示视太阳日长度因黄赤交角而发生的变化,冬夏二至为极大值,春秋二分为极小值。虚线表示视太阳日长度因日地距离而发生的变化,1月初(近日点)为极大值,7月初(远日点)为极小值。实线表示二者的叠加,主极大发生在冬至后,次极大发生在夏至前;主极小在秋分前,次极小在春分后。这是因为,地球过近日点时间在冬至后不久;过远日点时间在夏至后不久。

后(12 月 23 日);最短的真太阳日是 23 时 59 分 39 秒,发生于秋分前(9 月 17 日)。兹将一年中真太阳日长度的平均值(即平太阳日)和极值出现的日期及其差值列于表 3-1。

表 3-1　真太阳日的长度

极值出现的日期	平均值	差值/秒	极值出现的日期	平均值	差值/秒
2 月 12 日	24 时 0 分 0 秒	0	7 月 26 日	24 时 0 分 0 秒	0
3 月 26 日	23 时 59 分 42 秒	-18	9 月 17 日	23 时 59 分 39 秒	-21
5 月 15 日	24 时 0 分 0 秒	0	11 月 3 日	24 时 0 分 0 秒	0
6 月 20 日	24 时 0 分 13 秒	+13	12 月 23 日	24 时 0 分 29 秒	+29

5. 地球自转的速度

地球自转的速度分角速度和线速度。

地球各部分都有相同的自转角速度。根据地球自转的周期,地球自转的角速度平均为 15°/h,或 15′/min,15″/s。严格地说,这里的时、分和秒,皆指恒星时。如果采用平太阳时,那么,地球自转的角速度应为 15°2′28″/h,或 15′2.4″/min 和 15.4″/s。

地球自转的线速度因纬度和高度而不同。

在同一高度,例如海平面,地球自转的线速度随纬度增大而减小。赤道上,自转速度最大,因为赤道是纬线中唯一的大圆。已知地球的赤道半径(R)为 6 378.140 km,可知赤道海平面上自转速度为

$$V_0=\frac{2\pi R}{T}=\frac{2\times 3.14\times 6\ 378\ 140\ \text{m}}{86\ 164\ \text{s}}=465\ \text{m/s}$$

式中 T 为地球自转的恒星周期,1 恒星日 = 86 164 平太阳秒。这个速度已远远超过声音传播的速度。

与赤道上的自转速度相比,其他纬度的自转速度的大小,唯一决定于纬线的半径 r,而 $r=R\cos\varphi$,因此,任意纬度 φ 的自转速度为

$$V_\varphi=V_0\cos\varphi=465\ \text{m/s}\cdot\cos\varphi$$

由上式可知,在南北纬 60°地方,地球自转的速度减为赤道的一半;至南北两极减小为零。

在同一纬度,地球自转的速度随高度增加而增大。例如,在赤道上,高度每增加 100 m,自转速度便增加 26 m/s。

地球自转速度是在变化着的,可分长期变化、季节变化和不规则变化。

地球自转速度长期变化的主要原因,是月球和太阳对地球的潮汐作用。潮汐摩擦对地球自转起着“刹车”那样的作用,使它的速度不断减慢;与此同时,1 年的日数随之减少。根据对珊瑚化石的日纹的研究,距今 3 亿 7 000 万年前(泥盆纪中期),1 年约有 400 日。地球自转速度的季节变化又分周年变化和半周年变化。前者主要是季风的变化引起的,其振幅为 20~25 ms;后者是大气潮汐引起的,其振幅为 9 ms。不规则变化的原因,则是由于地球内部和外部的物质移动和能量交换所至。

三、地球自转的后果

地球自转所产生的后果,最明显的是天球的周日运动,其次是水平运动的左右偏转。

地球自西向东自转,在地球上的观测者看来,地外的天空以相反的方向和相同的周期旋转,这就是天球周日运动。我国古代文献中就有“天左旋,地右动”(《春秋纬·元命苞》)的记载。“天旋”是地动的反映。

周日运动的方式因天体而异,还因地点而不同。

1. 不同天体的周日运动

一般说来,恒星作为天球上的定点(不考虑其自行),其周日运动是地球自转的单纯反映。它从如下三个方面具体反映地球自转的情况:

——恒星周日运动的路线(周日圈),即各自所在的赤纬圈,都以南北天极为不动的中心。“北辰北极,天之枢也”,南北天极如实地反映了地轴在天空中的位置。

——天和地的关系,犹如球面与球心的关系,周日运动的方向应同地球自转方向相反。天体的东升西落,说明地球自西向东自转。

——恒星周日运动的周期(恒星日)和(角)速度,如实地反映了地球自转的周期和角速度。

太阳和月亮除参与整个天球的周日运动外,还有它们自身的巡天运动,因而它们的周日运动不是地球自转的单纯反映。太阳周年运动是地球绕太阳公转造成的视运动,月亮的巡天运动则是它本身绕转地球的运动。它们的方向都是向东,因而二者的周日运动周期都比恒星周期长。太阳日比恒星日长约 4 分,恒星中天时刻逐日提前 4 分,造成星空形象的季节变化;太阴日比恒星日长约 54 分,月亮中天时刻逐日推迟约 50 分。

恒星的周日圈固定,每颗恒星都有不变的出没方位和中天高度。太阳和月球的周日圈则因它们赤纬的变化而不断改变,因而没有固定的出没方位和中天高度。其中,太阳周日圈的变化,引起昼夜长短和正午太阳高度的变化,从而形成季节的递变。

2. 不同纬度的周日运动

天球周日运动以仰极为绕转中心,而一地的仰极高度,总是等于当地的地理纬度。因此,各地所见的天球范围及周日圈情况,皆因纬度而不同。

在北半球看起来,天北极(仰极)周围的恒星,永不落入北方地平。这部分周日圈全部位于地平以上的恒星,叫作**恒显星**,有时也叫拱极星。恒显星的范围是以天北极为中心的一个圆形天空区域,叫**恒显星区**。恒显星区的界线,就是在北点同地平圈相切的那条赤纬圈,叫**恒显圈**。恒显圈的半径就是它的仰极距,或天北极高度(图 3-16),即等于所在地的地理纬度 φ。反之,南天极(俯极)周围的恒星,永不升出南方地平。这部分周日圈全线在地平以下的恒星,叫作**恒隐星**。**恒隐星区**的范围和**恒隐圈**的大小,与恒显星相同。介于上述两部分星区之间的恒星,有东升和西落。这部分周日圈与地平圈相交的恒星,叫作**出没星**。出没星区的范围是以天赤道为中心线的环带,其宽度为当地余纬的二倍,即 $2(90°-\varphi)$。天赤道以北的恒星,升起在地平以上的时间,长于隐没在地平以下的时间;天赤道以南的恒星则反之。在南半球看起来,同上述情形相反。

天球周日运动的纬度差异，主要表现在恒显星、恒隐星和出没星的范围大小不同。纬度愈高，恒显星区和恒隐星区愈大，出没星区愈小；周日圈与地平的交角愈小。纬度愈低，仰极高度愈小，恒显星和恒隐星区愈小，出没星区愈大；周日圈与地平的交角愈大。在赤道和南北两极，这种变化达到极端。

图 3-17 表示北极、赤道和北半球任意纬度的周日运动的差异：

——在北极，只有恒显星和恒隐星，没有出没星。那里永远只能看到天球的一半。周日圈平行于地平，北天恒星永不没落，南天恒星永不升起。

——在赤道，没有恒显星和恒隐星，只有出没星。那里能看到全天恒星。周日圈垂直于地平，且都被地平圈等分，天体升起在地平以上的时间和隐入地平下的时间相等，这也就是那里终年昼夜等长的原因。天体出没都是直升直落。

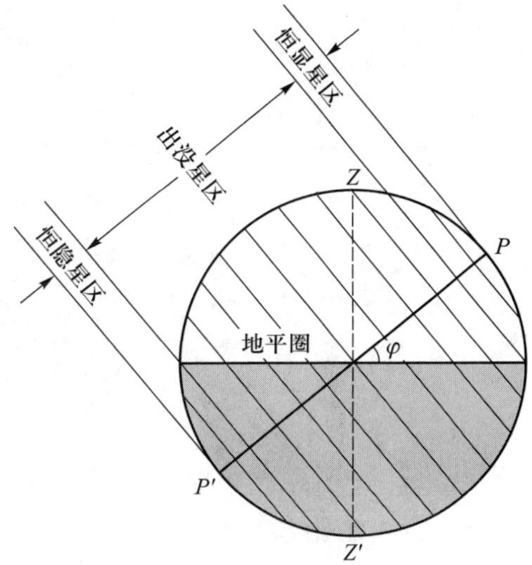

图 3-16　恒显星区、恒隐星区和出没星区

以北半球为例，天北极周围为恒显星，天南极周围为恒隐星，天赤道南北为出没星。天赤道以北的恒星在地平以上的时间较长，天赤道以南的恒星反之。南半球情形与此相反。三个星区间的具体界限因纬度而不同

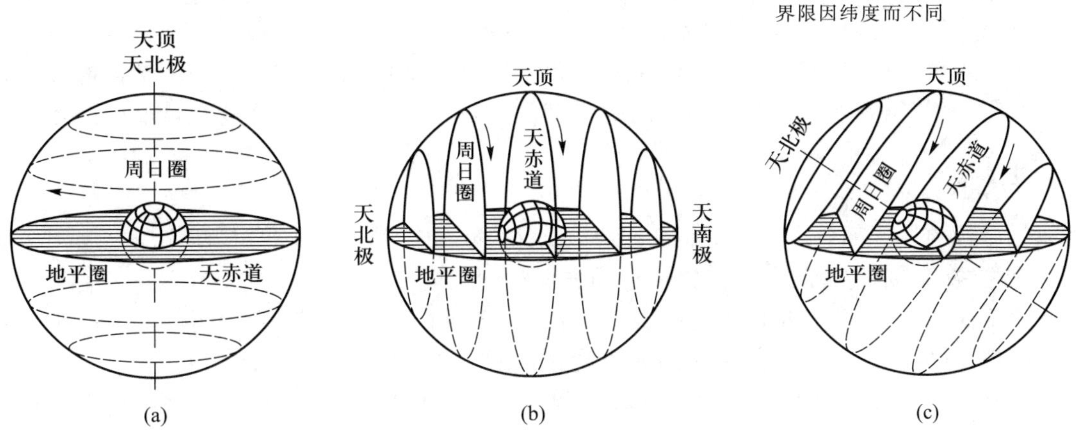

图 3-17　不同纬度的天球周日运动

（a）在北极，只有恒显星和恒隐星，而无出没星；周日圈平行于地平圈。

（b）在赤道，只有出没星，而无恒显星和恒隐星；周日圈垂直于地平圈。

（c）在北半球某纬度，南北天极周围有恒隐星和恒显星，天赤道南北是出没星。北天恒星在地平以上时间较长，南天恒星反之。周日圈倾斜于地平圈，其倾角等于当地余纬（$90°-\varphi$）。

——在北半球的任意纬度，北天极周围是恒显星，永不没入北方地平；南天极附近是恒隐星，永不升起南方地平；天赤道两侧是出没星。周日圈与地平斜交，其交角大小等于所在地的余纬（$90°-\varphi$）。恒星升起在地平以上的时间，随其赤纬大小而定：赤纬愈大，即愈近天北极，它升起在地平上的时间愈长；赤纬愈小，即愈近天南极，其升起在地平上的时间愈短。唯天赤道总是被地平圈等分。这也就是为什么春秋二分时（太阳赤纬为零），全球昼夜等长的道理。

天球的周日运动及其纬度差异,可用一个简单的方法进行演示:

如图 3-18 所示,用一个大型圆底的烧瓶当作天球模型,里面注入半瓶带色(不宜太浓)的水,使烧瓶倒置时,水面刚好平分烧瓶的圆球部分。这个水面用来表示地平面。穿过瓶塞插进一根金属细棒,用来表示天轴。在烧瓶球面的不同部分,贴上几个纸剪的五角星,表示分布在天球上的恒星。

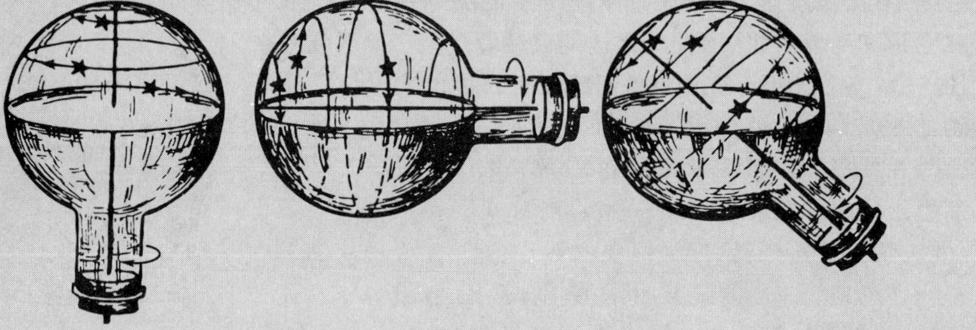

图 3-18 天球周日运动的演示

对照图 3-17 的说明。

当你手握金属棒,旋动烧瓶的时候,就可以清晰地看到不同纬度的天球周日运动情形。用这个方法演示,比天球仪演示更为生动直观。

天球周日运动还因地方经度而不同。不同经度的周日运动,体现在时间上的差异,即同一天体有不同的时角。在同一瞬间,同一天体的时角差,即为二地的经度差。人们正是根据天体的时角差,推算二地的经度差。只要其中一地的经度是已知的,另一地点的经度就可以被推算出来。

3. 水平运动的偏转

地球自转的另一种效应是使地面上的水平运动发生偏转:北半球右偏,南半球左偏。这里的"右"偏和"左"偏,是指观测者面向物体运动方向时的偏向而言。

这种现象之所以发生,是因为物体具有惯性,力图保持其运动速率和方向。然而,地球上的水平方向都以经线和纬线为准:经线的方向就是南北方向,纬线的方向就是东西方向。但是,由于地球的自转,作为南北和东西方向基准的经线和纬线,都随着地球自转而不断地改变着它们的空间方向。于是,真正保持不变方向的物体的水平运动,用地球上的水平方向表示,倒是相对地发生了偏转。

地球自转的方向是自西向东,在北半球是逆时针方向,即自右向左转动;在南半球是顺时针方向,即自左向右转动。因此,北半球的经线和纬线都向左偏转,以至那里的水平运动方向相对地发生右偏;南半球的经线和纬线都向右偏转,以至那里的水平运动发生左偏(图 3-19)。

按惯性定律推论,如果物体改变它的速率或运动方向,那么,这种变化必定是由于某种外来的影响。于是,人们设想有一个假想的力作用于水平运动物体,使它发生左右偏转。法国学者科里奥利(1792—1843)最早研究并证明了它的存在,故称这种视示力为**科里奥利力**(或简称科氏力)。地理和气象学上则形象地称它为**地转偏向力**,因为它是由于"地转"而发生偏向的。地转偏向力的存在,对许多地理事物产生深远的影响:

——地转偏向力影响大气环流。它对地球上的气压带和风带(行星风系)的形成,气旋、反气旋和台风(热带气旋)的发生和发展,以及洋流的分布等,都起着主要的作用。

——在北半球,河流对右岸的冲刷比对左岸强烈,以至大河右岸通常较为陡峻,而左岸较为平缓。由于这个原因,北半球的河流一般总是从右面绕过障碍,南半球情形相反。

——在工程技术方面也不乏地转偏向力影响的例子:如在北半球,机车的右轮通常比其左轮磨损得更快;发射远射程炮弹和火箭时,如不计算地转偏向力的影响,就不会有效地命中目标。

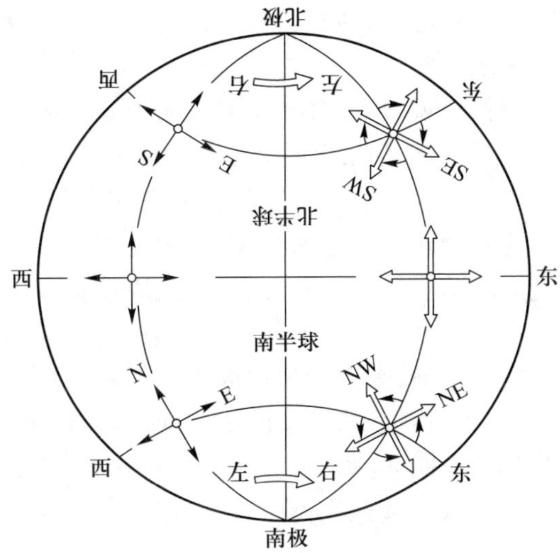

图 3-19　水平运动的偏转

地转偏向力是一种视示力,只能改变物体运动的方向,而不能改变其速率。地转偏向力的大小随纬度和物体运动速度而定。在气象学上,具体表示地转偏向力(F)的是如下公式

$$F=2V\omega m\sin\varphi$$

式中 V 是水平运动速度,ω 为地球自转角速度,m 为物体质量。在这里,$\omega\sin\varphi$ 即傅科摆偏转速度。该公式表示,纬度愈高,运动速度愈大,地转偏向力就愈大,而与运动方向无关。

复习与思考

1. 在北半球,傅科摆向什么方向偏转?南半球呢?赤道呢?在纬度 30°处,傅科摆的偏转速度是多少?
2. 什么是极移和进动?一地的经度和纬度因极移而发生变化,但不会因进动而发生变化,为什么?
3. 由于岁差,天极描成 5°的弧,约需多少年?在怎样的条件下,岁差现象将消失?
4. 假如地球形状更扁些,那么,进动将变得更快些还是更慢些?假如月地距离更近些呢?假如地球密度更大些呢?又假如地球自转更快些呢?　(前两种情形快些,后两种情形慢些。)
5. 为什么视太阳日长度会有季节变化?为什么二至日的视太阳日长度大于二分日?为什么最长的视太阳日不是南至日,而在南至日之后?
6. 地球自转线速度怎样因纬度和高度而不同?在纬度 60°处,自转的速度减为多少?
7. 某恒星中天时,正好位于当地(纬度为 φ)的天顶,问:该恒星的赤纬(δ)等于多少?
8. 在纬度 φ 处,天体上中天时,其方位是多少?是否所有天体都一样?
9. 某恒星离天北极 23°,问:它是否永远位于上海(31° N)的地平之上?

第二节　地球的公转

一、地球公转及其证明

地球公转(revolution)就是地球对太阳的绕转。太阳系的其他行星都有这样的绕转,太阳是它们共同的中心天体。所以,地球绕太阳的运动被称为“公”转。

地球公转是一种环绕运动,它的运动方向只能是一种绕转方向。它同地球自转的方向一致,

即在北极看起来,地球公转呈逆时针方向。这样的旋转方向被叫作向东。所以,人们习惯上就说地球向东公转。

严格地说,地球公转所环绕的不是太阳中心,而是太阳和地球的共同质量中心。换句话说,地球公转并不是地球单方面的运动,而是地球和太阳同时环绕它们的共同质心运动。如果不计其他行星的存在和作用,那么,地球和太阳始终处于它们共同质心的相反两侧:当地球在共同质心的这一侧转过一定的角度,太阳便在另一侧转过同样的角度;地球环绕共同质心一周,太阳也环绕它转动一周。二者方向相同,周期相等。当然,由于其他行星(特别是木星)的存在和作用,太阳所环绕的不是日地的共同质心,而是太阳系的共同质心。

我们知道,太阳和地球的质量非常悬殊,因此,它们的共同质心,十分接近太阳中心。具体地说,太阳质量是地球质量的 333 400 倍,日地共同质心与太阳中心之间的距离,仅为日地距离的 1/333 400,即约 450 km。这对于具有 70 万 km 半径的太阳来说,是微乎其微的。因此,把地球公转当作地球单纯地绕太阳运动,还是十分接近事实的。

地球公转有多方面的物理证据。它们是:恒星周年视差、光行差和多普勒效应。恒星的周年视差,是地球在轨道上的位移对于恒星视位置的影响;恒星的光行差,是地球的轨道速度对于光行方向的影响;多普勒效应则是地球的轨道速度对于星光频率的影响。它们从不同侧面证明了地球的公转。

1. 恒星周年视差

从不同地点观测同一目标,这个目标就会有不同的方向,即在它的背景上有不同的位置。不同方向之间的夹角称为视差。这种由于观测者的位移,而使目标方向发生改变的现象,叫作视差位移。地球绕太阳公转,在空间走过一个直径为 3 亿 km 的圆形轨道。这样巨大的位移,势必引起恒星相对于无限遥远的天球背景的视差位移。地球公转以一年为周期,恒星的视差位移也以一年为周期,并且被称为周年视差(annual parallax)。地球公转轨道是封闭曲线,恒星在天球上视差位移的路线也是封闭曲线,其具体形状则因恒星的黄纬而不同(图 3-20)。

在南北黄极,恒星周年视差位移的路线与地球轨道相同(近似圆形);在黄道上,则成为一段线段(实际上是一段很短的弧段,因为弧段的角度很小所以忽略弧段和线段的区别,下文的"光行差"亦如是)。在其他黄纬,恒星周年视差路线都是椭圆,并被称为周年视差椭圆:愈近黄极,椭圆的扁率愈小;愈近黄道,扁率愈大。

为了说明恒星周年视差的大小,人们设想,把在太阳上观测的恒星在天球上的位置,作为它的平均位置。从地球上观测到的恒星的实际位置,同这个平均位置比较起来,总存在一定的偏离。偏离的大小,则因地球的轨道位置而不同。当日地连线(即地球轨道半径)同星地连线相垂直时(这种情况每年有二次),同一恒星的视差位移达到极大值(图 3-21)。这个极大值便被称为该恒星的周年视差,或简称年视差。

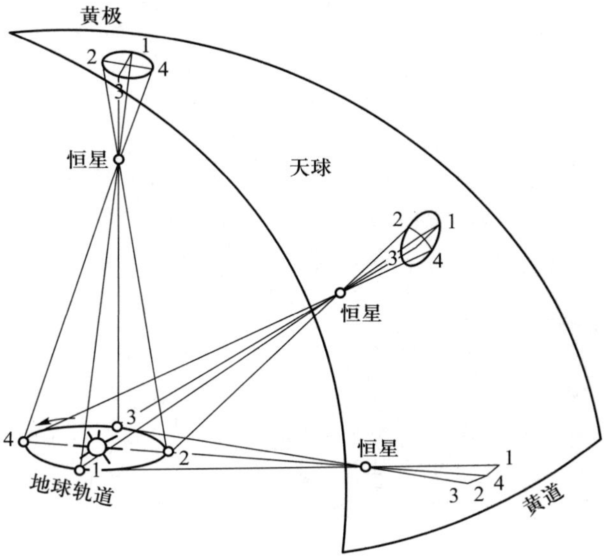

图 3-20　恒星年视差椭圆

椭圆的偏心率因恒星的黄纬而不同:在黄极是正圆,在黄道是一线段,其余都是椭圆。
不论偏心率大小如何,圆的半径,椭圆的半长轴和直线的一半,都是恒星年视差。

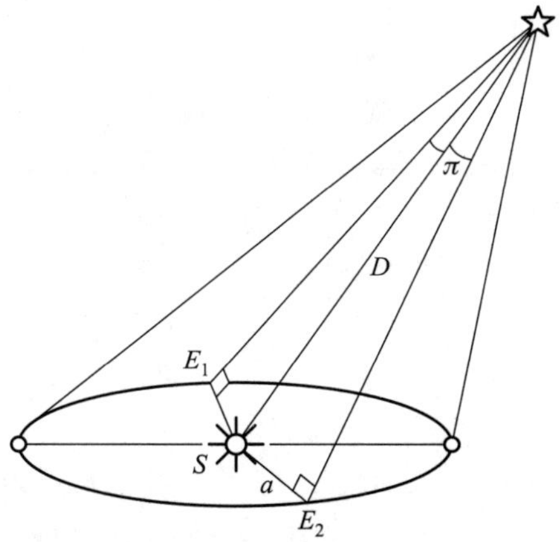

图 3-21　恒星年视差的大小

当地球轨道半径垂直于星地连线时,同一恒星的视差位移达极大值,被称为该恒星的年视差。

恒星年视差既是天球上的一段弧(视差椭圆的半长轴),也是地球轨道半径对于恒星所张的一个角。这个角是太阳、地球和恒星所构成的直角三角形的最小的一个内角。在这里,恒星距离 D(即日星连线)是这个角的斜边,地球轨道半径 a 是它的对边。后者对前者的比值,就是恒星周年视差(π)的正弦,即

$$\sin\pi=\frac{a}{D}$$

日地平均距离是不变的,因此,恒星年视差的大小,决定于恒星的距离:恒星愈远,其年视差便愈小。故恒星年视差的测定,也就成为测定恒星距离的基本手段。

由于 π 角度很小,正弦可以近似地用它所对的弧度来表示,即 $\sin\pi=\pi$,于是得

$$\pi=\frac{a}{D}$$

1 rad = 360°/2π(此处 π 为常数 3.141 592 6…,注意和周年视差的符号加以区分)= 57.3° = 3 438′ = 206 265″。所以,式中的 π 若以角秒表示,并记作 π'' 时,则得

$$\pi''=206\ 265\ \frac{a}{D}$$

如恒星的周年视差为 1″($\pi''=1''$),那么

$$D=206\ 265\ a$$

该恒星的距离被称作 1 **秒差距**,意即周年视差为 1″的恒星的距离,英文为 parsec,用符号 pc 表示。这是继天文单位和光年之后,被天文学家们采用的又一个距离单位。这个单位的优点在于,它把恒星的距离同它的年视差直接联系起来,二者之间存在一个简单的数量关系:若 D 以秒差距为单位,那么便有

$$\pi''=\frac{1}{D}\ \text{或}\ D=\frac{1}{\pi''}$$

即恒星距离的秒差距数与其周年视差的角秒值互为倒数(图 3-22)。恒星的周年视差一经测定,便立刻得出其距离的秒差距数。这样,天文工作者不必作复杂的计算,便能把所测得的视差值,直接换算为距离。所以,秒差距是用来表示恒星距离的最方便的单位。在专业天文工作中,它比光年应用得更广泛。

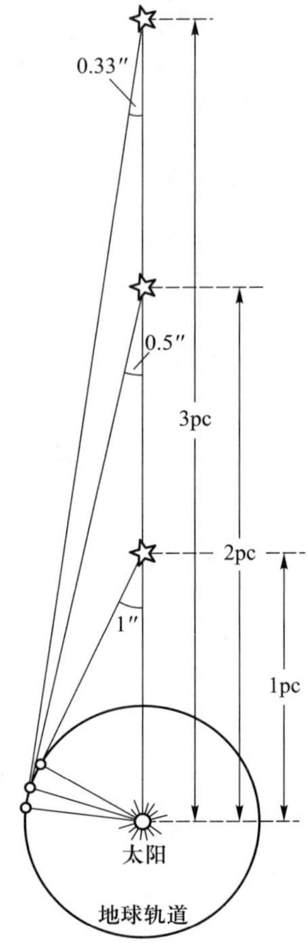

图 3-22　恒星年视差与恒星距离
恒星愈远,其年视差愈小。若年视差以角秒为单位,距离以秒差距为单位,那么,二者互为倒数。

由于恒星的距离极其遥远,它们的周年视差都很小,以至绝大多数恒星的年视差,连现代的光学仪器也无法测定。它曾经成为哥白尼"日心"体系发展的"最后一个障碍"。直至哥白尼死后近三个世纪,才由德国的白塞耳(1784—1848),英国的亨德森(1798—1844)和俄国的斯特鲁维(1793—1864)三位天文学家,差不多在同时测定了较近恒星的周年视差,如表 3-2 所示。

表 3-2　最先测定的恒星的周年视差

观测者	测定恒星	测定年代	所得数值	现代测定值	观测地点
白塞耳	天鹅座 61	1838	0.314″	0.30″	加里宁格勒
亨德森	半人马座 α (南门二)	1839	0.98″	0.76″	好望角
斯特鲁维	天琴座 α (织女)	1839	0.261″	0.124″	塔尔多

恒星年视差的发现,是天文史上一项卓越的成果。有人对此作了一个形象的比喻:天文学家巧手所抛下去的“测深锤”,第一次到达了“海底”。半人马座 α(南门二)是距我们最近的恒星,故有“比邻星”之称。它的年视差仅 0.76″。这个角度是如此之小,相当于在 5 km 外来看一枚分币所张的角度。它的距离为 $\frac{206\ 265}{0.76}=272\ 000$ AU,根据倒数关系,也即为 $1/0.76=1.3$ pc。

为使对恒星的距离有一个明晰的概念,我们不妨作一个比喻:假如把日地距离当作 1 m,也就是说,把距离缩为 1 500 亿分之一。在这样的尺度下,太阳成了一颗直径为 1 cm 的弹子,即像樱桃那般大小;地球、水星、金星和火星等类地行星,要借助放大镜才能看清楚;位于太阳系边缘的冥王星像一粒尘埃,在 40 m 远的地方绕太阳运行……可是,在同一尺度下,离我们最近的那颗恒星,却远在 270 km 以外(这段距离相当于天津—山海关的路程)!这样我们就知道,我们的太阳系在广漠的宇宙空间是何等的“渺小”了。

2. 光行差

地球公转的另一个物理证据是**光行差**(aberration)。它是地球轨道速度对于光速的影响。地球沿轨道运动,使它与恒星发生相对运动。地球向某一恒星接近,在相互关系上,也可以看作该恒星向地球接近。在地球上的观测者看来,来自恒星的光线,既以 300 000 km/s 的速率投向地球,同时,又以 30 km/s(即地球公转的角速度)的速率作平行于轨道面的运动。这样,地球上所看到的星光的视方向,实际上是这两种运动的合成方向,因而不同于星光的真方向。视方向与真方向之间存在着一定的偏离,这就是恒星的光行差位移。

为简单明了起见,试以“雨行差”为例来作说明:假定有人在雨中举伞行走,又假定这时没有风,雨滴严格地沿垂直方向落下,其速度为 $\boldsymbol{V}$;行人则以速度 $\boldsymbol{v}$ 向前行走。这样,原来朝头顶落下的雨滴,却被行人“抛置脑后”;而本来应当落到他前面的雨滴,此刻正打在他的身上。于是,在行人看来,雨滴似乎改变了方向,迎面斜落。这时,他必须把手中的伞稍微向前倾斜,才不会使他的衣服被淋湿(图 3-23)。显然,行人跑得越快,越是应该把雨伞向前倾斜,并且很容易决定这个倾角的值

$$\tan\theta=\frac{v}{V}$$

图 3-23　雨行差

行人跑得愈快,雨伞愈应向前方倾斜。

光行差的道理酷似上例中的雨行差。设想把地球连同观测者代替上例中的行人,以 $v=30$ km/s 的速率沿轨道运动;把瞄准恒星的望远镜比作行人举着的伞,星光则代替了雨滴,其速率 $V=$

300 000 km/s。由于地球的轨道速度,使观测者不得不把望远镜的镜筒,稍微向地球公转方向倾斜一点,去接收改变了方向的星光。所不同的是,后者的两种速度相差悬殊,所以,星光偏离的角度很小。其值同样可用上式来确定,即

$$\tan\theta=\frac{30}{300\ 000}=0.000\ 1$$

$$\theta=20.47''$$

这个角度被叫作**光行差常数**,它与恒星的距离无关。

由于光行差位移,恒星的视位置,用地球公转的方向表示,总是偏向真位置的前方。地球公转不断地改变方向,恒星视位置也跟着绕转它的真位置;地球公转以一年为周期,恒星视位置绕转其真位置也以一年为周期,恒星视位置的绕转路线,被叫作光行差轨道,其形状则因恒星的黄纬而不同。在南北黄极,光行差轨道是半径为 20″的圆(与地球轨道形状相同)。在黄道上,它变成长度为 20″×2 的一段线段。在其他黄纬,光行差轨道都是半长轴为 20″的椭圆:愈近黄极,椭圆扁率愈小;愈近黄道,椭圆扁率愈大(图 3-24)。

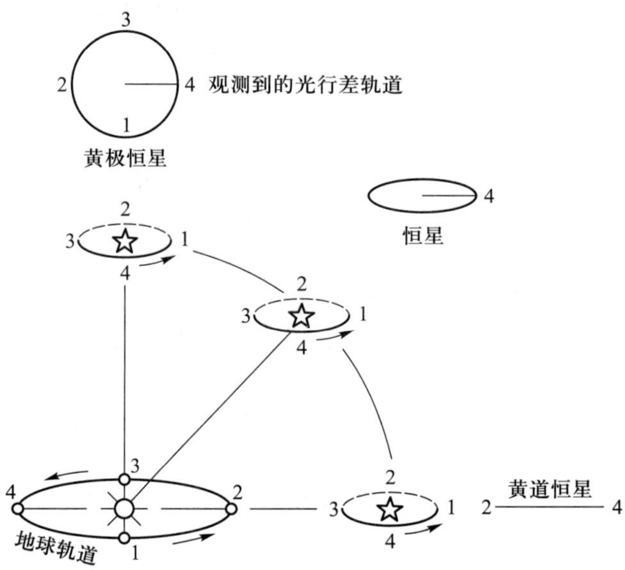

图 3-24　光行差椭圆

恒星的黄纬愈高,光行差椭圆的偏心率愈小(与恒星年视差椭圆相同);但光行差大小恒为 20″(光行差常数),与恒星的距离远近无关。

光行差是由英国学者布拉德雷(1692—1762)所发现。他的初衷是为测定恒星的周年视差,却于失败中意外地发现了光行差。1725 年,他测出天龙座 γ(中文名天棓四,通过格林尼治天顶)有以一年为周期的 20″的微小位移,可是位移的方向与预期的视差位移不同。他成功地解释了这种物理效应,并把它定名为光行差。

图 3-25 是恒星年视差(a)与光行差(b)的比较:图中的 *ABCD* 表示地球的轨道位置,二图相同;*abcd* 表示恒星在天球上相应的视位置。在年视差图中,恒星的视位置沿轨道半径方向,偏离其平均位置;而在光行差图中,恒星的视位置沿轨道的切线方向,偏离其真位置。二者的偏离方

向有 90°之差。

奇怪的是，从丹麦天文学家雷默（1644—1710）于 1676 年测定光速，到 1725 年布拉德雷发现光行差，相隔达半个世纪之久，竟没有人想到，光的传播速度对恒星视位置所产生的这种极其简单的影响。

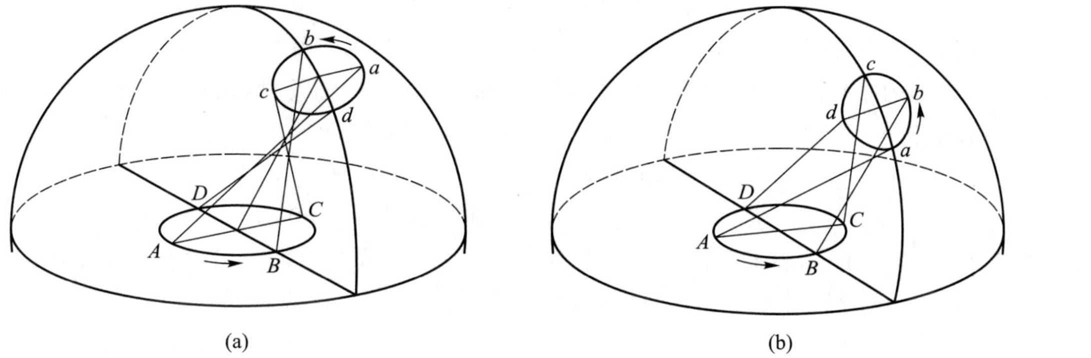

图 3-25　恒星年视差与光行差的比较

（a）年视差；（b）光行差。图示表明：恒星视位置的偏离方向，二者有 90°之差。

此外，地球绕太阳公转，使地球与恒星发生相对运动。对于特定的时间来说，地球向一部分恒星接近，而从另一部分恒星离开；对于特定的恒星来说，地球半年向它接近，半年从它离开。总之，地球公转使恒星谱线以一年为周期，交互发生紫移和红移。这是多普勒效应在地球公转中的表现，也是地球公转的第三个物理证据。

二、地球公转的规律性

1. 地球轨道

如果不考虑地球和太阳的其他运动，仅就日地间的相对关系而言，地球绕太阳（确切地说是日地共同质心）公转所经过的路线，是一种封闭曲线，叫作地球轨道。地球的每一质点，都有它自己的轨道。所有质点的轨道的形状和大小完全相同，只是位置各异。与日地距离相比，地球的半径是微不足道的，因此，在讨论地球轨道时，通常把地球当作一个质点。确切地说，通常所说的地球轨道，实际上是指地心的公转轨道（图 3-26）。

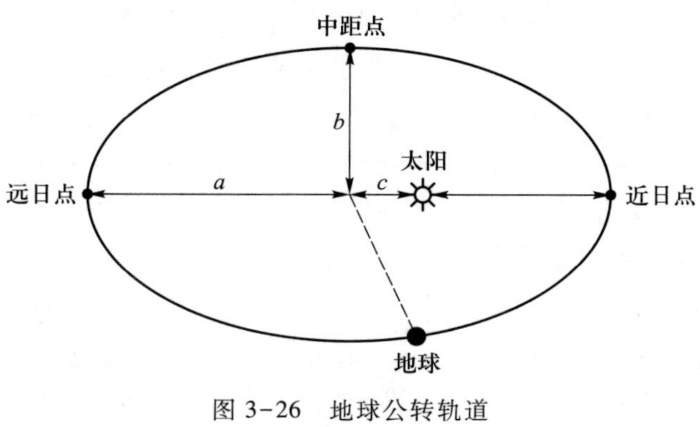

图 3-26　地球公转轨道

地球轨道是一个椭圆。它的大小有如下数据:

半长轴(a)——149 600 000 km;

半短轴(b)——149 580 000 km;

半焦距(c)——2 500 000 km;

周　长(l)——940 000 000 km。

有了以上的数据,就能具体表示地球轨道的形状。椭圆形状通常用它的偏心率或扁率表示。偏心率(e)是椭圆的半焦距与半长轴的比率,即 $e=c/a$。扁率(f)则是椭圆的半长轴与半短轴的差值同半长轴的比率,即 $f=(a-b)/a$。地球轨道的偏心率和扁率分别是:

偏心率(e)——0.016 或 1/60;

扁　率(f)——0.000 14 或 1/7 000。

由此可知,地球轨道的偏心率和扁率是很小的。它表明,地球轨道形状虽是椭圆,却十分接近正圆。所有行星轨道的共同特征之一,是它们的“近圆性”。

如同任何一个椭圆一样,地球轨道有两个焦点和一个中心(长轴与短轴的交点)。太阳的位置不在地球轨道的中心,而是偏踞轨道的两个焦点之一。所谓偏心率,就是表示焦点(太阳)偏离轨道中心的程度。

由于椭圆轨道以及太阳处于轨道内的焦点位置,使日地距离发生以一年为周期的变化。地球轨道上有一点离太阳最近,称为**近日点**;有一点离太阳最远,称为**远日点**。它们分别位于轨道长轴的两端。地球于每年 1 月初经过近日点,7 月初经过远日点。由于地球经过近日点的周期(近点年)比回归年长 25 分 7 秒,因此,地球经过近日点和远日点的日期,每 57 年便要推迟 1 日。

轨道上的近日点距太阳约 147 100 000 km,远日点距太阳约 152 100 000 km,二者相差约为 5 000 000 km,即椭圆的焦距;其平均值约为 149 600 000 km,即轨道的半长轴。在太阳系范畴内,它被天文学用作距离单位,并称为**天文单位**[*]。

地球轨道短轴的两端称为**中距点**。“中距”是指它们对太阳(焦点)的距离而言;对轨道中心来说,它们是近距点。相应地,地球于每年 4 月初和 10 月初,经过轨道的中距点。

2. 黄赤交角

地球的自转轴与其公转的轨道面成 66°34′的倾斜。这个角度同人们拿铅笔书写时笔杆与桌面的倾斜相仿。人们有时形象地比喻为地球“斜着身体”绕太阳公转。

地球的自转同它公转之间的这种关系,天文学和地理学上通常用它的余角(23°26′),即赤道面与轨道面的交角来表示;而在地心天球上,则表现为黄道与天赤道的交角,并被称为**黄赤交角**(obliquity of the ecliptic)。黄道与天赤道的两个交点,叫白羊宫第一点和天秤宫第一点,在北半球分别称为春分点和秋分点,合称二分点。黄道上距天赤道最远的两点,叫巨蟹宫第一点和摩羯宫第一点,即北半球的夏至点和冬至点,合称二至点。二至点距天赤道 23°26′,称**黄赤大距**,是黄

* 1976 年国际天文学会取 1 AU(天文单位)为 $1.495\ 978\ 70\times10^{11}$ m 作为一基础常数,1984 年开始采用。由于地球绕太阳运动受其他天体摄动影响,日地平均距离实际上为 1.000 000 023 6 AU。它与 1 AU 相差约 354 m。在精度要求不高的条件下,轨道半长径 = 1 AU。

赤交角在地心天球上的表现。

黄赤交角在天球上也表现为南北天极对于南北黄极的偏离。天轴垂直于赤道面，黄轴垂直于黄道面，既然黄赤交角是23°26′，那么，天极对于黄极的偏离，必然也是23°26′（图3-27）。

黄赤交角的存在，具有重要的天文和地理意义。前已述及，黄赤交角是地轴进动的成因之一，它还是视太阳日长度周年变化的主要原因。下章还将要说明，黄赤交角是地球上四季变化和五带区分的根本原因。

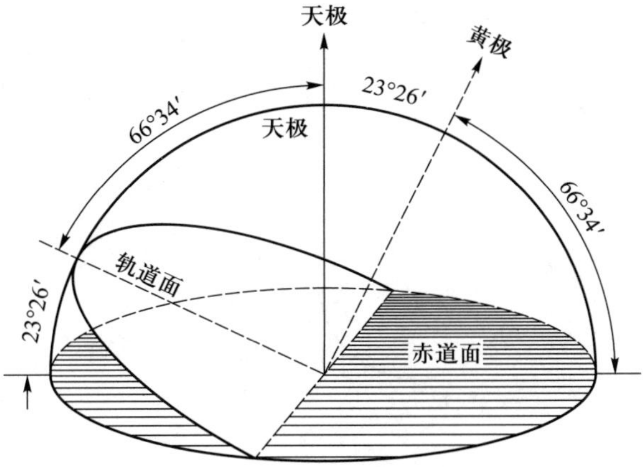

图3-27　黄赤交角

3. 地球公转的周期

地球公转的周期，笼统地说是一年。但是，由于参考点的不同，天文上的年的长度有四种：**恒星年**、**回归年**、**近点年**和**交点年**（食年），它们分别以恒星、春分点、近日点和黄白交点为度量年长的参考点。

在上述不同长度的年中，只有恒星年才是地球公转的真正周期。太阳周年运动是地球公转的反映。所以，恒星年就是太阳沿黄道运行一周天（360°）所需的时间。例如，轩辕十四大体位于黄道上，从这一次太阳经过轩辕十四的瞬时起，到下一次太阳经过轩辕十四的瞬间止，这段时间就是恒星年，其长度是365.256 4日，即365日6时9分10秒。这里需要注意，如果恒星年的度量以某个具体恒星的位置作为参考点，那么，这颗恒星必须是没有可察觉的自行。但像轩辕十四那样明亮的恒星，一般说来，总是有比较明显的自行的。

除恒星年外，其他各种年都不是地球公转的真正周期，因为用来度量地球公转周期的参考点，虽然它们都超然于地球公转，却不是天球上的定点。回归年的度量以春分点为参考点，太阳沿黄道连续二次经过春分点所需的时间为回归年，其长度为365.242 2日，即365日5时48分46秒。这是地球上季节变化的周期。由于地轴的进动，春分点沿黄道西移，回归年稍短于恒星年。春分点每年西移50″，回归年相应地比恒星年短0.014 2日，即20分24秒。这一差值，我国古称**岁差**，即周岁与周天之差。

地球在公转过程中，一年一度经过其轨道的近日点。近点年的度量就是以近日点为参考点。近点年的长度是365.259 6日，即365日6时13分56秒。由于近日点也是动点，移动方向向东（地球公转轨道也存在向东的进动，即“拱线东移”），因此，近点年稍长于恒星年。近日点每年东移11″，近点年相应地比恒星年长4分43秒。

黄道与白道在天球上的两个交点，称黄白交点。太阳沿黄道连续两次经过同一黄白交点所需的时间为交点年（或食年），其长度为346.620 0日，即346日14时52分53秒。由于黄白交点沿黄道向西移动（由于太阳引力摄动的影响），故交点年短于恒星年。黄白交点每年西移约19.4°，交点年相应地比恒星年短18日15时16分17秒。

春分点、近日点和黄白交点，都是周期性的移动点。因此，以它们作为参考点测定的年长，都是周年运动中的太阳与这些动点的会合周期（图3-28）。兹将上述各种年长列于表3-3。

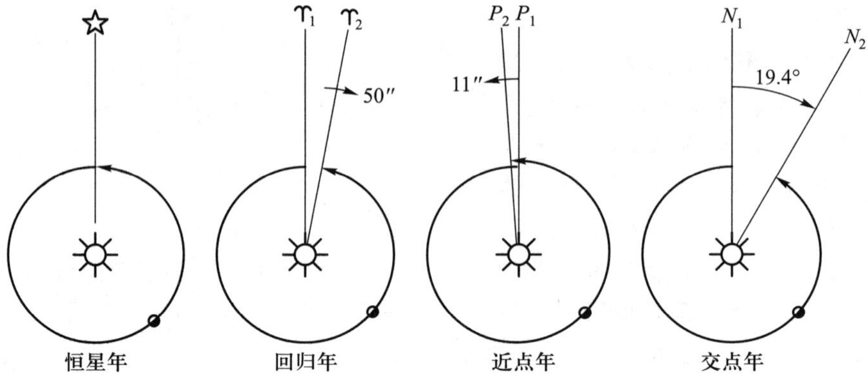

图 3-28　四种年的比较

表 3-3　四种年的比较

名称	参考点	点的移动	比较恒星年	年的长度
恒星年	恒星	(无明显自行)	—	365.256 4 日
回归年	春分点	每年西移 50″	<恒星年	365.242 2 日
近点年	近日点	每年东移 11″	>恒星年	365.259 6 日
交点年	黄白交点	每年西移约 19.4°	<恒星年	346.620 0 日

4. 地球公转的速度

根据地球公转的恒星周期(恒星年),即得地球公转的平均角速度为每日 0.99°,亦即每日约 59′。根据轨道周长和上述周期,则得地球公转的平均线速度为 29.78 km/s,即约 30 km/s。

地球公转的角速度和线速度,都因季节而变化。由于日地距离的变化,造成太阳对于地球的引力的变化:地球离太阳近时,它受太阳的引力就大,公转的角速度和线速度都变大;地球远离太阳时,速度就变小。

地球公转速度的变化,遵循开普勒行星运动第二定律——面速度不变。牛顿为求曲边形面积,发明了积分法,但在他的《自然哲学之数学原理》一书中,仍以简单的几何方法论证开普勒第二定律:如图 3-29 所示,$AB=BC$,表示行星在不受太阳引力作用的情况下,保持其匀速直线运动。这两个线段分别同太阳(S)构成两个三角形,表示行星对于太阳的面积速度。显然,$S_{\triangle ABS}=S_{\triangle BCS}$(等底同高)。这就是说,对于惯性直线运动而言,面速度不变是不言而喻的。又,BD 表示太阳对行星所施引力的方向和大小。按平行四边形法则,这时,行星运动速度由 BC 改为 BE。很明显,$S_{\triangle BCS}=S_{\triangle BES}$(同底等高)。这就是说,中心天体的引力,只能改变公转的方向、线速度和角速度的大小,而不改变其面速度。

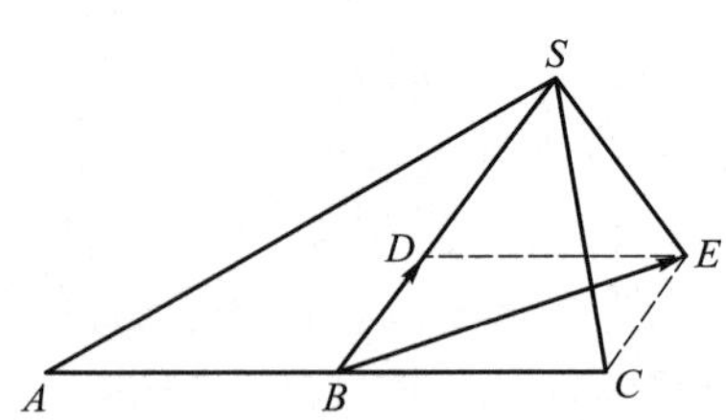

图 3-29　面速度不变(开普勒第二定律)的几何证明
$S_{\Delta ABS}=S_{\Delta BCS}$(等底同高)
$S_{\Delta BCS}=S_{\Delta BES}$(同底等高)

若将时间区分为极短间隔的情形下，日地距离、地球公转线速度和面积速度之间的关系，犹如三角形的高（日地距离）、底（公转线速度）和面积（公转面速度）之间的关系。三角形面积＝1/2·底·高。面速度不变制约着日地距离和公转速度的变化：距离近，公转速度必快；距离远，速度必慢。换言之，地球公转速度（线速度和角速度）是以面速度不变为前提而发生变化的。

地球于每年1月初经过轨道的近日点，7月初经过远日点。因此，自1月初到7月初，地球离太阳愈来愈远，公转速度逐渐减慢；自7月初到次年1月初，地球距太阳愈来愈近，公转速度渐次变快。当地球位于近日点时，公转速度最快，具体地说，这时的角速度为61′10″/d，线速度为30.3 km/s。当地球位于远日点时，公转速度最慢，具体地说，这时的角速度为57′10″/d，线速度为29.3 km/s。可以看出，这两对极值的差异并不大，因为地球轨道接近圆形，以至日地距离的变化是很微小的。

三、地球公转的后果

地球绕太阳公转，必然要在天空中反映出来，那便是，它在轨道上的位移，引起天体视位置的改变。这对恒星、太阳、行星和月球概无例外，只是它们的名称各异。恒星视位置的改变，叫恒星周年视差；太阳视位置的变化，叫太阳周年运动；行星和月球则有相对于太阳的会合运动。所有这些现象，都是地球公转的结果。它们从不同的侧面反映了地球的公转。

1. 恒星周年视差（参见第三章第二节）

2. 太阳周年运动

太阳周年运动的基本概念，已在前文述及。它的原理与恒星周年视差相同。设想有一颗位于黄极的恒星（其年视差椭圆的形状与地球轨道相同），从它原来的位置不断地向太阳接近，那么，它的年视差椭圆就变得愈来愈大。当该恒星最终取代太阳位置的时候，它的年视差椭圆就变成天球上的一个大圆，即黄道；它的周年视差位移，就变成每年巡天一周的运动。这样看来，太阳的周年运动，是恒星周年视差的一种特例。

太阳周年运动是地球公转最明显的后果，它从各个方面反映了地球绕太阳公转的具体细节。首先，太阳周年运动的路线——黄道，如实地反映了地球轨道平面在天空中的位置。例如，黄道和天赤道有23°26′的交角（黄赤交角），说明地球轨道平面同它的赤道面成23°26′的交角。其次，太阳的黄道位置，真实地反映了地球的轨道位置。例如，每年冬至（12月22日），太阳到达黄道上的最南点，说明这时的地球位于其轨道的最北点。此外，太阳周年运动的方向、周期和速度，分别反映了地球公转的方向、周期和（角）速度：其方向向东，周期为1年，平均（角）速度为约59′/d。

为了表示太阳在周年运动中到达的黄道位置，我国传统历法按太阳黄经，把黄道等分为24弧段，全年相应地分为24时段，都叫作**二十四节气**。各气的弧段相等，每气合黄经15°；由于太阳周年运动速度的变化，每气的时段长短不齐，平均每气为15.218 4日。为了同样的目的,西方天文学按太阳黄经,把黄道等分为**十二宫**,分别以**黄道十二星座**命名*;每宫跨黄经30°,相当于我国的二个节气。二十四节气和十二宫的划分,都以春分点为起点。二者的对应关系如图 3-30。

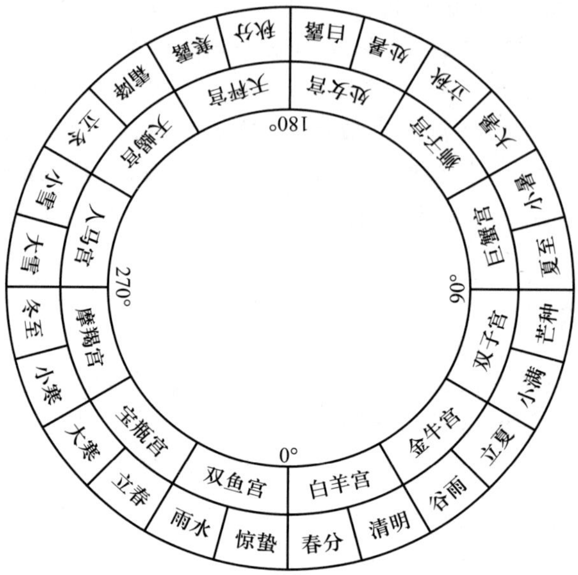

图 3-30　二十四节气和十二宫

两种划分都是为了表示太阳在周年运动中的黄道位置,二者有对应关系(图内的度数表示太阳黄经)。

在我国文献上,二十四节气通常是指 24 个交气时刻,与之相对应的是黄道上的 24 个等分点。二十四节气中,最重要的是春分、秋分和冬至、夏至,合称**二分二至**;相应地,在黄道 24 点中,最重要的是春分点、秋分点和冬至点、夏至点,合称**二分点**和**二至点****。

3. 行星同太阳的会合运动

地球和行星都绕太阳公转。它们的轨道大小和周期长短各不相同。从运动着的地球上来看行星的运动,是一种复合运动,行星表现出迂回曲折、错综复杂的视运动。地球公转反映在天球上是太阳的周年运动。因此,行星和地球的复合运动,就表现为它们对于太阳的会合运动。

---

* 黄道十二宫和黄道十二座,名称一致,含义不同。十二宫匀分周天,每宫跨黄经 30°,十二座则范围大小不一。黄道十二宫各有一个起点,分别叫作各宫的第一点,合称黄道十二点,且都有各自的专用符号。黄道十二点中,最重要的是白羊宫第一点(♈)、巨蟹宫第一点(♋)、天秤宫第一点(♎)和摩羯宫第一点(♑)。它们分别相当于春分点、夏至点、秋分点和冬至点。

黄道十二宫的划分,始于 2 000 余年前。当时的白羊宫起点(春分点)位于白羊座。从那时到现在,春分点已西移了 30°,进入双鱼座。同样,巨蟹宫已移入双子座,天秤宫已移入室女座,摩羯宫已移入人马座。不过,现在所用宫名仍沿袭古法。春分点虽已移入双鱼宫,但仍把它当作白羊宫第一点,其余各宫也都一样。埃及人谚语:“黄道止于双鱼宫,就像埃及止于地中海。”

黄道十二宫与二十四节气相对应。但是,它没有实际的天文意义。

** 春秋二分和冬夏二至的名称,是同季节相联系的,因而是属于半球性的。鉴于南北两半球季节相反,本书以后在说明全球性问题时,为了使两半球的分至得到统一,将采用我国古代的南至和北至,以取代北半球的冬至和夏至;并以升分和降分,取代北半球的春分和秋分(春分点和秋分点分别是黄道对于天赤道的升交点和降交点)。但如果所涉及的问题仅限于北半球和我国的,那么,春秋分和冬夏全的名称,仍然是适用的。

太阳和行星都沿黄道(带)运动。它们在天球上的位置,通常都用各自的黄经表示。它们之间的相对位置,就是它们的黄经差。当行星和太阳的黄经相等时,二者都处于地球的同一侧,就是行星同太阳会合,叫作**行星合日**,或简称**合**。这种情况是一切会合运动所共有的,故被称为“会合”运动。兹就这种运动的周期以及行星在运动中的表现,分述如下。

——会合周期:行星合日是一种周期性现象。从这一次行星合日到下一次行星合日所经历的时间,叫行星的**会合周期**。会合周期的长短,取决于行星公转周期和地球公转(或太阳周年运动)周期。二者之间的具体关系,则因地内行星和地外行星而不同。

以地内行星为例,如图 3-31 所示,当行星位于 P_1,地球位于 E_1 时,是该行星的第一次合日。地内行星的角速度远大于地球公转的角速度,当行星完成公转一周又继续运行到 P_2 时,地球仅从 E_1 公转到 E_2。这时,发生该行星的第二次合日(均指下合)。

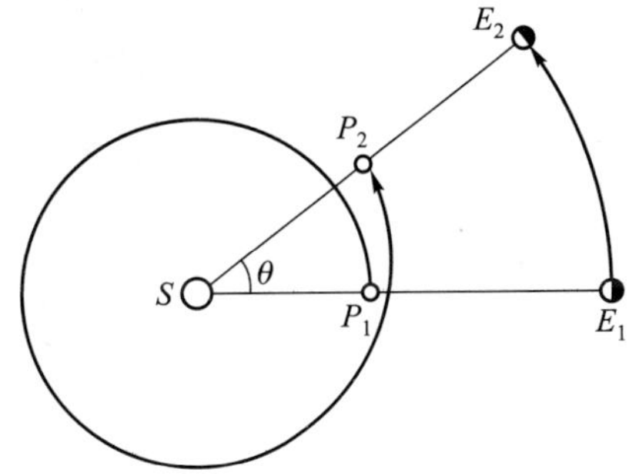

图 3-31　行星会合周期的推算

设 P、E 分别表示行星和地球的公转周期,S 表示行星的会合周期,则行星公转的角速度为 $360°/P$,地球公转的角速度为 $360°/E$。那么,在一个会合周期(S)的时间内,行星转过的角距离是

$$\frac{360°}{P}S=360°+\theta \tag{3-1}$$

地球转过的角度为

$$\frac{360°}{E}S=\theta \tag{3-2}$$

将(3-2)式代入(3-1)式,消去 θ,整理后得

$$\frac{1}{S}=\frac{1}{P}-\frac{1}{E}$$

同理,对于地外行星,则有

$$\frac{1}{S}=\frac{1}{E}-\frac{1}{P}$$

上述两个公式表示,行星相对于太阳的会合速度 $1/S$,就是行星公转速度 $1/P$ 与地球公转速度 $1/E$ 之差(图 3-32)。以这个差值的速度绕转 360°的时间,即为会合周期。会合周期公式之所以因地内行星和地外行星而不同,就在于前者的公转速度大于地球的公转速度,而后者的公转速度小于地球公转速度。

由上述公式可知,两天体的公转周期相差愈大,它们的会合周期便愈短;反之,则愈长。例如,火星和木星的公转周期,分别是地球公转周期的 1.88 和 11.86 倍,火星的会合周期长达 779.94 日,而木星的会合周期只有 398.88 日。

——行星同太阳的相对位置的变化:在一个会合周期内,行星同太阳的黄经差不断变化,它们的相对位置要发生一系列变化。这种变化又因地内行星和地外行星而不同(图 3-33):地内行星的轨道在地球轨道以内,因此,它同太阳的黄经差,被限定在某个限度内(且<90°)。这个限度叫作**大距**(即最大的距角),分**东大距**和**西大距**。金星的大距为 45°~48°。在地球上看来,它以

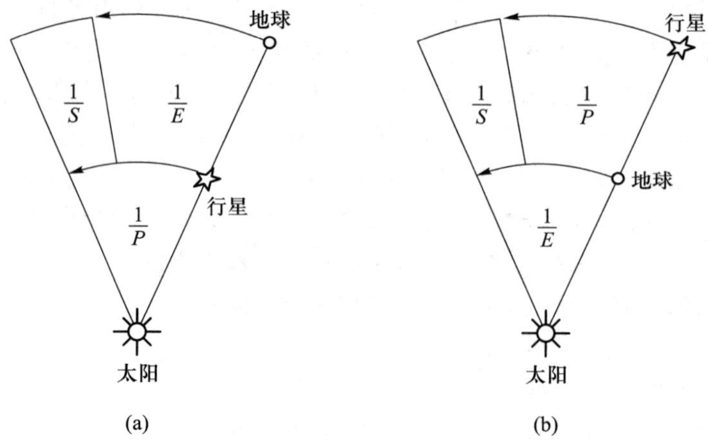

图 3-32　会合速度

角速度是周期的倒数。行星与地球的会合速度（$1/S$），就是二者的角速度（$1/P$ 和 $1/E$）之差。（a）地内行星；（b）地外行星。

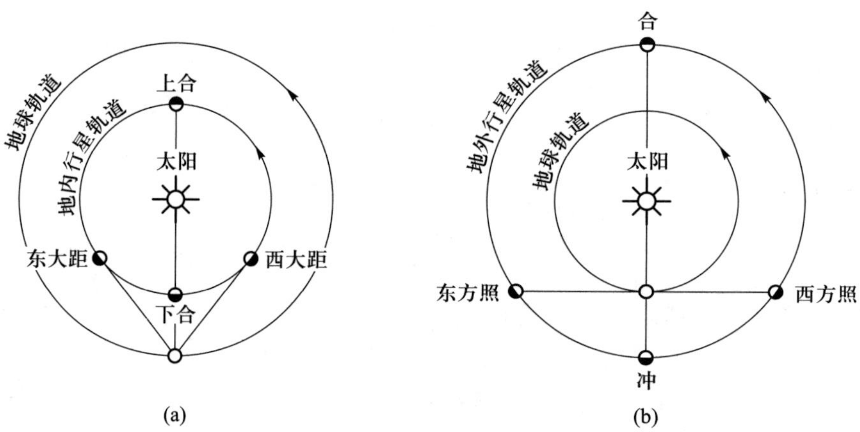

图 3-33　行星的会合运动

（a）地内行星；（b）地外行星。假定地球不动。

这个幅度在太阳的东西两侧徘徊，“附日而行”。因此，金星总是以**晨星**或**昏星**的姿态出现在天空（图 3-34）。当金星位于太阳西侧时，它于黎明前升起在东方，叫**启明星**。东方升起启明星，预示天将破晓。当金星位于太阳东侧时，它便在黄昏时耀辉于西天，继日而入，叫**长庚星**。我国最早的典籍之一《诗经》就有“东有启明，西有长庚”的记载。水星的大距为 18°～28°，因距角太小，被阳光掩没，肉眼很难观测到。

地内行星的大距，既被限定在 90°之内，因此，它们没有**冲日**。但有两次**合日**，距地球最近时叫**下合**，离地球最远时叫**上合**。

地外行星的轨道在地球轨道之外，它们同太阳的黄经差可以从 0°～360°。在一个会合周期内，地外行星有一次合日和一次冲日：合日时离地球最远；冲日时距地球最近。它们没有大距，但有二次**方照**（距角为 90°），分**东方照**和**西方照**。

地内行星的公转速度大于地球，它在天球上相对于太阳来说是东行，其会合运动表现为上

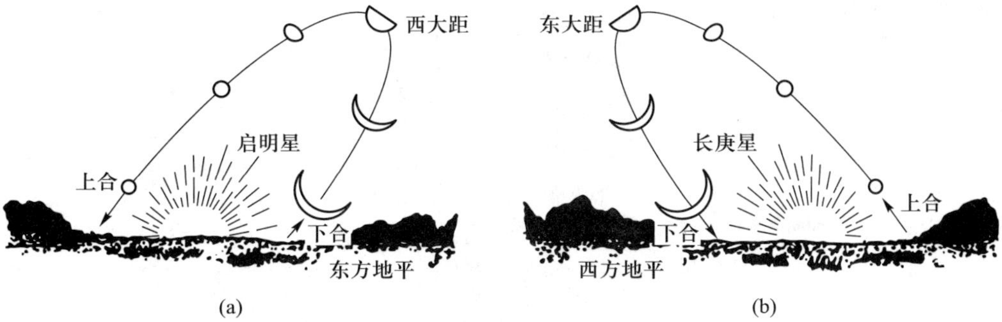

图 3-34　金星

(a)启明星;(b)长庚星。图中展示的是,每年在看得到金星的一段时间里,每天早晚(如日落后 30 分钟)看到的金星的位置和盈亏变化。

合—东大距—下合—西大距—上合的依次出现和反复循环。地外行星的公转速度小于地球,它在天球上相对于太阳是西行,其会合运动表现为合—西方照—冲—东方照—合的依次出现和反复循环(图 3-35)。这是行星"内外有别"的另一个方面。

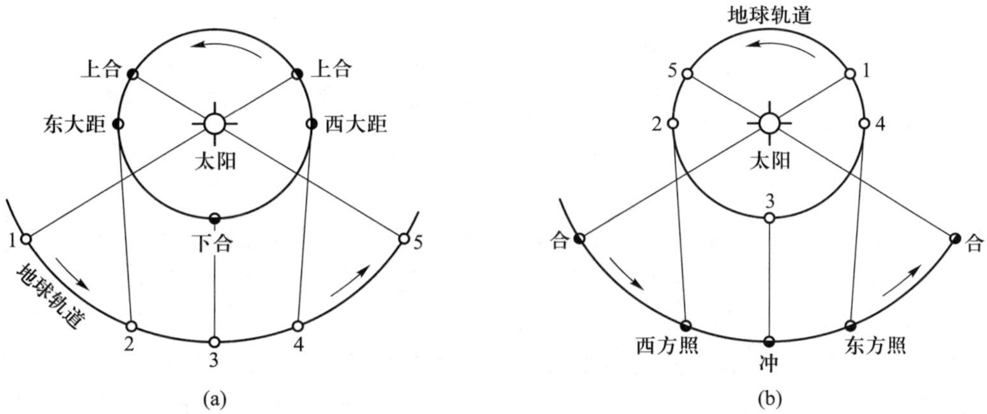

图 3-35　行星的会合运动

(a)地内行星;(b)地外行星。与图 3-35 不同的是,本图在说明行星运动的同时,还考虑到地球的运动,使之更符合实际情况。

——行星相对于恒星的视行:在会合运动中,行星在天球上还有相对于恒星的运动。在通常情形下,行星在恒星间自西向东运行,叫**顺行**。但是,当行星在其轨道上接近地球的时候,即下合前后的地内行星和冲日前后的地外行星,在天球上转变为向西运行,叫**逆行**;经过短暂时间后又恢复顺行。在由顺行转变为逆行,或由逆行转变为顺行的短时间内,行星在恒星间停滞不动,被称为**留**。这样,在一个会合周期内,行星的会合运动又表现为:顺行—留—逆行—留—顺行的依次循环。

应当指出,在日心天球上,行星和地球的运动永远是顺行(向东),只有在地心天球上,行星才会发生逆行。这是因为,行星和地球的公转,存在着速度的差异。这种速度上的差异,在地球赶上和超越地外行星(冲日前后),或被地内行星(在下合前后)赶上和超过的短暂时间内,就表现为它们的逆行(图 3-36)。

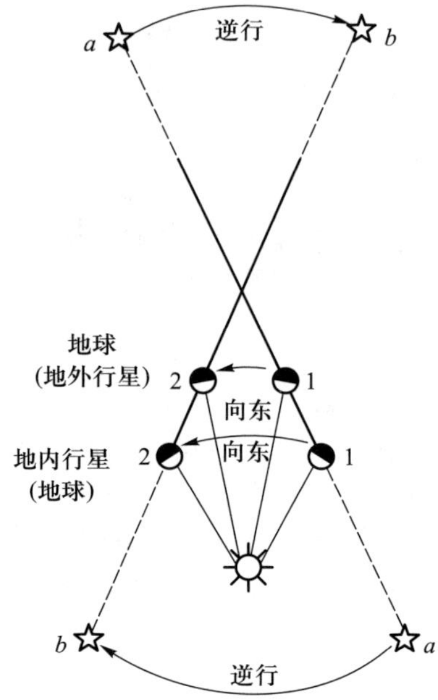

图 3-36　行星的逆行

地球从位置 1 运动到位置 2 的过程中,行星从相应的位置 *a* 运动到位置 *b* 就出现了逆行。

4. 月球同太阳的会合运动

月球在天球上有相对于太阳的运动,也是一种会合运动。月球在恒星间的运动,是它本身绕转地球的反映;太阳在恒星间的移动(太阳周年运动)是地球绕转太阳的反映。因此,二者的会合运动,也是地球公转产生的后果。

月球同太阳的会合运动,十分类似地外行星同太阳的会合运动。这是因为,月球和太阳的黄经差可以从 0°~360°,因而也有合日和冲日,东方照和西方照。但是,二者之间也存在一些差异:

——月球的会合运动同月相盈亏相联系,因而显得更加鲜明。月球的合和冲,东、西方照,有它自己的一套专用术语,即**朔**(合)和**望**(冲),**上弦**(东方照)和**下弦**(西方照),它们分别同新月和满月,上弦月和下弦月相联系。

——月球相对于太阳的运动,方向向东,因为月球绕转的(角)速度,远大于太阳周年运动的速度,而地外行星则反之。

——月球没有逆行,因为地球是月球绕转的中心天体,而非行星运动的中心。

综上所述,月球的会合运动,就是它在天球上自西向东赶超太阳,并且表现为:朔—上弦—望—下弦—朔的依次出现和反复循环。

月球会合运动的周期是朔望月。朔望月的推算,可使用地内行星会合周期的公式,只需用月球绕转地球的周期 M(恒星月),取代地内行星的公转周期 P 即得:

$$\frac{1}{S}=\frac{1}{M}-\frac{1}{E}$$

我们知道，地球公转周期 E（恒星年）与月球绕转周期 M（恒星月），长度相差较大，因此，二者的会合周期便较短。朔望月平均长度是 29.530 6 日，它只比恒星月长约 2.2 日（图 3-37）。

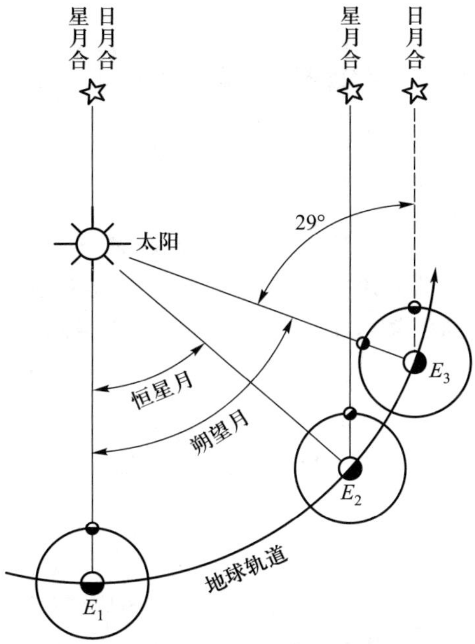

图 3-37　恒星月与朔望月比较

从这一次星月相合到下一次星月相合，是一个恒星月，月球绕转地球 360°；从这一次日月相合到下一次日月相合，是一个朔望月，月球绕转 389°。这 29°的差值是地球公转造成的，它使朔望月比恒星月约长 2.2 日，即月球绕转地球 29°所需的时间。

关于朔望月的长度，还可以这样来推算：月球绕转地球的（角）速度是 13°10′/d，而太阳周年运动速度为 59′/d，二者的差值为 13°10′/d－59′/d＝12°11′/d，这就是月球对于太阳的会合速度。月球以这样的速度赶超太阳的周期，即 360°÷12°11′/d＝29.53 d，是谓朔望月。

复习与思考

1. 在地球绕太阳公转的证明中，何种证据同时也给出了地球轨道的大小？（光行差）
2. 设某恒星的周年视差为 0.1″，其视星等为 0.1 等，那么，它的距离为多少秒差距？它的绝对星等是几等？
3. 试比较恒星年视差与光行差的异同。其恒星视位置的偏离方向有何差异？
4. 由观测得知，太阳的最大视直径 $P = 32'26''$，最小的视直径 $q = 31'31''$，据此，确定地球轨道的偏心率 e 的大小（提示：太阳视直径的大小与日地距离成反比）。
5. 什么是行星的会合运动？会合周期长短决定于什么？在会合运动中，地内行星与地外行星的表现，有何不同？
6. 设在天空中距太阳 90°以外的地方看到某行星，问：该行星是地内行星，还是地外行星？为什么？
7. 已知火星的会合周期为 780 日，试确定其公转的恒星周期。
8. 行星为什么会发生逆行？行星在什么时候发生逆行？
9. 试比较恒星月与朔望月的不同。在地球上，恒星日与太阳日的长度，相差约 4 分。问：在月球上，一个“恒星日”与一个“太阳日”相差多少？

第四章　地球运动的地理意义

地球运动的地理意义分两个方面，首先，地球的自转轴倾斜于其公转的轨道面，它影响太阳辐射能在地面上的分布和变化，从而决定了地球上有四季的递变和五带的区分；其次，地球自转和公转的周期，提供了两个时间的自然单位——日和年，认识和利用它们的周期性规律，人们创造了历日制度和计时制度。

第一节　四季和五带

一、太阳的回归运动

1. 太阳回归运动和太阳赤纬的周年变化

地球上之所以有四季递变和五带区分，其根本原因在于黄赤交角，即黄道面对于赤道面的倾斜；而其直接原因则是太阳相对于天赤道的回归运动。

由于黄赤交角的存在，太阳在周年运动的同时，还表现为相对于天赤道的往返运动。具体地说，天球上的太阳，半年在天赤道以北，半年在天赤道以南。这是因为，黄道的一半在天赤道以北，另一半在天赤道以南。太阳的这种运动，是其周年运动的另一个侧面，称为太阳**回归运动**。它在天球上所能到达的南、北界线，称为南、北**回归线**。回归运动的周期便是**回归年**。回归运动、回归线和回归年，是同一事物的三个不同的侧面。

太阳相对于天赤道的回归运动，也表现为太阳直射点对于地球赤道的往返运动：半年直射在北半球，半年直射在南半球；半年向北移动，半年向南移动。地球上的南北回归线的概念，也是相对于太阳回归运动而言的。

地球上昼、夜两半球的分界线叫**晨昏圈**（也叫晨昏线）。这是地球的一个大圆。随着太阳直射点的南北移动，晨昏圈便在南、北极两侧摆动，摆动的幅度也是23°26′。在这个纬度范围内，有极地区域特有的天文现象——**极昼**和**极夜**，故南、北纬66°34′的两条纬线，被称为南、北**极圈**（图4-1）。

太阳回归运动的主要表现，在于太阳赤纬的周年变化。在天文上，我国的二十四节气和西方的十二宫，是按太阳的黄经划分的；然而，在地理意义上，它们之间更加重要的区别，在于太阳赤纬的不同。前面说过，天体的周日圈，就是该天体所在的赤纬圈。因此，天体赤纬的变化，意味着它的周日圈的改变。不同赤纬（或周日圈）的天体，有不同的出没时刻（与方位）和中天高度。太阳赤纬的变化，影响各地的昼夜长短和正午太阳高度的大小，二者都是季节变化的主要因素。

太阳的赤纬随其黄经而变化。不同的太阳黄经总是与一定的太阳赤纬相对应，其大小可以

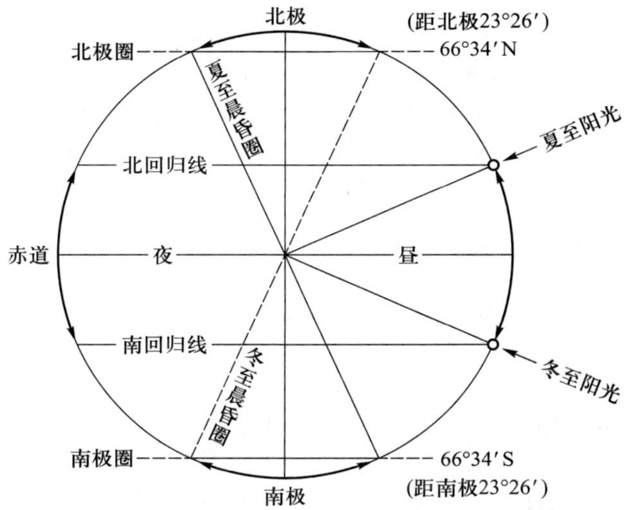

图 4-1 回归线和极圈

用解球面三角形方法计算*。

如图 4-2，P 为天北极，K 为黄北极，S 为沿黄道运行的太阳，其黄经为 λ，赤纬为 δ。在 $\triangle PKS$ 中

$$\overset{\frown}{PK}=\varepsilon=23°26'(\text{黄赤交角})$$

$$\overset{\frown}{KS}=90°$$

$$\angle K=90°-\lambda$$

已知三角形的两边及其夹角，求第三边，按球面三角形边的余弦公式有：

$$\cos a=\cos b\cos c+\sin b\sin c\cos A$$

把上列数值代入余弦公式，即得

$$\cos(90°-\delta)=\cos\varepsilon\cos 90°+\sin\varepsilon\sin 90°\cos(90°-\lambda)$$

即 $$\sin\delta=\sin\varepsilon\sin\lambda=\sin 23°26'\sin\lambda$$

$$\sin\delta=0.3977\sin\lambda$$

或 $$\sin\delta=0.4\sin\lambda$$

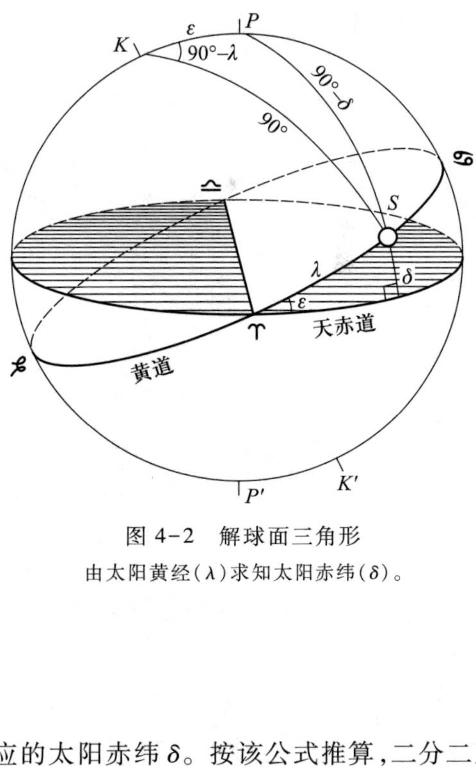

图 4-2 解球面三角形

由太阳黄经(λ)求知太阳赤纬(δ)。

在该图中，由天赤道、黄道和太阳所在时圈，构成另一个直角球面三角形。已知 λ 和 ε，代入球面三角形的正弦公式，同样可得

$$\frac{\sin\delta}{\sin\lambda}=\frac{\sin\varepsilon}{\sin 90°}$$

$$\sin\delta=0.4\sin\lambda$$

根据这个公式，人们得以按太阳黄经 λ，求知所对应的太阳赤纬 δ。按该公式推算，二分二至

* 球面三角形及其余弦公式和正弦公式，参见附录三。

及四立的太阳赤纬如下：

节气(日期)	黄经		太阳赤纬		黄经	节气(日期)
夏至(6月22日)	90°	↑	23°26′	↓	90°	夏至(6月22日)
立夏(5月5日)	45°		16°19′		135°	立秋(8月8日)
春分(3月21日)	0°		0°		180°	秋分(9月23日)
立春(2月4日)	315°		−16°19′		225°	立冬(11月7日)
冬至(12月22日)	270°		−23°26′		270°	冬至(12月22日)

2. 太阳回归运动与地球公转

太阳的回归运动及其赤纬的周年变化,是太阳周年运动的一个侧面。太阳周年运动本身,是地球公转的反映,因此,从根本上说,太阳的回归运动,必须用地球的公转和公转轨道来说明。

地球仪的设计者多半把地轴弄成斜的。人们通常以地球"斜着身子"绕太阳运动,来比喻地轴同轨道面的关系,习惯上总是把轨道面当作水平面,而把地轴和赤道面看成斜的。其实,地理上的方向是同地球自转相联系的:南北方向就是地轴和经线的方向,东西方向则是赤道和纬线的方向;同时,地图学上有"上北下南,左西右东"的表示方向的习惯。把这样的方向延伸到宇宙空间,应用于地球公转,那么,地轴应该是直的,赤道面是平的,而轨道面只能是斜的(图 4-3)。黄赤交角的确切含义,是黄道(轨道)面对于赤道面的倾斜。这里,倾斜的是黄道面,而赤道面只是作为比较标准而存在的。

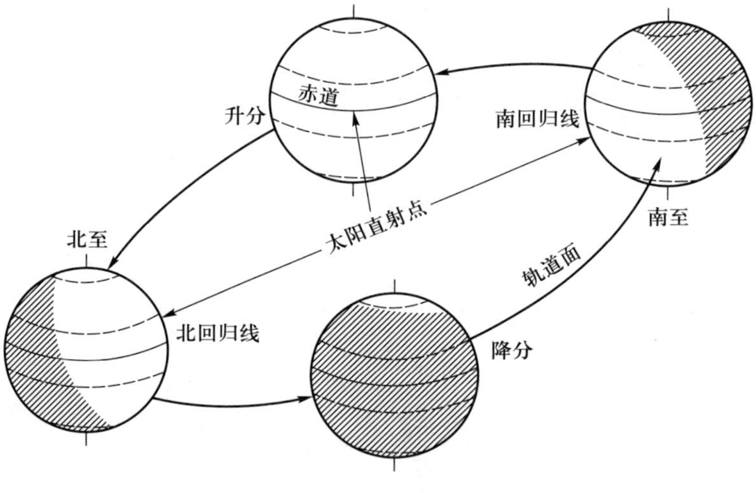

图 4-3　地球轨道面

黄赤交角的确切含义是黄道(轨道)面对于赤道面的倾斜。如以地球自转的方向为向东,那么,地球在向东公转的同时,还有其南北的分量,造成太阳直射点的南北移动。

大家知道,地球自转方向向东,地球公转方向也向东,但此东与彼东的方向有 23°26′的差异。我们把地球自转方向视为正东,那么,地球的轨道运动除向东外,还有其南北的分量。正是这个南北分量,造成地球和太阳的回归运动。

如图 4-4 所示,在每年的北至日(北半球的夏至日),地球位于其轨道的最南点。这时,从地球上看来，太阳位于黄道上的北至点，因而直射点落在地球的北回归线上。反之，在每年的南至日（北半球的冬至日），地球到达轨道上的最北点，太阳相应地位于黄道上的南至点，因而直射在地球的南回归线。每年的升分和降分日（北半球的春秋二分日），地球位于轨道南北两端的中点。这时，太阳相应地位于黄道上的升分点和降分点，因而直射在地球的赤道上。

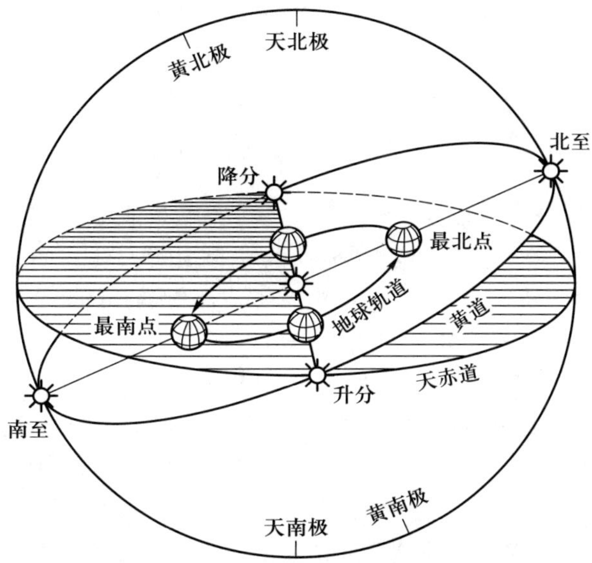

图 4-4　地球公转的南北分量造成地球和太阳的回归运动

从每年的南至日到次年的北至日，地球从轨道上的最北点移到最南点，行程约为 470 000 000 km（轨道周长的一半），两点间的直线距离约 300 000 000 km（轨道平均直径），其中有向南分量为 300 000 000 km×sin23°26′ = 120 000 000 km（图 4-5）。在这期间，太阳在天球上相应地从黄道的南至点移到北至点，其赤纬从 −23°26′变为 23°26′；太阳直射点从地球上的南回归线移到北回归线。

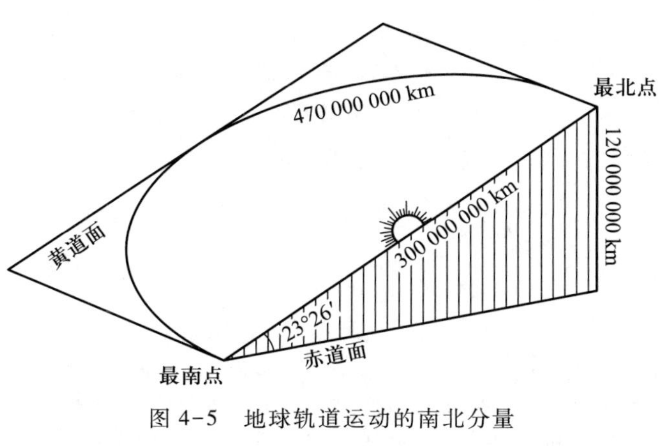

图 4-5　地球轨道运动的南北分量

反之，从每年的北至日到南至日，地球经过相应的行程，从轨道的最南点移到最北点。在此期间,太阳从黄道的北至点移到南至点,赤纬由 23°26′减为−23°26′;太阳直射点由北回归线移至南回归线。

总之,太阳相对于天赤道的回归运动,是地球公转的南北分量造成的。各 120 000 000 km 的南、北分量,造成太阳赤纬 23°26′×2=46°52′的变化。这就是说,地球在其轨道的南北方向上,每改变 700 余千米,太阳赤纬就改变 1″。按照这个速度,在春秋分前后,太阳赤纬每分钟增减约 1″。这是因为,这时地球公转的南北分量最大,约为 30 km/s×sin23°26′=12 km/s,即 720 km/min。

二、昼夜长短

1. 昼夜长短概说

在太阳照射下,地球被分为昼夜两个半球:向太阳的半球是昼半球,背太阳的半球是夜半球。昼夜两半球之间的分界线,被叫作**晨昏线**,是地球的一个大圆。晨昏圈经过的各地,正经历着一天中的清晨或黄昏。那里见到的太阳,正好位于东方或西方的地平上。

地球不仅在空间有昼夜半球之分,而且,由于地球的自转和公转,昼夜两半球在时间上不断地相互交替,使得各个地点时而位于昼半球,因而经历着白昼;时而位于夜半球,因而经历着黑夜。这叫作**昼夜交替**。昼夜交替的周期,就是通常所谓的 1 日,叫**太阳日**,它不同于恒星日。恒星日是单纯的地球自转的周期,而形成太阳日的,不仅是地球自转,还包括地球的公转,是二者的会合周期*。

昼夜的长短,视晨昏圈分割纬线的情况而定。一般情形下,纬线被晨昏圈分割成两部分:位于昼半球的部分叫**昼弧**;位于夜半球的部分叫**夜弧**。昼弧和夜弧的弧长,决定该地的昼长和夜长:弧长 15°,折合时间 1 小时。

各地的昼夜长短,因晨昏圈随太阳直射点的移动而发生变化:

当太阳直射点落在赤道(春秋二分)时,晨昏圈通过两极(与经圈重合),等分所有纬线。因此,全球各地昼夜等长(图 4-6)。

北至日,太阳直射点移至北回归线,晨昏圈偏离两极,与南、北极圈相切。这时,昼弧与夜弧的分割最为悬殊。如图 4-7 所示:北半球(太阳直射的半球)各纬度昼最长而夜最短;南半球相反。北半球的昼长和南半球的夜长,皆随纬度增高而增大。到北极圈内,纬线全线是昼弧,昼长达 24 小时,“夕阳”连着“朝辉”,终日太阳不落,称为**极昼**。在南极圈内,纬线全线位于夜半球,24 小时漫漫长夜,终日不见太阳,称为**极夜**。赤道是唯一保持昼夜等长的地方。从几何上说,赤道和晨昏圈都是地球的大圆,两个大圆相交,必相互等分。

---

* 地理教科书上通常有一个习惯说法:地球自转形成昼夜交替;地球公转造成季节变化。严格地说,这样的说法是不确切的。自转是否能形成昼夜交替,以及昼夜多长,还与公转周期有关。若是同步自转(如同月球绕转地球那样),那就没有昼夜交替。水星和金星的自转周期分别为 58.6 日和 243 日,它们的公转周期分别是 88 日和 225 日。在这种情形下,水星的一昼夜长达 176 日,金星的昼夜是 117 日,与它们的自转周期大不一样。公转同样能形成昼夜交替。如果地球没有自转,只有单一的公转,在那种条件下,一昼夜就是一年。再说,季节变化也并非单纯是地球公转的结果。如果没有地球自转轴对于公转轨道面的倾斜,地球公转本身不会引起季节变化。总之,昼夜交替和季节变化,都是地球自转和公转的共同结果。

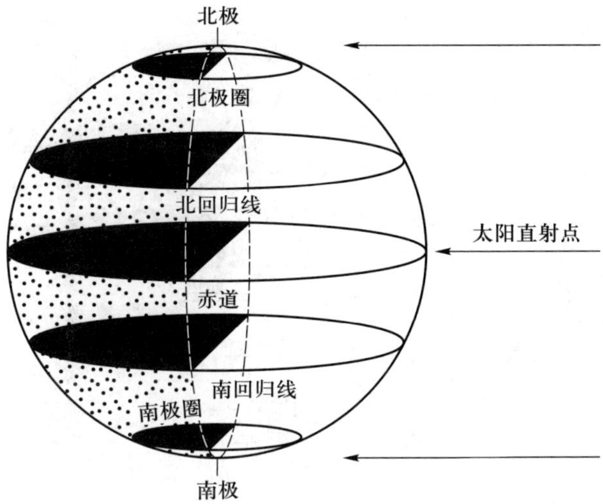

图 4-6　二分时的晨昏圈

春秋二分,太阳直射赤道,晨昏圈等分所有纬线,全球昼夜平分。

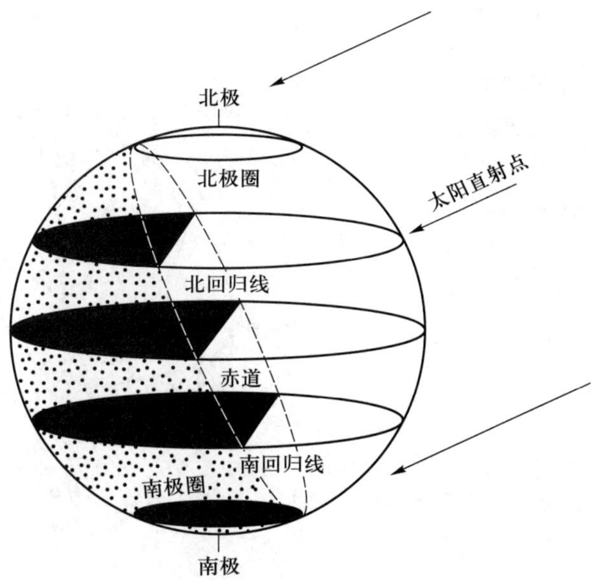

图 4-7　北至时的晨昏圈

北至日,太阳直射北回归线,北半球各地昼最长,夜最短;北极圈内为极昼。南半球情形相反。

南至日(北半球冬至日),太阳直射点移至南回归线。这时,南北两半球的昼夜长短分布情形,与北至日相反(图 4-8)。

在天文学上,昼弧和夜弧的大小,是以解球面三角形的方法计算的。在天球上,昼弧和夜弧表现为太阳周日圈被地平圈的分割:周日圈位于地平圈以上的部分是昼弧;地平圈以下的部分是夜弧。具体的计算方法是,求日没时的太阳时角(t),即**半昼弧**长度,半昼弧的二倍即为昼弧,昼弧的共轭量就是夜弧。

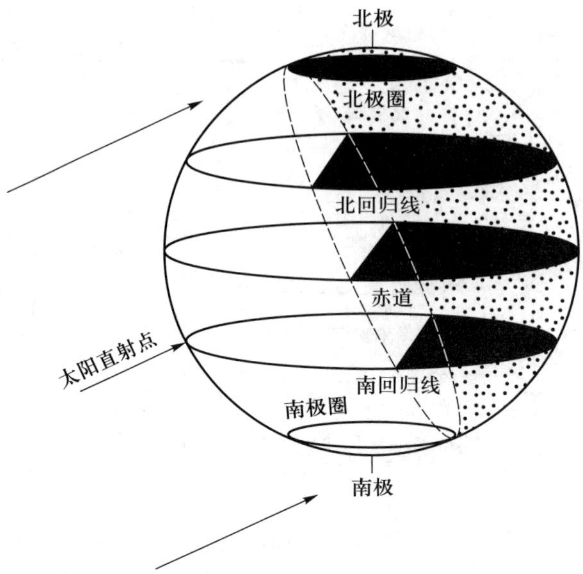

图 4-8　南至时的晨昏圈

南至日,太阳直射南回归线,南北两半球的昼夜长短与北至日相反。

如图 4-9 所示:Z 是所在地的天顶(其赤纬 $=\varphi$),P 为天北极,S 是位于西方地平(日没时)的太阳(其赤纬为 δ)。从日中到日没的一段弧,即为半昼弧,其大小即为当时的太阳时角(t,为了便于计算,时角 t 的单位采用°)。图中的 $\triangle ZPS$,被称为**天文三角形***。在这个三角形中

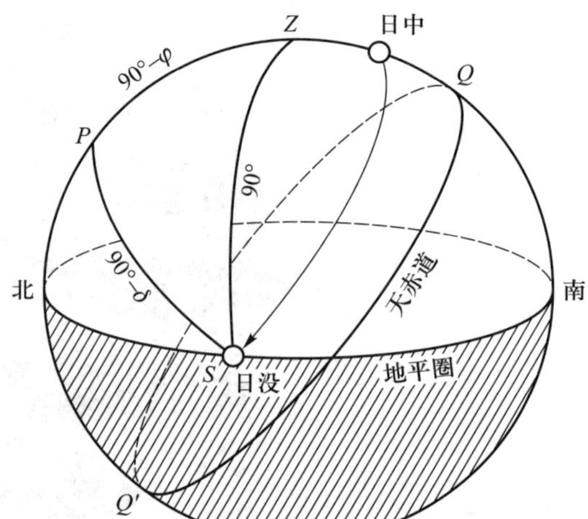

图 4-9　解天文三角形求半昼弧长

太阳位于西方地平(日没)时,其时角(t)大小,等于当地(φ)当时(δ)的半昼弧(从日中到日没)。

$$\widehat{ZP}=90^\circ-\varphi$$

$$\widehat{PS}=90^\circ-\delta$$

$\widehat{ZS}=90^\circ$(不计太阳视半径和大气的折光作用)

已知三角形的三边求一内角(t),按球面三角形边的余弦公式有

$$\cos 90^\circ=\cos(90^\circ-\varphi)\cos(90^\circ-\delta)+\sin(90^\circ-\varphi)\sin(90^\circ-\delta)\cos t$$

即

$$\sin\varphi\sin\delta+\cos\varphi\cos\delta\cos t=0$$

$$\cos t=-\frac{\sin\varphi\sin\delta}{\cos\varphi\cos\delta}$$

于是有

$$\cos t=-\tan\varphi\tan\delta$$

式中的 φ 和 δ,皆以北半球为正,南半球为负。

* 参见附录三。

这个公式被叫作**半昼弧公式**。它表明，决定昼夜长短有两个因素：当地的地理纬度 φ 和当时的太阳赤纬 δ（即太阳直射点纬度）。前者是空间因素，即地理因素；后者是时间因素，即季节因素。简言之，昼夜长短因纬度而不同，因季节而变化。

该公式的几何意义是十分清晰的。太阳赤纬（δ）的变化，表示其周日圈的改变。不同的周日圈被地平圈分割的情形各异：赤纬愈高，周日圈愈小，昼弧与夜弧的差异就愈大。地理纬度（φ）的不同，决定周日圈对于地平圈倾角（$90°-\varphi$）的大小：纬度愈高，周日圈愈倾斜（"倾斜"是相对垂直来说的），昼夜长短的变化愈显著（图 3-17）。

不论昼夜长短的纬度分布或其季节变化，是昼长夜短，还是昼短夜长，都有一个半昼弧 t 是否大于 90°的问题。由该公式可知：

——**昼夜等长**条件：$t=90°$，则 $\cos t=0$，这便要求式中等号右侧的 φ 和 δ，必须有一个是零。

若 $\varphi=0°$，即在赤道上，不论太阳赤纬 δ 怎样因季节而变化，那里终年昼夜等长。重复说明一下，赤道和晨昏圈都是地球的大圆，因而总是互相等分。这在图 4-9 的天文三角形中，可以直观地看出：若 $\varphi=0°$，则仰极高度为 0°，P（天北极）位于地平圈上的北点。这样，$\overparen{PS}$与地平圈重合，而地平圈与子午圈正交，因而可知 $t=90°$。

若 $\delta=0°$，即在春秋二分时，不论地理纬度 φ 如何因地而异，二分时全球昼夜等长。因为这时太阳直射点落在赤道，晨昏圈通过两极，等分所有的纬线。在图 4-9 的天文三角形中，同样可以直观地看出，若 $\delta=0°$，则太阳位于天赤道，日没在西点。这时，$\overparen{PS}$即为西六时圈，而六时圈与子午圈正交，故 $t=90°$。

——**昼长夜短**条件：$t>90°$，则 $\cos t<0$。要使式中等号右侧保持负号，只有使 φ 和 δ 同号。这就是说，太阳直射的半球昼长夜短。同理可知，昼短夜长的条件是 φ 和 δ 异号，即非太阳直射半球昼短夜长。

——**极昼**条件：$t=180°$，则 $\cos t=-1$。这便要求 φ 和 δ 不仅同号，而且绝对值互为余角，即 $\varphi=90°-|\delta|$（φ，δ 同正）或 $\varphi=-(90°-|\delta|)$（φ，δ 同页）。同理，**极夜**的条件是：$t=0°$，$\cos t=1$，要求 φ、δ 异号且绝对值互余，即 $\varphi=-(90°-|\delta|)$（φ 页 δ 正）或 $\varphi=90°-|\delta|$（φ 正 δ 负）。这就是说，极昼和极夜发生在以南北两极为中心，以当时的太阳赤纬为半径的地球极冠地带，其范围大小视太阳赤纬 δ 而定。上述 $\varphi=\pm(90°-|\delta|)$ 的两条纬线与晨昏圈相切；在天球上，则表现为太阳周日圈与地平圈相切。

2. 昼夜长短的纬度分布

由半昼弧公式可知，昼夜长短因纬度而不同。具体的纬度分布又因季节而变化。但是，下列几条是全年共同的特征：

——赤道上（$\varphi=0°$）全年昼夜等长。

——太阳直射半球，昼长夜短，高纬度（$\varphi\geqslant 90°-\delta$）地区有极昼，昼长达 24 小时。

——非太阳直射半球，昼短夜长，高纬度相应地区有极夜，昼长为零（夜长 24 小时）。

根据以上三条，除春秋二分外，全球的昼长可分为四个纬度带：极昼地带，昼长夜短地带，昼短夜长地带和极夜地带（图 4-10）。其中的极昼和极夜地带是以两极为中心、以太阳赤纬（δ）为半径的地球极冠地带；昼长夜短地带和昼短夜长地带以赤道为界，其宽度都等于（$90°-\delta$），前者

与极昼地带为邻,后者与极夜地带毗连。随着太阳赤纬的变化,四个纬度带便发生相应的改变:太阳赤纬为正值(直射北半球)时,全球的昼长向北增加,极昼地带位于北极地区;太阳赤纬为负值(直射南半球)时,情况相反。太阳赤纬的绝对值(|δ|)愈大,则极昼(夜)地带愈宽。

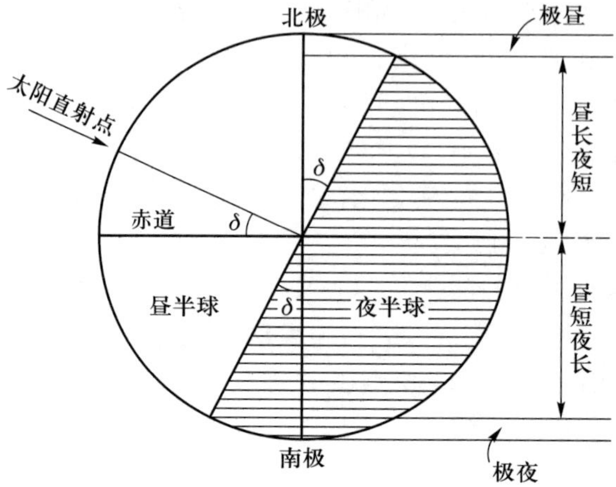

图 4-10　昼夜长短的四个纬度带

图 4-11 表示二分二至日的昼长的纬度分布:

——二分日,全球各纬度昼夜等长,均为 12 小时。

——北至日,北半球各地昼最长,极昼地带最广(北极圈内皆为极昼);南半球各地昼最短,极夜地带最广(南极圈内皆为极夜)。南至日的情形相反。

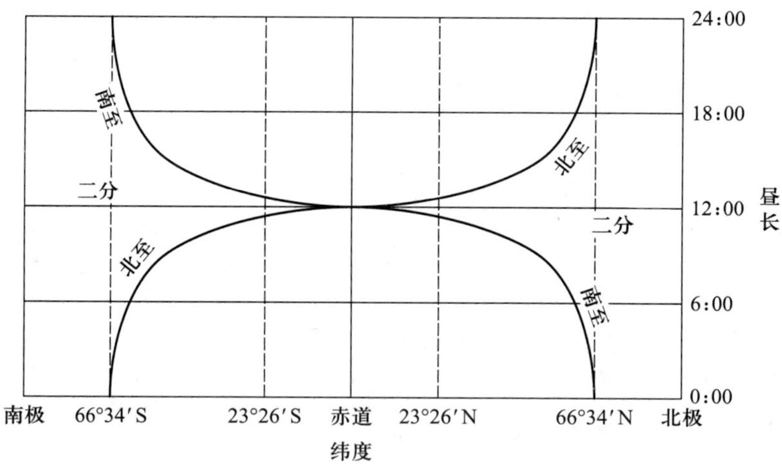

图 4-11　昼夜长短的纬度分布

3. 昼夜长短的季节变化

昼夜长短因季节而变化(唯一的例外是赤道,那里终年昼夜等长),具体的变化情形,则因纬度而不同。但是,下列几条是全球各纬度共同的特征:

——二分时,全球昼夜平分,均为 12 小时。

——二至时,昼夜长短极端:或昼最长、夜最短;或昼最短而夜最长。

——各地全年平均昼长相等,皆为 12 小时(不计太阳视半径和大气折光作用)。

全球各纬度昼夜长短的季节变化,都以二分二至为界,分全年为四个阶段:

升降二分发生昼长夜短与昼短夜长的交替,极昼和极夜地带、昼长夜短和昼短夜长地带发生南北倒转,并由昼夜平分开始趋向极端。而且,二分前后,太阳赤纬(δ)变化最快,因而这段时间昼夜长短的变化特别明显。

南北二至发生昼减夜增和昼增夜减的交替,上述四个地带发生扩大和缩小的更替,昼(夜)长本身则开始由极端趋向齐平。二至日过后不久,地球分别经过轨道的近日点(1 月初)和远日点(7 月初),公转速度达到最快和最慢。因此,北半球夏至后昼减夜增的变化,比冬至后昼增夜减的变化显得较为缓慢。故民谚有“夏至十八天,冬至当日回”的夸张说法。

昼夜长短极值出现的时间,南北两半球相反。当北半球昼最长(夜最短)时,南半球则是昼最短(夜最长);北极地区发生极昼时,南极地区则是极夜。

图 4-12 是北半球五个不同纬度的昼夜长短的季节变化。它们的全年平均昼长相等,都是 12 小时,差异在于变化幅度的大小。在赤道上,昼夜平分,终年不变;纬度愈高,变幅愈大。到极圈,最长的白昼(和黑夜)可达 24 小时。在北极,昼长的季节变化,表现为极昼与极夜的相互交替,而没有什么渐变过程。

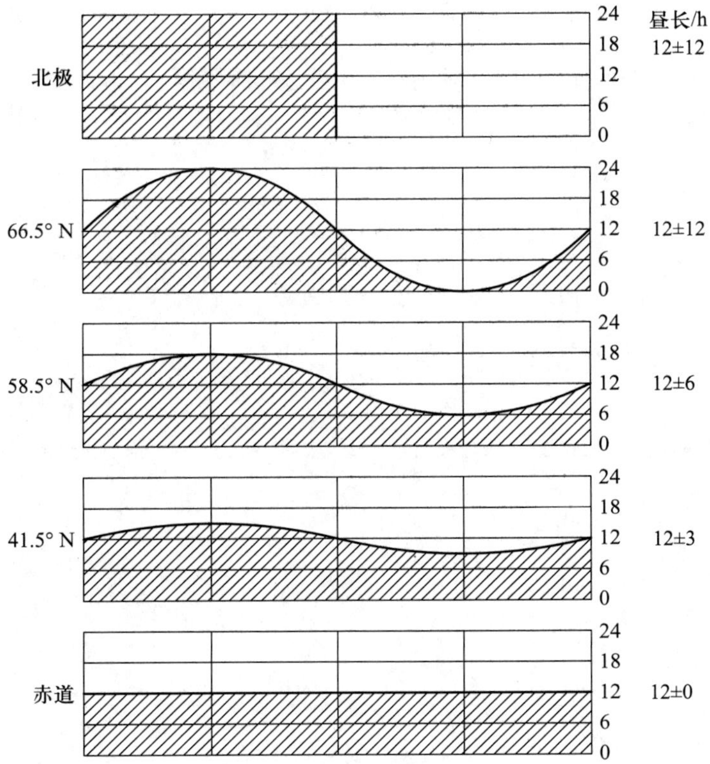

图 4-12　昼夜长短的季节变化

在南北极圈内,都有极昼和极夜。它们的范围大小,随太阳赤纬(δ)而变化。$|\delta|$值愈大,极昼(夜)范围愈广。如图 4-13 所示:自春分到夏至(δ 由 0°增为 23.5°),北极地区的极昼和南极

地区的极夜,都从极点扩大到极圈;自夏至到秋分(δ 由 23.5°减为 0°),则从极圈缩小到极点。冬半年的情形反之。

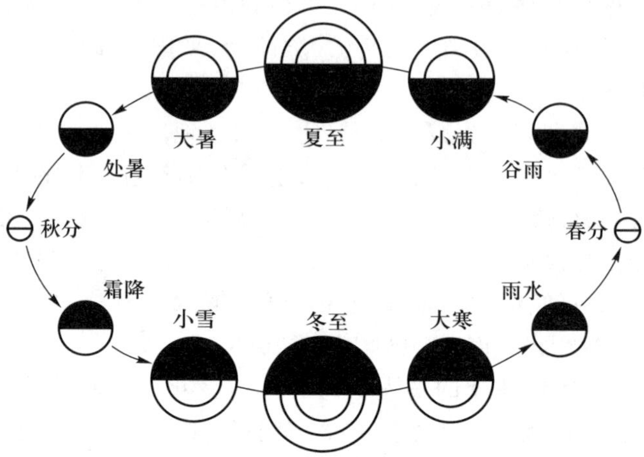

图 4-13　极昼(夜)区的季节变化

此图表示南北两半球极昼(夜)区的季节性扩大和缩小。图中每个圆面分上下两半,分别表示北极和南极地区。三个同心圆分别表示 66°34′,69°44′和 78°28′的三条纬线。

由此可知,一地的极昼(夜)的持续时间,因距极远近而不同:愈近两极,极昼(夜)期间愈长,从南北极圈的 1 日,到南北两极增为各约半年。

4. 昼夜长短的其他因素

前述关于昼夜长短及其纬度分布和季节变化的分析,只考虑太阳赤纬和地理纬度二个因素,因而具有简单的规律性。事实上,影响昼夜长短的,还有其他一些次要因素。它们是:

——太阳视半径:天球上的太阳不是一个光点,而是一个视半径约为 16′的光盘。日出和日没是以日轮的上缘出露地平为准的,而此刻日轮中心尚在地平下 16′。这就是说,当时视太阳中心的天顶距,不是 90°,而是90°16′。

——大气折光作用:地球大气的密度随高度而迅速递减。因此,光在大气中的折射,有"抬升"天体的作用(图 4-14);而这种效应本身,又是在近地平时最为明显,其值约 34′。因此,当日轮上缘接触地平时,其实际位置尚在地平以下 34′。

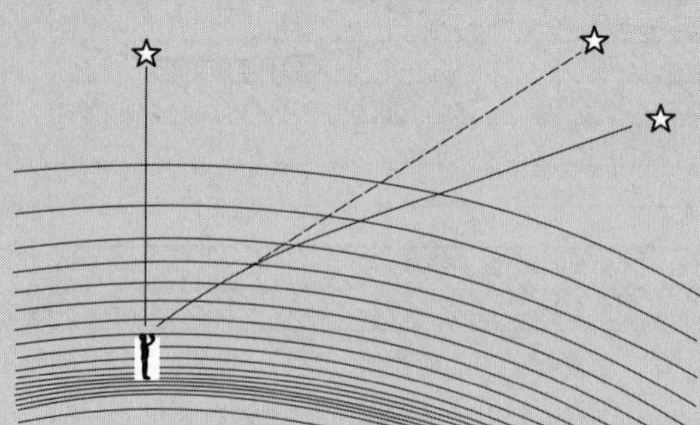

图 4-14　大气折光有"抬升"天体的作用

——眼高差：观测日出（没）时，人眼总有一定的高度。站在高处，能较早看到日出和较晚看到日没。任何时候，高山上的白天要比平地上长一些。

上述三者之中，眼高差是不确定因素，不反映昼夜长短的一般规律性。因此，具体反映昼夜长短及其分布和变化的，除了太阳赤纬和地理纬度外，是太阳视半径和大气折光。后二者使太阳出没时，视太阳中心的天顶距增加了 16′+34′=50′，即 90°50′，在一定程度上改变了昼夜长短的纬度分布和季节变化的简单规律性。

——上述 50′的差值，使晨线处的昼半球扩大了 50′，而夜半球相应地缩小了 50′（昏线处亦如是）。昼夜两半球不再是真正的半球，晨昏圈也不再是真正的大圆。任何日期，极昼地带的范围扩大，极夜地带的范围缩小，二者有 50′×2=1°40′的差值。例如，在南北二至日，极昼范围扩至南北纬 66°34′-50′=65°44′；而极夜范围缩为南北纬 66°34′+50′=67°24′。

——上述 50′的差值，使任何日期和地点的昼长被延长，夜长被缩短。前述的半昼弧公式修正为

$$\cos t = -\left(\frac{\sin 50' + \sin\varphi\sin\delta}{\cos\varphi\cos\delta}\right)$$

$$= -\tan\varphi\tan\delta - \sin 50'\sec\varphi\sec\delta$$

即

$$\cos t = -\tan\varphi\tan\delta - 0.014\ 9\sec\varphi\sec\delta$$

其中的 $0.014\ 9\sec\varphi\sec\delta$，即为这两个次要因素对于 $\cos t$ 的订正。据此，赤道上不再是终年昼夜等长，而总是昼长夜短（昼夜相差约 2×7=14 分钟）；在其他纬度，昼夜平分的日期，不再出现在二分，而分别出现在春分前和秋分后约三四天。南北极地区，极昼期间被延长，极夜期间被缩短；在南北极圈，极昼时期增长到一个月左右，而极夜消失。

5. 晨昏蒙影

上述的昼和夜，是以日出和日没为交替的。事实上，在日出之前（黎明）和日没以后（黄昏）的一段时间，天空仍然明亮，处于半光明状态。这段时间，既不是真正的白昼，也不是真正的黑夜，是昼夜交替的过渡时期，叫**曙暮光**。现代天文学称**晨昏蒙影**（twillight），即**晨光**和**昏影**的合称。二者的成因相同，都是高空大气对太阳光的反射和散射的结果。

晨光以日出为终止，存在一个**晨光始**的问题；昏影以日没起始，存在一个**昏影终**的问题。晨光始和昏影终，都以一定的太阳“低度”为标准。按不同的需要，晨昏蒙影分为三级：**民用**晨昏蒙影、**航海**晨昏蒙影和**天文**晨昏蒙影。它们的晨光始和昏影终的太阳“低度”标准，分别是 6°、12°和 18°（图 4-15）。

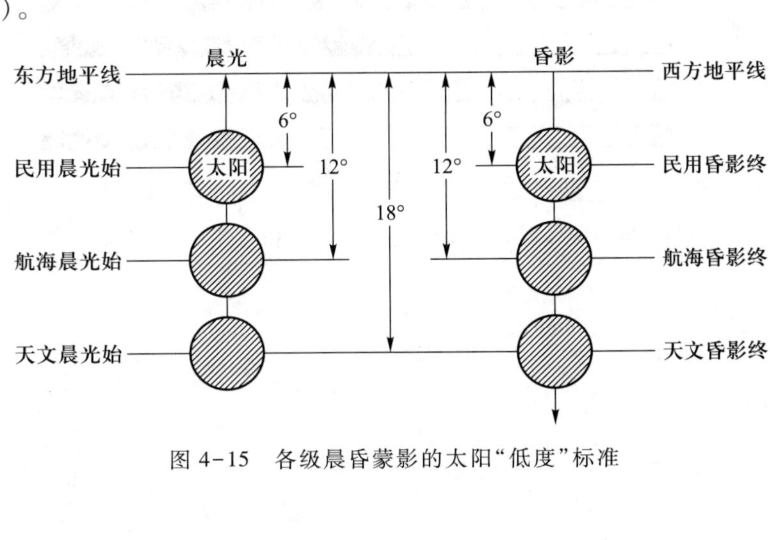

图 4-15　各级晨昏蒙影的太阳“低度”标准

——天气晴朗时,日轮中心自地平落入地平下 6°的一段时间,曙暮光的强度,对正常的户外活动足够明亮,室内无须照明。这段时间称为民用晨昏蒙影。任何时候,全球约有 5%的地方处于这种状态中。

——当太阳位于地平下 6°~12°的期间,户外活动已嫌太暗,室内工作需要照明;天空中的亮星已经显现,但远方的地平线仍清晰可辨。这段时间是航海测星(测定天体的地平高度)最适宜的时机,故称航海晨昏蒙影。

——真正的黑夜来临(或结束),是太阳落入地平下 18°时开始的。这时,肉眼可见的最暗淡的星开始显现,天空完全黑暗,天文晨昏蒙影告终。

晨昏蒙影持续的时间,取决于太阳自地平落入地平下 18°所需的时间。这段时间的长度,可根据太阳周日圈与地平圈的交角大小($90°-\varphi$)来推算。太阳如垂直落入地平,这段路线最短,曙暮光持续时间也最短;太阳周日圈愈倾斜,曙暮光持续时间便愈长。由此可知,晨昏蒙影的时间,随纬度增高而增长;也略因季节而变化(因为太阳周日圈的大小因季节而不同),二分较短,二至较长。

图 4-16 是冬夏二至时,北半球不同纬度一日内的白昼、黑夜和晨昏蒙影时数的近似分配。夏至日,北纬 60°的地方,整夜处于民用晨昏蒙影状态中,前一天的黄昏尚未结束,次日的黎明便接踵而来,通宵达旦,天空不黑。这种高纬度夏季奇特的天象,被称为**白夜**(white night)。事实上,夏至那天,纬度高于 48.5° N 的地方(66.5°-18°),便没有真正的黑夜。南北两极地区冬季漫长的极夜,大部分时间是白夜。那里的真正黑夜,每年只有两个月左右。

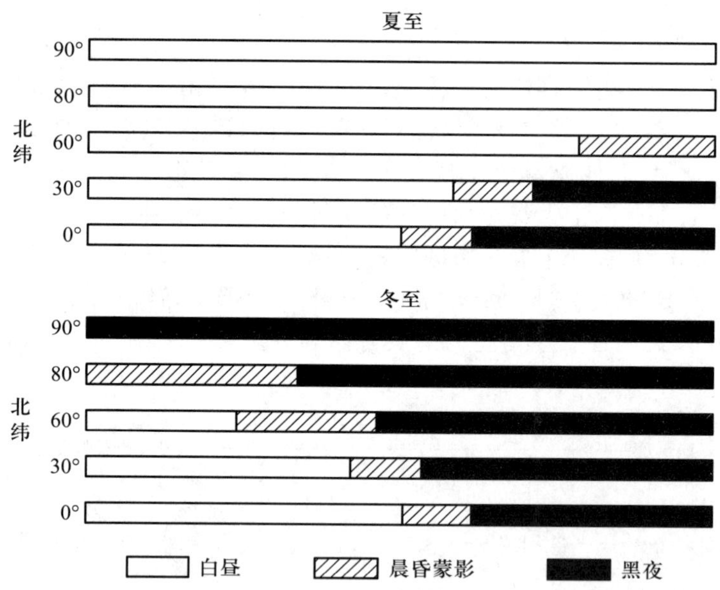

图 4-16　北半球不同纬度冬夏二至的白昼、黑夜和晨昏蒙影时数的近似分配

三、太阳高度

1. 太阳高度概说

太阳高度,是指太阳对于地平的高度角。它在很大程度上决定地面获得太阳热能的多少。

烈日"当空"、太阳高度大的时候,同样的太阳光束,照射在范围较小的地面上(图 4-17),并且,这时太阳光透过大气的路程较短,被大气吸收和散射程度较小。所以,地面上单位面积获得的热量就较多。

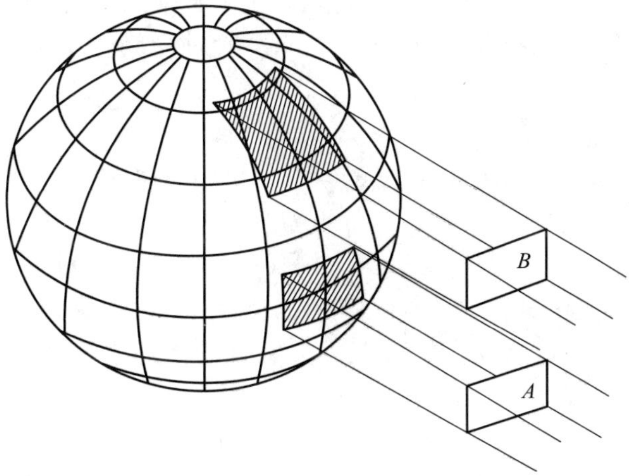

图 4-17　太阳高度与辐射强度

对于一个地点来说,太阳位于天顶(并非所有的纬度都能达到)的时候,它的高度最大(90°);太阳出没的时候,其高度为 0°。从全球范围来说,在太阳直射点上,太阳高度是 90°;从这里开始,太阳高度向四周降低,作同心圆分布;到晨昏圈上,太阳高度为 0°。

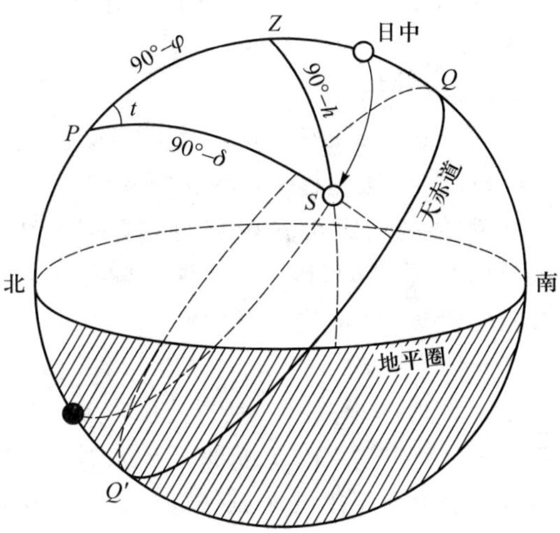

图 4-18　太阳高度推算

在天文学上,太阳高度用解天文三角形的方法计算。其大小决定于如下三个因素:当地的地理纬度 φ(这是地理分布因素),当日的太阳赤纬 δ(这是季节变化因素)和当时的太阳时角 t(这是周日变化因素)。如图 4-18 所示:Z 为所在地天顶,P 为天北极,S 是当时太阳的位置。在△ZPS 中,

$$\widehat{ZP}=90°-\varphi$$

$$\widehat{PS}=90°-\delta$$

t 为当时的太阳时角。已知三角形的两边及其夹角,求第三边($90°-h$),可代余弦公式:

$$\cos(90°-h)=\cos(90°-\varphi)\cos(90°-\delta)+\sin(90°-\varphi)\sin(90°-\delta)\cos t$$

化简后得:

$$\sin h=\sin\varphi\sin\delta+\cos\varphi\cos\delta\cos t$$

上式就是求任意时刻太阳高度的三角公式。

在一日内,太阳以不同的高度照射地面。从早晨日出到傍晚日落,太阳高度先是由小变大,然后是由大变小。正午时刻,太阳中天,这时它升得最高,称为**正午太阳高度**。对于地球上的四

季和五带的形成来说,昼夜长短和正午太阳高度是两个主要的因素:前者影响日照时间的长短;后者则决定辐射强度的大小。气候(climate)一词的希腊语原义为"倾斜",指的就是正午太阳高度。

体现太阳高度在一日内的变化,是太阳的时角 t。正午时刻,太阳中天,其时角 $t=0°$,则 $\cos t=1$。消除了周日变化因素,使推算正午太阳高度(H)的三角公式,变得更为简单,它仅与 φ 和 δ 有关:

$$\sin H=\sin\varphi\sin\delta+\cos\varphi\cos\delta$$

按复合角公式则有:

$$\sin H=\cos(\varphi-\delta)=\sin[90°-(\varphi-\delta)]$$

于是便有:

$$H=90°-\varphi+\delta$$

上式就是正午太阳高度公式。它表明,正午太阳高度因纬度(φ)而不同,随季节(δ)而变化。公式中的($90°-\varphi$),可视为上点高度,因此,不再考虑 φ 的南北半球差异,都看作正值;δ 则有正负之分,以太阳直射半球为正,非直射半球为负。

在天文三角形中(图 4-18)可以直观地看出,当太阳中天时($t=0°$),Z、P、S 三点都在午圈上,不再组成天文三角形。这时的太阳高度(H)由($90°-\varphi$)和 δ 相加。若 δ 为负值,则 $H=(90°-\varphi)-\delta$。

使用这个公式时须注意:北半球的正午太阳高度,以南点为起点;南半球则以北点为起点。因此,计算结果可能出现 $H>90°$ 和 $H<0°$ 的情形。

由该公式可知:

——当 $\varphi=\delta$ 时,$H=90°$。太阳直射点所在的纬度,正午太阳当顶。此地此刻,地面上一切矗立的物体,都会有形而无影;说得更确切一点,物体的阴影正好在它们"脚下"(图 4-19)。太阳赤纬(δ)变化于±23°26′之间,因此,地球上只有南北回归线之间的地带,才有可能达到 90°的正午太阳高度。

——当 $\delta>\varphi$ 时,$H>90°$。这意味着该地(北半球)正午太阳已越过天顶向北倾斜,则太阳的方位为 180°。根据地平高度定义,太阳高度应从北点起算,其真正地平高度应为:$H=180°-(90°-\varphi+\delta)$。这种情况也只限于南北回归线间的地带(不包括南北回归线),其他纬度不会有 $\delta>\varphi$ 的情况。

图 4-19 太阳直射
正午太阳当顶,地面上的物体都会投出奇怪的阴影。

——高纬度冬季,在 $\varphi>90°-\delta$ 的地方,$H<0°$。它表示,那里正经历着极夜。

按正午太阳高度公式:$H=(90°-\varphi)+\delta$ 的图解,容易推出夜半太阳"低度"(H'):

$$H'=-(90°-\varphi)+\delta=\varphi+\delta-90°$$

式中的$-(90°-\varphi)$即为下点(Q')低度。

根据这个公式,只要把晨光始(或昏影终)的太阳"低度"标准(−18°)和 δ 的极大值(23.5°)代入上式,便得白夜的纬度界限。即:

$$-18°=\varphi+23.5°-90°$$

于是有:$\varphi=90°-23.5°-18°=48.5°$。我国黑龙江省的漠河($\varphi=53.5°$ N),素有"中国的北极"之称,那里在夏至前后,也有白夜景色。

在中学地理教学中，正午太阳高度的推算，被视为教学中的难点。中学教科书不涉及太阳赤纬的概念，代之以太阳直射点的纬度。如图 4-20 所示：

(a) 太阳直射赤道($\delta=0°$)时，各地的正午太阳高度，等于当地的余纬。即：

$$H=90°-\varphi$$

(b) 太阳直射点纬度小于当地纬度，即 $\delta<\varphi$，该纬度的正午太阳高度为：

$$H=90°-(\varphi-\delta)=90°-\varphi+\delta$$

因 $\delta<\varphi$，故 $H<90°$。

(c) 太阳直射点纬度超过当地纬度，即 $\delta>\varphi$，该纬度的正午太阳高度便为：

$$H=90°+(\delta-\varphi)=90°-\varphi+\delta$$

因 $\delta>\varphi$，故 $H>90°$。

(d) 太阳直射南半球(δ 为负值)时，北半球各纬度的正午太阳高度为：

$$H=90°-(\varphi+\delta)=90°-\varphi-\delta$$

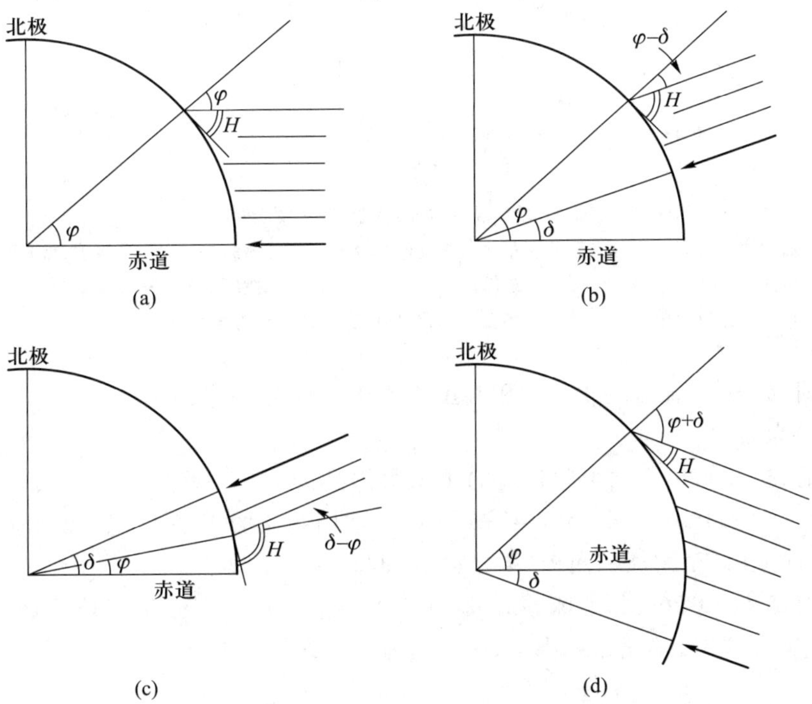

图 4-20　影响正午太阳高度的因素

当地纬度 φ 和太阳直射点纬度 δ(非直射半球为负)。

2. 正午太阳高度的纬度分布

正午太阳高度因纬度而不同。具体的纬度差异，则随季节而变化。概括地说，太阳直射的纬度，正午太阳高度最大，$H=90°$，由此向南北随纬度递减：两地的纬度差，就是它们的正午太阳高度差(前提是两地纬度 φ 都大于太阳赤纬 δ 或都小于太阳赤纬 δ)。

在说明正午太阳高度的纬度分布时，正午太阳高度的公式，可改写为如下形式：

$$H=(90°+\delta)-\varphi$$

式中的$(90°+\delta)$可看作赤道上不同季节的正午太阳高度,其他各地随纬度递减,φ是对$(90°+\delta)$的纬度订正。

图 4-21 是二分二至日正午太阳高度的纬度分布。它们都呈线性分布。

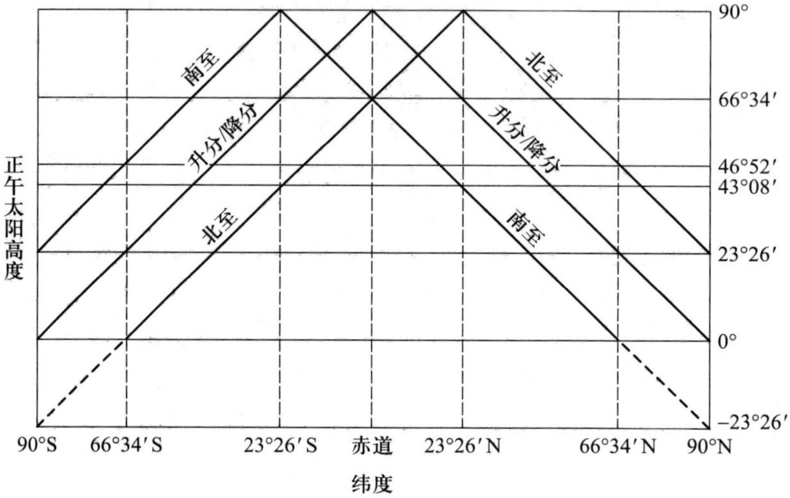

图 4-21 正午太阳高度的纬度分布

图中用线条表示二分二至的正午太阳高度的纬度分布。各地的正午太阳高度差,就是它们的纬度差。因此,这些线条都是呈 45°坡度的直线。春秋二分,正午太阳高度以赤道为中心,南北对称;冬夏二至,分别以南北回归线为中心,南北对称。

——二分时,$\delta=0°$。各地的正午太阳高度都等于当地的余纬,即$H=90°-\varphi$。赤道最大,$H=90°$;至两极递减为 0°。

——北至时,$\delta=23°26'$。北半球各地的正午太阳高度$H=(90°+23°26')-\varphi=113°26'-\varphi$;南半球各地则$H=(90°-23°26')-\varphi=66°34'-\varphi$。这时,北回归线的正午太阳高度最大,$H=90°$,由此向南、北两个方向递减;至北极和南极,$H$分别为 23°26′和−23°26′。

——南至时,$\delta=-23°26'$,北半球各地$H=66°34'-\varphi$,南半球各地$H=113°26'-\varphi$。这时,南回归线$H=90°$,向南北递减,至北极和南极,H分别为−23°26′和 23°26′。

3. 正午太阳高度的季节变化

正午太阳高度因季节而变化。具体的季节差异,则因纬度而不同。在说明正午太阳高度的季节变化时,正午太阳高度公式,可改为如下形式:

$$H=(90°-\varphi)+\delta$$

式中的$(90°-\varphi)$可看作二分时的正午太阳高度,即全年的平均值;δ是对$(90°-\varphi)$的季节订正,各自半球的夏半年取正值,冬半年为负值。

图 4-22 表示北半球不同纬度的正午太阳高度的季节变化。如果它们都以南点起算,容许$H>90°$的值,那么,这些变化在图上表现为一系列的平行直线:

——在赤道,$\varphi=0°$,$H=90°\pm23°26'$,即那里的正午太阳高度变化于 66°33′~113°26′之间(实

即 66°34′—90°—66°34′）。

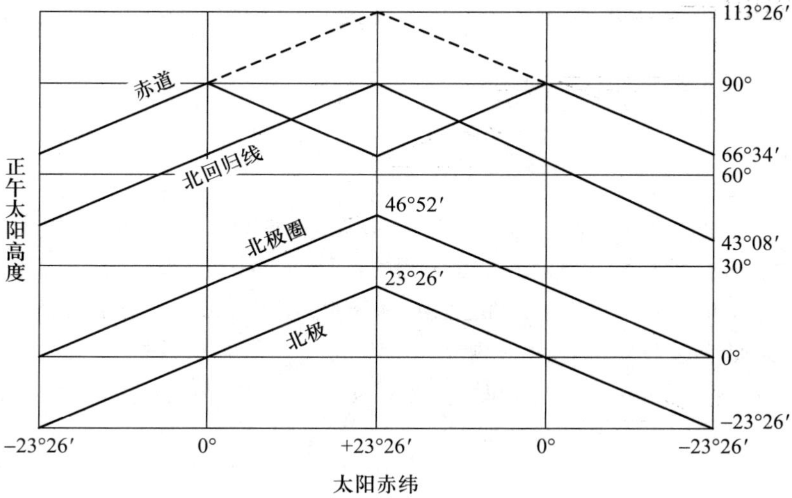

图 4-22　正午太阳高度的季节变化

以北半球为例，线条表示不同纬度的正午太阳高度的季节变化。这些线条互相平行，表示它们的变化幅度相同，都是 23°26′×2＝46°52′。

——在北回归线，$\varphi=23°26'$，$H=66°34'\pm23°26'$，那里的正午太阳高度，最高可达 90°，最低不小于 43°08′。

——在北极圈，$\varphi=66°34'$，$H=23°26'\pm23°26'$，那里的正午太阳高度，最高不超过 46°52′，最低时为 0°。

——在北极，$\varphi=90°$，$H=0°\pm23°26'$，那里的正午太阳高度变化于−23°26′～23°26′之间。

上列数据，可用图 4-23 表示如下：

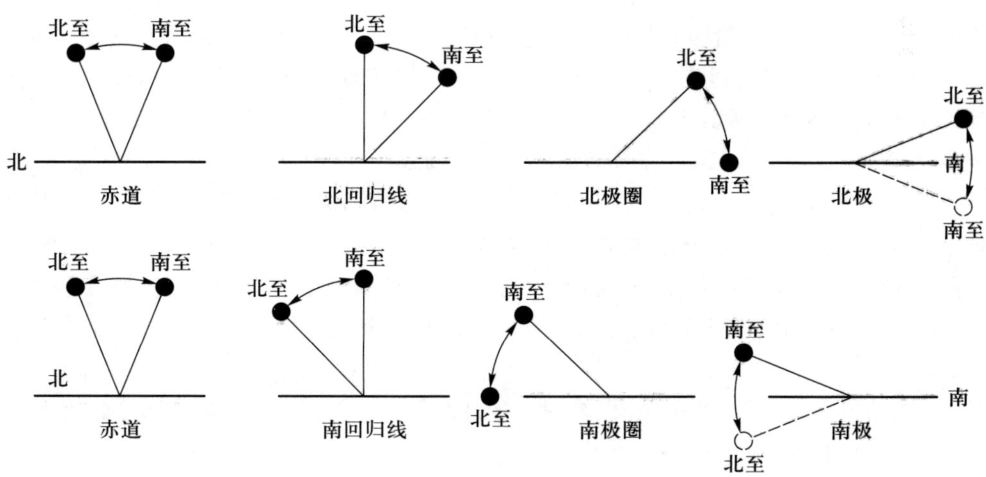

图 4-23　不同纬度的正午太阳高度的季节变化

——在赤道，正午太阳往来于天顶南北 23°26′，平均在天顶。

——在南北回归线，正午太阳终年在天顶以北（南），最高时在天顶。

——在南北极圈,正午太阳终年在地平以上,最低时在地平。

——在南北两极,正午太阳升落在地平上下 23°26′,平均在地平。

四、地球上的四季

1. 四季概说

黄赤交角的存在和太阳的回归运动,造成了地球上各地昼夜长短和正午太阳高度的变化,一年被分成春夏秋冬四季。但是,严格地说,只有中纬度地带才是四季分明的。因此,对全球来说,不如笼统地说季节变化更确切一些。概括地说,季节变化具有如下两方面的性质:

——季节变化是半球性现象。南北两半球没有同时来临的同一季节,而总是彼此相反:当北半球夏季时,南半球为冬季;北半球春季时,南半球是秋季。这是因为,影响季节变化的两个主要因素——昼夜长短和正午太阳高度是半球性的。这两个因素影响地球所得太阳热量在南北半球之间的分配。太阳直射的半球,昼长夜短,正午太阳高度较大,太阳热量集中,是夏季;非太阳直射的半球是冬季。任何时候,太阳只能直射在一个半球,两半球取的太阳赤纬符号总是正负相反。

除了半球性因素外,季节变化也有它的全球性因素,这就是日地距离的变化。这个因素决定全球所得太阳辐射热能的总量。地球距离太阳较近的半年,太阳赋予地球的热量较多,是全球共同的夏半年;反之,地球距离太阳较远的半年,是南北半球共同的冬半年。

两种性质迥异的因素,产生两种不同的季节:半球性季节和全球性季节。比较起来,后者的影响是十分微小的。

地球轨道具有"近圆性",因此,日地距离的变化不大。具体地说,日地距离变化于 152 100 000 km(远日点)与 147 000 000 km(近日点)之间,两者约成 100∶97。我们知道,光源的辐射强度与它的距离平方成反比。因此,全球所得太阳热能总量的极大值与极小值之比,应是$(100)^2:(97)^2$,即约成 100∶93.5,二者的差值为 6.5%。与半球性因素相比,由于太阳直射点的南北移动,南北两半球各自所得太阳辐射,就其对全球所占的百分比来说,则变动于 30%~70%之间,即成 100∶43,其差值达 57%。因此,半球性因素是季节变化的主要因素;日地距离的变化,不能改变太阳赤纬变化所造成的冬夏季节*(图 4-24)。

——季节变化首先是天文现象,然后是气候现象。这里所要说的是作为天文现象的季节变化。地球所得太阳热量在南北半球之间的分配,决定于太阳直射的纬度。具体地说,影响天文季节的因素是昼夜长短和正午太阳高度(图 4-25)。太阳直射北半球时,北半球昼长夜短,正午太阳偏高,太阳热量分配侧重在北半球。这时,北半球是夏半年,南半球是冬半年。太阳直射南半球时,北半球昼短夜长,正午太阳高度低,太阳热量分配侧重在南半球。于是,北半球是冬半年,南半球是夏半年。如果太阳始终直射在赤道,全球各地昼夜等长,正午太阳高度不变,南北半球获得太阳热量始终不变,也就无所谓半球性的季节变化了。

---

* 中学生常会提出这样的问题:为什么地球距太阳近时(1 月初过近日点),我们这里却是严寒的冬季?距日远近是季节变化的全球性因素,而起决定作用的是半球性因素。尽管过近日点时,全球接收的热量较多,但较多的热量大部分集中在南半球。北半球这时昼短夜长,正午太阳高度小,是冬季。

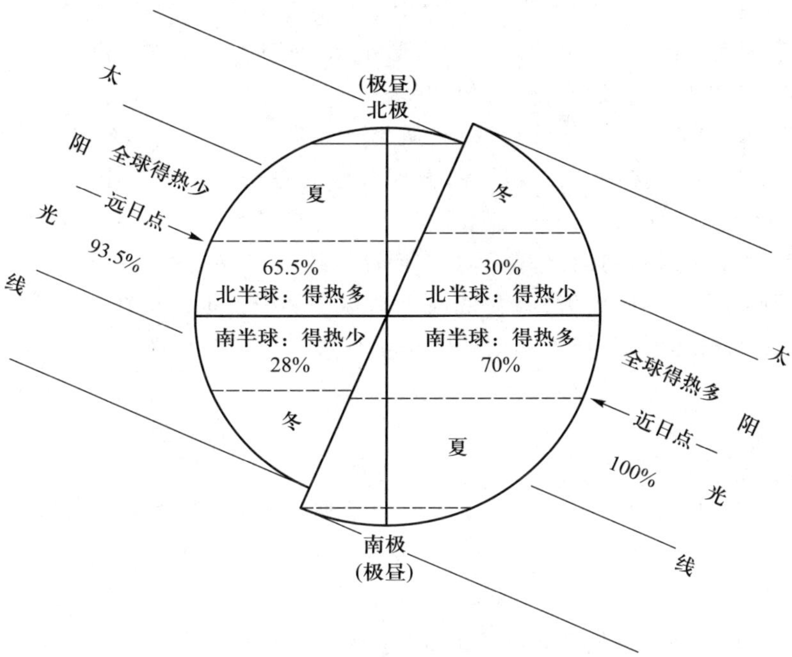

图 4-24　日地距离与冬夏季节

2. 太阳直射点移动和四季的递变

太阳在天球上的回归运动，在地球上表现为太阳直射点的南北移动。它的移动方向，决定南北两半球的正午太阳高度和昼夜长短的消长。为了说明这种变化，有必要以二分二至为界，把全年分成四个阶段，从以下三个方面进行考察，它们各具有不同的天文含义。

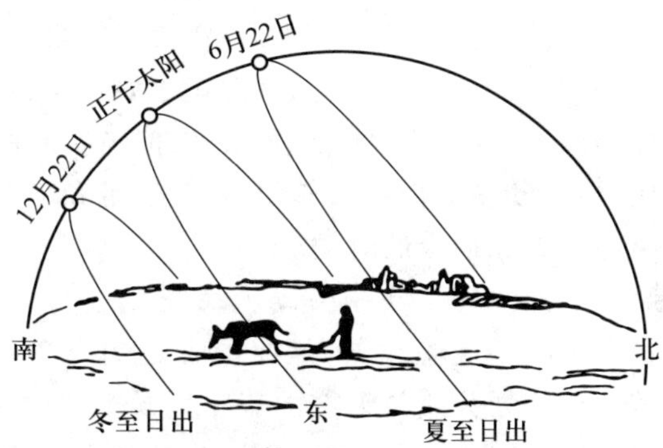

图 4-25　影响季节的天文因素
昼夜长短和正午太阳高度的变化。

——太阳直射点在南、北半球之间的移动：从升分（北半球春分，下同）经北至（北半球夏至，下同）到降分（北半球秋分，下同），太阳直射点移动在北半球。在这期间，北半球昼长夜短，北极地区有极昼，北回归线以北的正午太阳高度大于全年平均值，是北半球的夏半年；南半球昼短夜长，南极地区有极夜，南回归线以南的正午太阳高度小于全年平均值，是冬半年。从降分经南至（北半球冬至，下同）至次年升分，太阳直射点移到南半球，是北半球的冬半年和南半球的夏半年。在此期间，南北半球的昼夜长短，极昼极夜和正午太阳高度，都与上述情形相反。此后，太阳直射点又由南半球移至北半球，两半球的冬夏半年又相互代替。

——太阳直射点向北或向南移动：从南至经升分到北至，太阳直射点向北移动。在此期间，北半球白昼由短变长，极夜地区缩小（继而极昼地区不断扩大），北回归线以北正午太阳高度持续增大；南半球白昼由长变短，极昼地区缩小（继而极夜地区不断扩大），南回归线以南正午太阳高度持续减低。从北至经降分到南至,太阳直射点向南移动。在此期间,南北两半球的昼夜长短、极昼极夜和正午太阳高度的变化,同上述情形相反。此后,太阳直射点又转为向北移动,两半球的昼夜长短和正午太阳高度的变化又相互倒转。

——太阳直射点向赤道或向回归线移动:从北至到降分,或从南至到升分,太阳直射点都向赤道移动,即向低纬度方向移动。在此期间,全球各地的昼长和正午太阳高度都趋向齐平(全年平均值):昼长趋近 12 时,正午太阳高度趋近 $90°-\varphi$,极昼和极夜地区都在缩小。从升分到北至,或从降分到南至,太阳直射点向回归线移动,即向高纬度方向移动。在此期间,不论南北半球,昼夜长短和正午太阳高度都趋向极值(极大或极小),极昼和极夜地区都在扩大。

南北回归线之间的纬度带,正午太阳高度每年有两次极大值和极小值,因而同上述情形有所迥异。

3. 四季的划分

四季的划分,我国与西方有所不同。我国的四季划分方法,强调季节的天文特征:夏季是一年中白昼最长,正午太阳最高的季节;冬季是一年中白昼最短,正午太阳高度最低的季节;春秋两季,昼夜均匀,正午太阳高度适中,是冬夏之间的过渡季节。具体地说,它以二十四节气中的"四立"(立春、立夏、立秋和立冬)为四季的起止,而以二分二至为四仲(图 4-26)。

春季:立春为起点,春分为中点,立夏为终点;
夏季:立夏为起点,夏至为中点,立秋为终点;
秋季:立秋为起点,秋分为中点,立冬为终点;
冬季:立冬为起点,冬至为中点,立春为终点。

这样的四季,具有明显的天文意义,但与实际的气候情况不符。例如,立春和立秋,是春秋二季的开始,而在气候上仍是隆冬和盛夏;夏至和冬至,是夏季和冬季的中点,可是在气候上,它们并非一年中最热和最冷的时候。

二十四节气是我国劳动人民长期进行天文、气象和物候观测的经验总结,是我国古代的一项伟大科学成就。它的划分兼具天文季节和气候季节的特点。它的二分二至和四立(合称八节),表达的是天文季节;而雨水、惊蛰、清明、谷雨、小满、芒种、小暑、大暑、处暑、白露、霜降、小雪、大雪、小寒和大寒等气,则明显地表示气候和农事季节。其中的大暑和大寒,分别表示一年中最热和最冷的季节。大暑是夏至后第二气,即夏至后一个月,大体与传统的"三伏"中的中伏相当;大寒是冬至后第二气,即冬至后一个月,同传统的"三九"相近。故民谚有"冷在三九,热在中伏"。天文季节和气候季节,区别明显,结合紧密。

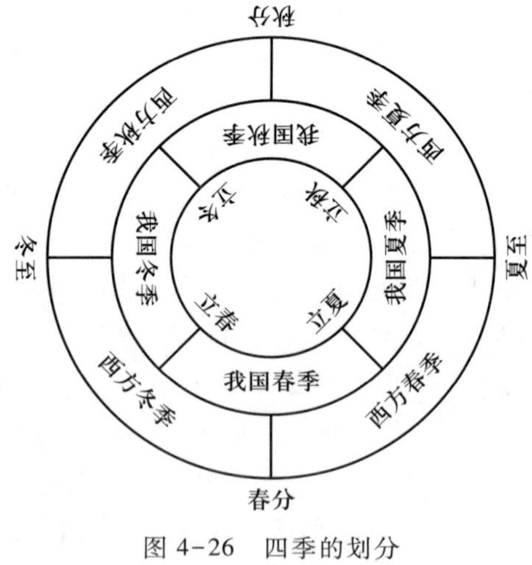

图 4-26　四季的划分

西方的四季划分,较多地侧重于气候方面。它把二分二至看作四季的起点。这样的四季比我国的天文四季各推迟一个半月。例如,从立春至春分的一个半月,在我国属春季的前半部分,而在西方却是冬季的后半部分。

无论是我国的四季，还是西方的四季，都是按二分二至划分的，它们都有确切的天文含义。两种划分方法本身都是天文上的，因而都不可能全面地考虑气候的特点。按天文上的定义，一年分成大致相等的四个季节；同一季节，在不同纬度都有同样的始终。而在气候上，春夏秋冬四季，不一定是长短相等的；同一季节，在不同纬度也会有不同的始终。

要使春夏秋冬四季反映地面上的气候条件，必须采用气候本身的标准来划分四季。气候学上通常以**候平均温度**（每 5 日的平均气温）作为季节的划分标准：候温高于 22 ℃的时期为夏季，低于 10 ℃为冬季，介于二者之间的为春季和秋季。这样，各地的春夏秋冬四季，都有共同的温度标准。但是，同一地点，四季必然长短不一；不同地点，同一季节并非同时始终。而且，并非到处都有四季。

五、地球上的五带

1. 五带概说

地球上的热带、南北温带和南北寒带，总称五带。概括地说，五带的性质有如下三条：

——五带是**季节**地带。地球上到处都有季节。但是，具体的季节因地而异。地球上没有全球统一的夏季和冬季，也就没有统一的季节变化。如果把全球按季节变化的不同，分成五个地带，使每一地带在季节变化方面具有一定的特点，这就是这里所说的五带。这些特点是一个地带的共性；对于不同地带说来，是个别地带的个性。

——五带是**天文**地带。季节变化主要有两个方面：天文方面和气候方面。前者就是昼夜长短和正午太阳高度的季节变化；后者主要是气温高低的变化。这里说的五带，完全根据它们的天文特点划分，是天文地带。天文地带的划分，有两个具体标准，即有没有直射的太阳光和有没有极昼（夏季）和极夜（冬季）现象。总之，天文地带强调太阳的光照情况。

——五带是**纬度**地带。昼夜长短和正午太阳高度的分布和变化，都因纬度而不同。因此，按照昼夜长短和正午太阳高度划分五带，就是按纬度划分五带。这种划分，不考虑海陆影响，也不考虑大陆东岸和西岸，高山和平原的差异，甚至也不考虑实际气温的高低、雨量多寡以及盛行风向的差异。

总之，五带的划分，以纬度为唯一标准，即以正午太阳高度和昼夜长短为标准。这样，每一个地带有一定的纬度范围，因而有一定的昼夜长短和正午太阳高度的季节变化的范围；相邻两个地带，以特定的纬线为界线。

2. 五带的划分

地球上的五带，是根据天文现象的纬度差异划分的。首先，正午太阳高度的季节变化有其纬度差异，其中最突出的是有无直射阳光。划分有无直射阳光的纬度界线，就是南、北回归线。它们是热带和南北温带的天文界线。在南、北回归线之间的地带，每年有二次太阳直射；在回归线上，每年有一次直射。回归线以外的地带，没有太阳直射。

其次，昼夜长短的季节变化，有其纬度差异，其中最突出的是有无极昼和极夜。划分有无极昼（夜）的纬度界线，就是南、北极圈。南北极圈是温带和寒带的天文界线。从赤道到南北极圈地带，没有极昼（夜）现象；在南北极圈上，每年各有一天极昼和极夜。从南、北极圈分别到南极和北极，夏季有极昼，冬季有极夜。

有了南、北回归线和南、北极圈这四条纬线作为天文地带的界线,全球就分成五个纬度带:热带,南、北温带和南、北寒带(图 4-27)。热带是跨赤道的唯一有太阳直射的纬度带;南、北寒带是南、北半球各自唯一的有极昼和极夜的纬度带;南、北温带则是南、北半球从热带到南寒带和北寒带的过渡地带,即既没有太阳直射,又没有极昼和极夜的地带。

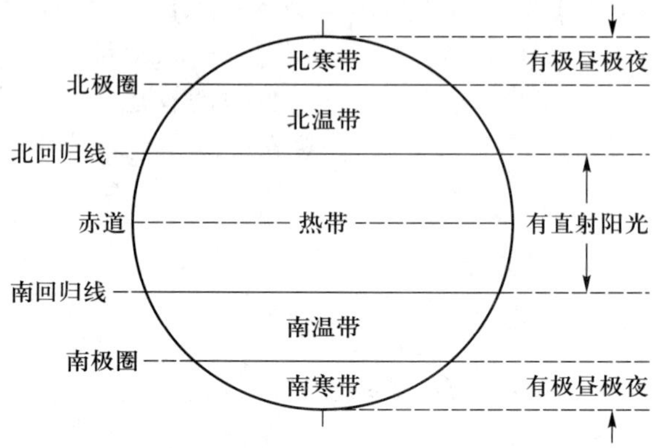

图 4-27　五带的划分

热带虽跨赤道南北,但不分南、北热带。南、北温带和南、北寒带,具有共同的天文特征。但是,出现这种天文特征的时间相反。例如,当北温带昼长夜短、北寒带出现极昼的时候,南温带则是昼短夜长、南寒带出现极夜。

3. 五带分论

根据五带之间的天文界线,热带、温带和寒带,各有自己的具体的天文特征:

——热带是宽度为 $23°26'×2=46°52'$ 的低纬地带。它的面积在全球总面积中占 39.8%(图 4-28)。在正午太阳高度的季节变化方面,它有两次极大和极小值:两次极大值都是 90°;两次极小值都不小于 43°8′。这些数值在全球五带之中都是最大的。因此,那里得到最强的太阳辐射,因而被称为热带。由于正午太阳高度每年有两次极大和极小值,那里的季节变化无法用现成的春夏秋冬来表示。昼夜长短的季节变化幅度很小,白昼不会长于 13 时 25 分,也不会短于 10 时 35 分。

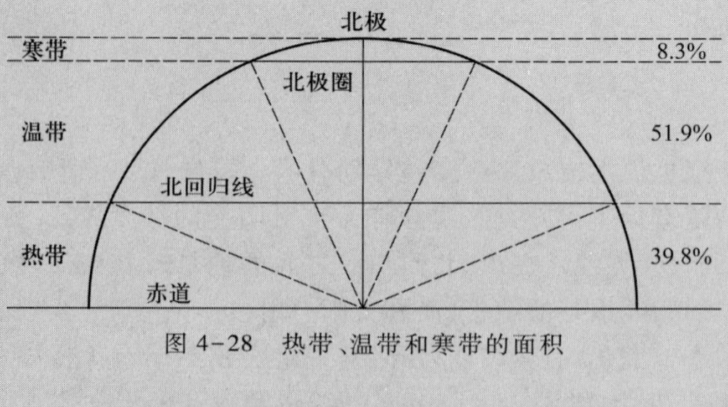

图 4-28　热带、温带和寒带的面积

在热带内部,天文现象的纬度差异虽小,但还是显著地存在着。就正午太阳高度而言:在赤道,一年两次的太阳直射,出现在春秋二分。随着纬度的增高,北半球的两次太阳直射,逐渐向北至日(6 月 22 日)接近;南半球则向南至日(12月22日)接近。到南北回归线上,合二而一,分别出现在南至日和北至日。就昼夜长短而言,赤道上终年昼夜等长。在南、北纬4°25′以内,昼夜长短的季节变化,不超过半小时;在南北纬8°24′以内,变幅不超过1小时。但到南北回归线上,白昼的长短,相差可达2小时50分。

——南、北温带是五带中两个宽度最大和面积最广的纬度带。它们各跨纬度43°8′;面积占全球总面积的51.9%。在这两个纬度带内,最高和最低的正午太阳高度,最长和最短的白昼时数,都是一年一度的。正午太阳高度的变化幅度,都是23°26′×2=46°52′。但是,由于正午太阳高度的极大值,都随纬度的增加而降低,同样的变化幅度,在不同的纬度具有不同的物理意义和气候意义。在这两个纬度带内,昼夜长短变化的幅度,随纬度的增加而显著地扩大。在南北回归线上,最长和最短的昼长,相差只是2时50分;到南北极圈,就出现极昼和极夜了。

——南、北寒带是两个圆形的高纬地带。它们的半径都是23°26′。在五带之中,它们的面积是最小的,仅占地球总面积的8.3%。它们的天文特征,一方面是极昼极夜现象,另一方面是太阳高度很低。夏季的极昼和冬季的极夜,是整个纬度带的共同特征。但是,极昼和极夜的日数随纬度增高而增加:在南、北极圈,极昼极夜全年各有一天;在南、北纬75°,每年各100天;到南、北两极,每年各为六个月。极昼期间,尽管终日太阳不落,其高度始终很低。在北至日,北极的太阳终日在地平以上23°26′兜圈子。它们之所以成为寒带,原因就在于太阳高度太低,因为全年的平均昼长,全球是一致的。

复习与思考

1. 什么时候太阳赤经的变化最快?太阳赤纬呢?
2. 按半昼弧公式:$\cos t=-\tan\varphi\cdot\tan\delta$,回答下列问题:
   ①公式中的t指什么?
   ②昼夜等长的条件是什么?
   ③昼长夜短和昼短夜长的条件是什么?
   ④极昼和极夜的条件是什么?
3. 根据昼夜长短的纬度分布规律,按五一国际劳动节的昼长,将下列各地排列序次(从长到短):北京(40° N)、上海(31° N)、哈尔滨(45° N)、新加坡(1° N)、雅加达(1° S)、墨尔本(37° S)和开普敦(34° S)。
4. 根据昼夜长短的季节变化规律,把各月1日按北京的昼长排列序次(从长到短):1/1,1/2,…,1/12。
5. 按正午太阳高度公式:$H=90°-\varphi+\delta$,回答下列问题:
   ①式中的“$90°-\varphi$”可理解为什么?
   ②在何种条件下,正午太阳当顶?在何种条件下,正午太阳高度为零?
   ③6月22日,北极圈上的正午太阳高度多大?列式推算之。
   ④这时,南半球与之相应正午太阳高度的纬度是多少?
   ⑤在30° N地方,测得正午太阳高度$H=36°34'$,问:这次观测是在何日进行的?
6. 9月23日,一根竖直的杆子,在正午时的影长与杆高恰好相等,试确定该地的地理纬度。
7. 黑龙江省的漠河($\varphi=53.5°$ N),素有“中国的北极”之称。问:
   ①该地6月22日正午太阳高度多大?
   ②夜半太阳“低度”呢?是否有白夜,为什么?
8. 每逢新年来临之日(元旦),太阳的位置及行踪如何?
   ①是日太阳黄经约为多少?
   ②太阳直射在哪个半球?
   ③太阳直射点向北还是向南移动?
   ④太阳直射点向赤道还是向高纬移动?
9. 什么是季节的半球性因素和全球性因素?为什么地球在轨道上接近近日点的时候,我们这里却是寒冷

的冬季?

10. 若地球自转轴垂直于其轨道平面,将如何影响地球上各地的昼夜长短和四季变化?
11. 若地球轨道的偏心率(e)增大到0.5,四季情形将变得怎样?
12. 如果黄赤交角增大为45°,这时,"五带"会有怎样的变化?

第二节 历 法

一、历法概说

天文学为人类提供了三个计量时间的自然单位——年、月和日。这里的年指**回归年**(365.242 2日),是季节变化的周期;月指**朔望月**(29.530 6日),是月相盈亏的周期;日指**太阳日**(严格地说是平太阳日),是昼夜交替的周期。三者之中,日是历法的基本单位,必须保持完整,不被分割。因此,**历年**不同于回归年,**历月**不同于朔望月。所谓历法,就是如何方便地协调这三种时间单位的方法,即安排年、月、日的法则。作为记载历史和预告未来的记录手段,历法随着文明时代开始就被人们所使用。

1. 观象授时和历法起源

历法首先是为农业生产服务的。恩格斯说:"**首先是天文学——游牧民族和农业民族为了定季节,就已经绝对需要它***。"体现季节变化的历日轮转周期是回归年,它的准确测定很不容易。在此之前,制定科学的历法是不可能的。古人曾经不得不采用**观象授时**的办法,来预告农事进程。在这里,**授时**是指定季节,观象授时就是观测自然现象来判断农事季节。

最原始的观象授时是**地象授时**,即观察地面物象来判定季节。"野人无历日,鸟啼知四时"。春天闻布谷鸟叫,该是插秧的季节;秋天见野菊花开放,就该种麦……然而,草木鸟兽的季节性活动,并没有准确的时间。后来,地象授时遂由**天象授时**所取代。

星空有规律地随季节而变化。这种变化比地面物象的变化要准确得多。所谓天象授时,就是观察天空现象来判断农事季节。它的方法有**斗柄授时、中星授时和晷影授时**。

北斗七星是北天最容易辨认的一组亮星。所谓斗柄授时,就是根据它的斗柄三星在初昏时所指的方向来定季节。汉代《鹖冠子》(鹖音 hé 合)一书明确地记载了古人斗柄授时的法则:"斗柄东指,天下皆春;斗柄南指,天下皆夏;斗柄西指,天下皆秋;斗柄北指,天下皆冬。"据此法则,只要在黄昏时观测斗柄的指向,就可以知道季节的更替(图4-29)。

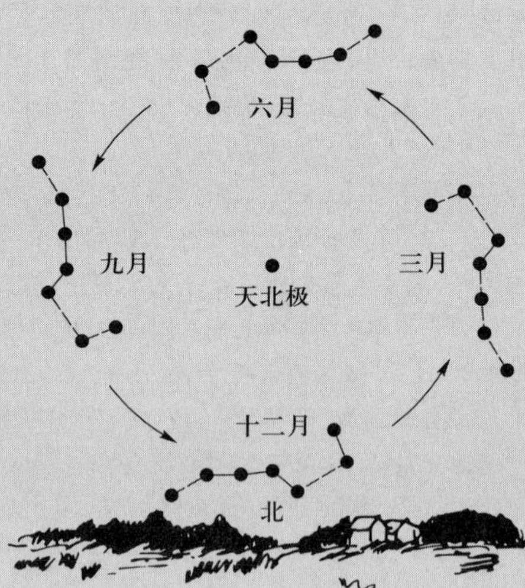

图4-29 黄昏时斗柄指向随季节的变化

中星授时是根据初昏时的中天星宿,来定春夏秋冬四季。《诗经》载:"七月流火,九月授衣。"火指"大火",是天蝎座主星心宿二(不是九大行星中的火星),黄昏时,如"大火"已过中天,标志着新秋到来。《书经》中明确记载:"日中星鸟,以殷仲春;日永星火,以正仲夏;宵中星虚,以殷仲秋;日短星昴,以正仲

* 《自然辩证法》,人民出版社,1971年,第162页。

冬。”在这里，“日中”和“宵中”是指昼夜等长，“日永”和“日短”分别指昼最长和昼最短；鸟、火、虚、昴是指各该季节黄昏中天的星宿。这话的意思是，昼夜等长和鸟星昏中，是仲春到来的标志；白昼最长和大火昏中，是仲夏到来的标志……余类推。根据这个法则，只要在黄昏时察看一下中天的星宿，便能确定当时的季节。测定中星比判断斗柄指向更准确可靠。

晷影授时就是用日晷测定正午日影长度来定季节。一年中，正午太阳高度最大，因而日影最短的日子是夏至；正午太阳高度最低，因而日影最长的是冬至。从去年冬至（或夏至）到今年冬至（或夏至），就是一个回归年。测定回归年的长度后，人们就有条件制定科学的历法。

历法，实际上就是观象授时的经验总结。

2. 历法分类：阴历、阴阳历、阳历

古代历法总是要同时考虑朔望月和回归年这两个天文周期。所以，它有历月和历年两个侧面：根据朔望月安排历月，又根据回归年安排历年。历法问题的复杂性，全在于回归年和朔望月这两个周期都太零碎，且彼此不能通约。它们同太阳日之间的关系，不像米与分米、厘米之间的关系那样简单。因此，历日制度在朔望月和回归年之间，即在历月和历年之间，总是顾此失彼，必然有所侧重。由于这个原因，历法一般分为三类：即**太阴历**（阴历）、**太阳历**（阳历）和**阴阳历**。侧重协调朔望月和历月关系的叫太阴历，简称阴历；侧重协调回归年和历年关系的叫太阳历，简称阳历；兼顾朔望月和回归年、历月和历年的叫阴阳历。比较起来，原始的历法是阴历；历史上曾一度占优势的是阴阳历；当前世界通行的是阳历。

历法的演变过程，体现了人类认识自然规律的深化过程。

无论哪一类历法，都有一个协调历日周期和天文周期的关系问题。在原则上，历月应力求等于朔望月，历年应力求等于回归年。但由于朔望月和回归年都不是完整的日数，能够等于朔望月的只能是平均历月，而不是每个历月；等于回归年的是平均历年，而不是每个历年。因此，历月须有大月和小月之分；历年须有平年和闰年之别。通过大月和小月、平年和闰年的适当搭配和安排，使其平均历月等于朔望月，平均历年等于回归年。这就是历法的主要内容。

二、阴历

1. 阴历概说

月相盈亏是最引人瞩目的天象。人类在准确测定回归年之前，已经相当准确地测定了朔望月的周期。因此，以朔望月为依据的阴历，是世界各民族和国家最早使用的一种原始历法。

阴历的首要成分是历月。它按朔望月的长度来定历月：大月 30 日，小月 29 日；通过大、小月的适当安排，使其平均历月接近朔望月。因此，阴历历日的轮转，体现月相的变化，晦朔弦望都在一定的日期出现。例如，每月初一就是新月的日期；月中大体上就是月圆的日期。

阴历其次才参照回归年的长度来定它的历年。12 个朔望月相加，最接近回归年。所以，阴历以 12 个历月的累积为它的历年。阴历年是从历月派生出来的，并非独立的计时单位。

概括地说，阴历的基本原则是：

——平均历月 = 朔望月；

——平均历年 = 朔望月×12。

阴历的优点是,它的每一日期都代表一定的月相。但它的缺陷也是显而易见的:12个朔望月的总日数是29.530 6×12=354.367 2日,比回归年短10.875 0日。由于这一差值,阴历的月序没有季节意义。例如,1995年的冬至出现在阴历的十一月初一,次年的冬至是十一月十一,第三年的冬至则落在十一月廿三。两年时间里,冬至的日期挪后了20余天;只需经过17年,阴历日期同季节便发生了倒置。譬如,某年新年在瑞雪纷飞中到来,那么,17年后便要挥扇过年了。使用这样的历法,自然不能满足农业生产的需要。

2. 回历

回历是现在世界上唯一仍存的阴历。它是由于宗教上的原因,成为全世界信奉伊斯兰教民族共同的传统历法。

回历根据朔望月的日数定它的历月:大月30日,小月29日。全年12个历月中,逢单为大月,逢双为小月;平均历月为29.5日,平年长度为354日。由于其平均历月比朔望月短0.030 6日(44分3秒),这个差值经过360个历月(即30年)后,积满11日(0.030 6×360=11.016 0)。所以,回历每30年中要安插11个闰年。每逢闰年,把当年的十二月由小月改为大月,这一年便有355日。经过这样的协调,回历的平均历月,十分接近朔望月。

回历以月光初见来定每月初一。这一点不同于我国的阴历。我国阴历以日月合朔为每月初一。所谓月光初见,就是合朔后第一次黄昏时见到的蛾眉月。一般地说,回历的每月初一,相当于我国阴历的初二或初三。

回历平年354日,30年11闰,平均历年为354.366 6日,要比回归年短10.875 6日。二者的长度之比约成32∶33。大体上说,在32个阳历年期间,回历年要多出一个历年。

上述的回历年是它的太阴年。由于它同季节变化失调,不能满足农业生产的需要。因此,回历除太阴年外,还设它的太阳年。回历的太阳年以回归年为参照标准,平年365日,闰年366日;每128年置31闰年,其历年的平均长度十分接近回归年。

三、阴阳历

1. 阴阳历概说

阴阳历是阴历向阳历发展的一种过渡性历法,是三类历法中最复杂的一类。它试图同时协调朔望月和历月、回归年和历年两方面的关系:既要维持一月中的晦朔弦望,又要照顾一年中的春夏秋冬,同时兼顾阴阳两历,故名阴阳历。但是,要完全做到这一点是不可能的。两者之中,它所侧重的是阴历成分。所以,阴阳历可说是一种特殊的阴历,或者说,它是一种改进了的阴历。

阴阳历的阴历成分,表现在它的历月体现月相循环,以朔望月为标准安排大月和小月,与阴历完全相同。这是它的基本特点。它的阳历成分表现在,它以回归年所相当的朔望月数(1回归年=12.368 3朔望月)为标准,安排平年和闰年,闰年时设置闰月,使其平均历年接近回归年。这是它不同于阴历的地方。

我们知道,阴历的平均历年是354.367 2日,比回归年短10.875 0日。为了控制这个差值,不使它持续增大,待差值累积满一个历月时,阴阳历便在当年补上这额外的一月,叫闰月;有闰月的年份便叫闰年。闰年有 13 个历月，计 384 日（或 383 日）。在总年数中，闰年数占 36.83%。人们进而发现，19 个回归年的日数（365.242 2×19＝6 939.601 8 日）与 235 个朔望月日数（29.530 6×235＝6 939.691 0 日）近乎相等。因此，在 19 个阴历年（228 个朔望月）中，安插 7 个闰月，便使阴阳历的平均历年接近回归年。这就是我国最早应用的"十九年七闰"法。

概括地说，阴阳历的基本原则是：

——平均历月＝朔望月（与阴历同）；

——平均历年＝12.368 3 朔望月＝回归年。

通过闰月的安排，阴阳历的历月同季节的关系的变化，一般不会超过 1 个月，阴历那种冬夏倒置的现象得以避免。以闰月来协调历年与回归年的关系，这是天文历法史上的重大突破。它标志着由原始历法到科学历法的过渡。

2. 中国传统历法

我国的传统历法，一般称**夏历**或**农历**。但是，这两个名称都不能确切地表示我国传统使用的阴阳历的含义和性质。所谓"夏历"，是因为它以冬至所在历月为十一月，这一点同先秦时代的夏历相同（即所谓"建正"）。但它并非先秦的夏历，更不是传说中的夏朝的历法。所谓"农历"，显然是指我国广大农民长期根据它所附载的二十四节气安排农事进程。其实，二十四节气不属阴阳历范畴，它本身是一种特殊形式的阳历。真正的适合农业生产的历法应该是阳历，而不是阴阳历。

我国的传统历法，具有阴阳历的共同特点：它按照朔望月安排大月和小月，力求使平均历月等于朔望月；又根据回归年所相当的朔望月数安排平年和闰年，力求使平均历年等于回归年。同时，我国的传统历法，还有它与众不同的特点。

我国传统历法自秦汉以来，一直是阴阳历和二十四节气并行。阴阳历虽然以闰月协调历年和回归年，但由于历年长度差异太大（平年 354 日，闰年 384 或 383 日），历月与季节没有可靠的固定关系，仍然不能有效地指导农事进程。为弥补这个缺陷，我国传统历法另设二十四节气。阴阳历本身用于一般纪事，二十四节气则用来指导农业生产。

二十四节气按太阳黄经划分（从而也表示相应的太阳赤纬），自春分点起，每隔黄经 15°为一气，顺序依次是春分、清明、谷雨、立夏、小满、芒种、夏至、小暑、大暑、立秋、处暑、白露、秋分、寒露、霜降、立冬、小雪、大雪、冬至、小寒、大寒、立春、雨水、惊蛰（表 4-1）。这些名称言简意赅，可望文生义*，它是古人参照天文季节、气候物象及农事意义而拟定的。从气候学上看，它至少已经指出一定区域内一年中气候演变的一种表示方法。二十四节气又分为节气和中气两组。我国传统历法以十二节气把回归年分成十二个节月。每个节月各有一个节气和一个中气。节气是节月的起点，中气是节月的中点。

---

* 为便于记忆，历家从二十四节气名称中各取一字，编成一首七律：

春雨惊春清谷天，夏满芒夏暑相连；
秋处露秋寒霜降，冬雪雪冬小大寒。

句首一字是指四立（立春、立夏、立秋、立冬），中间一字为二分二至（春分、夏至、秋分、冬至）。四立和二分二至，合称"八节"。

表 4-1　二十四节气表

节月	节气	太阳黄经	太阳赤纬	阳历日期	中气	太阳黄经	太阳赤纬	阳历日期
一月	立春	315°	-16°20′	2 月 4(5)日	雨水	330°	-11°32′	2 月 19 日
二月	惊蛰	345°	-5°57′	3 月 6(5)日	春分	0°	0°	3 月 21(20)日
三月	清明	15°	+5°57′	4 月 5(4)日	谷雨	30°	+11°32′	4 月 20(21)日
四月	立夏	45°	+16°20′	5 月 5(6)日	小满	60°	+20°16′	5 月 21(22)日
五月	芒种	75°	+22°44′	6 月 6(5)日	夏至	90°	+23°26′	6 月 21(22)日
六月	小暑	105°	+22°44′	7 月 7(8)日	大暑	120°	+20°16′	7 月 23 日
七月	立秋	135°	+16°20′	8 月 8(7)日	处暑	150°	+11°32′	8 月 23(24)日
八月	白露	165°	+5°57′	9 月 8(7)日	秋分	180°	0°	9 月 23(24)日
九月	寒露	195°	-5°57′	10 月 8(9)日	霜降	210°	-11°32′	10 月 23(24)日
十月	立冬	225°	-16°20′	11 月 7(8)日	小雪	240°	-20°16′	11 月 22(23)日
十一月	大雪	255°	-22°44′	12 月 7(8)日	冬至	270°	-23°26′	12 月 22 日
十二月	小寒	285°	-22°44′	1 月 6(5)日	大寒	300°	-20°16′	1 月 21(20)日

二十四节气与太阳黄经严格对应,纯属阳历范畴,是阳历的一种特殊形式。因此,我国的传统历法,实质上是阴阳历和阳历的合历,称为“阴阳合历”,在世界历法史上独树一帜。

我国传统历法对于日序和月序的编排,以及大月和小月、平年和闰年,不像一般历法那样采用长期安排的方法,而是强调逐年逐月推算,因而显得更加缜密和合理。国家设有专门机构从事历法推算。根据阴阳历的一般原则和我国传统历法的本身特点,历日的具体推算,遵循如下二条原则:

——以月相定日序:我国传统历法逐一推算日月合朔(日月黄经相同)的日期和时刻,把每次合朔的日期定为初一。根据先后二次合朔所包含的日数多寡,确定月的大小:如果包含 30 日,当月就是大月;如果只含 29 日,便是小月。

如图 4-30 所示,如某日 6 时 5 分是日月合朔的时刻,那么,这一天便是初一,次日便是初二,接着初三……按朔望月的平均长度 29.530 6 日,第二次合朔将是第 30 日 18 时 49 分,这一日成为下月初一,本月只含 29 日,因此是小月。第三次合朔落在第 60 日 7 时 33 分(是另一个月的初一),那么,这个月自第 30 日至第 59 日,共含 30 日,所以是大月。采取这样的措施后,大、小月完全依日、月黄经的具体情形而定,历日轮转永远与月相同步循环,其平均历月严格地等于朔望月。

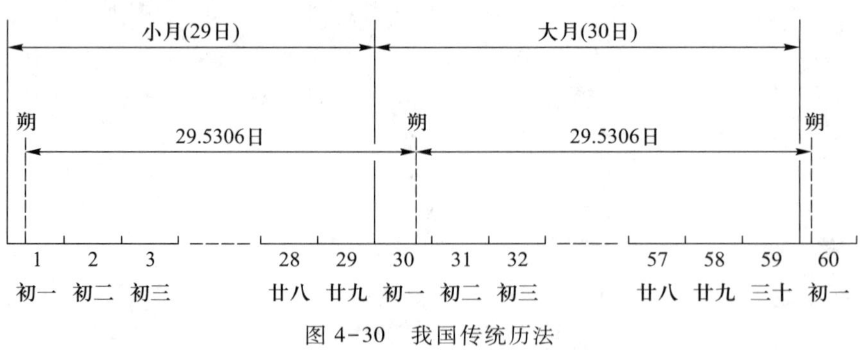

图 4-30　我国传统历法

根据先后两次合朔间隔的日数,定大月或小月。

若朔望月长度不变，那么，在一般情况下，大小月将交替轮换。然而，实际情形并非如此。因为月球绕地球和地球绕太阳的轨道运动，都是不均匀的，二者之间没有简单的关系。因此，朔望月的长度是变动的，其差值最大可达 13 小时。所以，传统历法中经常出现连续二次或三次的大月和小月。

——以中气定月序：二十四节气不仅用于指导农事进程，而且还是调节月序和控制置闰的关键。首先，我国传统历法以历月有无中气来区分正规历月和闰月。先秦历法多把闰月放置岁末，即所谓“归余于终”；汉以后，闰月要按中气来推定。我们知道，一个回归年有 12 个中气，但却包含 12.368 2 个朔望月，经过几番历月轮转之后，必有一个历月挨不到中气。这个没有中气的月份便是闰月*。《汉书・律历志》载：“朔不得中，是谓闰月。”其次，根据历月包含的中气，决定该历月的月序。十二中气固定配属于一年中的十二个历月，不能混乱。如雨水所在的月份为正月，春分所在的月份为二月……余类推（表 4-1）。再次，重复前一历月定闰月的月序，即把闰月看成前一历月的重复。例如，1995 年的那次闰月出现在八月之后，因而叫闰八月。

我国传统历法还采用一套独特的纪时制度——**干支**。按字面解释，干支即主干和分支，二者是相互依存和配合的整体。我国古时以天为主，以地为从：天同干相关联，叫**天干**；地同支相联系，叫**地支**。两者合称**天干地支**，简称**干支**。天干共十个：甲乙丙丁戊己庚辛壬癸；地支有十二个：子丑寅卯辰巳午未申酉戌亥。天干和地支循环搭配：甲子、乙丑、丙寅……癸亥（见干支表），以六十为一周，周而复始，用于纪年、纪月、纪日和纪辰。其中以用于纪年和纪日最为普遍，六十周年为一甲子（或称花甲）。近代史上某些重大历史事件，干脆就以干支为名，如甲午战争、戊戌变法、辛丑条约、辛亥革命……干支纪法是我国古代历法的一项独特创造。这一制度的优越性在于：它使用方便；而且，从公元 54 年（东汉建武三十年）直到现在，从未因朝代更迭而中断，也不因国家分裂而混乱。这对于考古和历史研究工作是很有帮助的。

干支表

1	2	3	4	5	6	7	8	9	10
甲子	乙丑	丙寅	丁卯	戊辰	己巳	庚午	辛未	壬申	癸酉
11	12	13	14	15	16	17	18	19	20
甲戌	乙亥	丙子	丁丑	戊寅	己卯	庚辰	辛巳	壬午	癸未
21	22	23	24	25	26	27	28	29	30
甲申	乙酉	丙戌	丁亥	戊子	己丑	庚寅	辛卯	壬辰	癸巳
31	32	33	34	35	36	37	38	39	40
甲午	乙未	丙申	丁酉	戊戌	己亥	庚子	辛丑	壬寅	癸卯
41	42	43	44	45	46	47	48	49	50
甲辰	乙巳	丙午	丁未	戊申	己酉	庚戌	辛亥	壬子	癸丑
51	52	53	54	55	56	57	58	59	60
甲寅	乙卯	丙辰	丁巳	戊午	己未	庚申	辛酉	壬戌	癸亥

* 由于太阳周年运动的不均匀性，闰月多半发生在夏季各月，以闰五月出现的频率最高，而冬季各月绝少见。这是因为，那时地球接近近日点，公转速度较快，以至中气的间隔与朔望月长度相差无几，节气推延便不显著。在特殊情形下，甚至出现一月首尾有两个中气。遇此情况，传统历法规定，其后的一个无中气的月份不作闰月。例如，夏历甲子年（1984）闰十月，十一月有两个中气：十一月初一冬至和十一月三十大寒，十二月三十雨水，乙丑年正月无中气，但不作闰月。

四、阳历

1. 阳历概说

从历史演变过程来看,阴历是最原始的历法。随着生产事业和科学的发展,先是在阴历中掺进阳历的成分,由阴阳历代替阴历;后来,阴历成分完全遭摒弃,阳历又取代了阴阳历。现在世界通行的公历,就是一种阳历。

阳历的首要成分是历年。它是按回归年长度设计的:平年 365 日,被舍去的尾数 0.242 2 日,积 4 年后满 1 日,置上一个 366 日的闰年,使其平均历年接近或等于回归年。

阳历其次也参照朔望月的长度,把一年分成 12 个历月。其平均历月为 365.242 2÷12 = 30.436 8日。因此,大月为 31 日,小月为 30 日;大月数占 43.68%,小月数占 56.32%。照此比例,一年应有 5 个大月和 7 个小月。阳历的历月是从历年派生出来的,不是独立的计时单位。

概括地说,阳历的基本原则是:

——平均历年 = 回归年;

——平均历月 = 回归年÷12。

阳历历日的轮转,体现太阳的周年运动和季节的轮回。因此,其每一历日,都有大致不变的太阳黄经和相当确切的季节含义。这是阳历的最大优点。阳历的历月,同一定的太阳黄经相对应,而同月相盈亏毫不相干。

2. 公历:从儒略历到格里历

现行阳历的前身叫**儒略历**,是儒略·凯撒(一位颇有作为的罗马帝国统治者)于公元前 46 年仿照古埃及历法制定的,并于次年(公元前 45 年)执行。它定 365 日为一年(平年),每 4 年 1 闰,闰年为 366 日;平均历年为 365.25 日。

儒略历在制定历月时有它变通的考虑。按阳历的一般原则,平年时应有 5 个大月(31 日)和 7 个小月(30 日),全年为 365 日。儒略历为匀称方便起见,改为 6 个大月和 6 个小月。大小月相间:逢单为大,逢双为小。超出的 1 日从二月扣去,使它成为一个 29 日的特殊小月,闰年时才改为 30 日*。

儒略·凯撒于改历一年后(公元前 44 年)遇刺身死,他的臣僚们为纪念他制定新历法的功绩,决定把凯撒出生的月份(七月)改称儒略月(July)。但在凯撒死后,原来规定每隔 3 年置 1 闰年(实即 4 年 1 闰),被误解为每 3 年置 1 闰年。这就使儒略历每 12 年多置 1 闰。自公元前 45 年到公元 9 年的 36 年中,造成了 3 日的误差。为了纠正这一误差,凯撒的继承者奥古斯都下令:自公元前 9 年到公元 3 年,不安排任何闰年;自公元 4 年起,实行 4 年 1 闰的制度。但在此之前(公元前 27 年),他仿效前人,把自己出生的八月也冠上自己的名字,称奥古斯都月(August),并将八月改为大月。同时,他又把九月以后改成逢单为小月,逢双为大月。这额外超出的 1 日(由 6 大月改为 7 大月),又从二月中扣去。于是二月平年为 28 日,逢闰年才有 29 日。

经过这一番改动后的儒略历,也叫奥古斯都历。如今,阳历月份大小参差,次序混乱,这种不合的情形,完全是由于人为的原因,没有任何天象上的依据。

---

* 按当时罗马习俗,二月是岁末(春分所在的三月是岁首)行刑的月份,被认为是不吉祥的,故使它成为一个较短的月份。

儒略历(或奥古斯都历)平年 365 日,4 年 1 闰,历年的平均长度为 365.250 0 日,比回归年长 0.007 8 日(11 分 14 秒)。这一差值逐年累积,季节的日期便不断往前推移,约经 128 年相差1 日,或 400 年相差 3 日。

为了宗教事务上的方便,罗马教皇格里高利十三世于公元 1582 年修改了儒略历。改历的内容有二个方面:一是使当时的春分回到 3 月 21 日;二是使以后的春分固定在 3 月 21 日。具体措施是:

——修正公元 325 年宗教会议*以来所积累的 10 日的误差,格里高利下令:在这一年 10 月 4 日以后,一下子将日期跳到 15 日(图 4-31),以便使第二年的春分由 3 月 11 日回到原来的 3 月 21 日。这样,历史上就留下了 10 天空白。

1582年　　10月

日	一	二	三	四	五	六
	1	2	3	4	15	16
17	18	19	20	21	22	23
24	25	26	27	28	29	30
31						

图 4-31　罗马教皇格里高利于 1582 年修改的儒略历

把这一年的十月删去10日,以便使次年春分回到3月21日。在这一页月历上,1—4表示儒略历日期;15—31表示格里历日期,历史上留下了 10 天空白。

——调整儒略历的置闰法则,改 4 年 1 闰为 400 年 97 闰,以消除新的误差,使春分固定在 3 月 21 日。它仍然保留儒略历 4 年 1 闰的规则,凡能被 4 所整除的年份为闰年;只是另加一条附加规定:凡遇世纪年(即末尾数字为两个零的年份),必须能被 400 所整除才算闰年。如 1700 年、1800 年和 1900 年不再是闰年。这样,就在 400 年中减去了 3 个闰年。经过这样修改后的阳历,被叫作**格里历**。历史上通常把儒略历叫作旧历,而把格里历叫作新历。为了将旧历中发生的事件,转换为新历的日期,须在旧历日期上加上该世纪新、旧历之间的差值。例如,俄国十月社会主义革命发生在俄历(属旧历)1917 年 10 月 25 日,按照新历的日期,它是同年的 11 月 7 日。

综上所述,阳历自儒略·凯撒创立以后,由奥古斯都改正被搞错了的置闰规则,却搞乱了历日制度;格里高利十三世修正了置闰规则,把平均历年的精确度提高到 365.242 5 日,同回归年仅差 0.000 3 日(25.9 秒),却保留了奥古斯都历的十分混乱的大小月安排。相比较而言,上述各种阳历中,格里历自然是较为完美的。到 20 世纪 20 年代,它成为世界通行的历法——公历。我国于辛亥革命后的 1912 年开始采用公历。

3. 公元

目前世界通行的纪元——公元(Anno Domini),亦称“基督纪元”。这种纪年法以传说中的基督诞生为元年。Anno Domini 拉丁文意为“主的生年”,缩写为 A.D.;公元前则以 B.C.(英文 Before Christ 的缩写)表示,意即“基督以前”。公元并非公历的组成部分。公历(阳历)颁行于公元前 45 年;公元则开始实行于公元 532 年。当时,意大利的一名基督教僧侣狄奥尼西,提倡基督徒不宜用“异邦”的纪年法,必须用“基督纪元”。然而,《圣经》中并无耶稣基督诞生年月的记载。狄奥尼西却宣称基督是距当时 532 年前诞生的。于是,次年便是纪元 533 年。

* 公元 325 年,东罗马帝国皇帝君士坦丁在尼西亚召开基督教的主教会议,史称“尼西亚会议”。会议规定:复活节须在每年春分(3 月 21 日)后的第一次满月后的第一个星期日举行。那时候,3 月 21 日是春分的同义语。由于每年 0.007 8 日的误差,自公元 325 年到 1582 年,春分日从 3 月 21 日提前到了 3 月 11 日,使复活节的推算在 3 月 21 日和真正的春分日之间无所适从。为了克服这个混乱状况,格里高利决定修改儒略历。

狄奥尼西提出532这个数字,有它丰富的天文学内涵。532是28和19的乘积。28又是7与4的乘积:7是一星期的日数,4是儒略历的置闰周期;经过28年后,各月的日期又有同样的星期序数。例如,1995年各个日期的星期序数,与28年前的1967年完全相同。19是阴阳两历调和的周期,按"十九年七闰法",经过19年后,阳历各月的日期有相同的月相。例如,1995年各个日期的月相,与19年前的1976年完全一样。月亮在古代的宗教活动中占有重要的地位,如"复活节"规定要在春分后的第一次满月后的第一个星期日举行。像这种与月相和星期有关的节日,过了532年后,又会碰上相同的日期,并按同样的顺序重复。这为其他宗教事务都带来方便。这便是狄奥尼西所持的理由,并非什么"基督诞生"。

基督纪元开始在教会中实行,16世纪先后为欧洲各国采用,如今已成为世界通行的纪年法,故称"公元"。我国于1949年新中国成立后采用公元纪年。

4. 拟议中的阳历改革

现行阳历——格里历存在许多本来可以避免的缺陷,归纳起来有如下几个方面:首先,各月的日数参差不齐,从28~31日不等;大小月的安排杂乱无章。其次,四季长度不等,夏季(6月、7月、8月)有92日,冬季(12月、1月、2月)平年只有90日;上半年(平年)只有181日,而下半年却有184日。这给生产计划、财政预算,乃至气象和水文资料统计都带来不便。另外,各月日期和星期序数没有固定的关系。还有,岁首即元旦(太阳黄经约为280°)缺乏明确的天文意义。

历法改革的创议者们,试图把格里历修订成更和谐和更方便的形式。20世纪初的前30年,在世界范围内曾掀起一场历法改革的热潮。1910年,在英国伦敦召开了"万国历法改良"会议,在会上提出了数十个对现行格里历的修订方案。会后,一些国家还成立了改历的专门机构。会议决定于1914年在瑞士举行第二次会议,以便对上述方案作出最后抉择,后因爆发第一次世界大战而中止。前"国际联盟"于1925年设立历法改革的专门委员会。它曾研究和发表了147种新历设计方案。

在所有新历设计中,最受人们推崇的一种叫"世界历"。它分一年为四季,每季91日。每季的第一个月是大月(31日),其余两月是小月(30日)。每季都含完整的13个星期,每次新年和每一个季度都从星期日开始,岁岁不变。四季总日数是364日,剩余的1日不编入任何月份和星期,放在岁末作为年终假日;如逢闰年,则将第二个号外日安插在六月末,是谓闰年假日。

历法改革不仅属天文学的范畴,它是民俗、宗教、社会和经济等方面的综合问题。改历能否实施取决于公众的接受程度。若没有某种契机,历法改革虽是方案迭出,而实施无着。因此,人们对于改历不必抱过高期望。由于年、月、日及星期四种周期不能公约,要制订一个十全十美、能为各方所接受的历法是不可能的。可以提出的方案都已提出,所有这些方案在本质上不可能有重大改变,若再沉迷于创"世界先进水平"的历法改革方案,那将是徒劳的。

为便于使用现行公历,历家编有一首《阳历推算歌》,抄录如下:

阳历称方便, 人人会推算。
一年十二月, 三百六十五天。
大月三十一, 小月三十天。
七前单月大, 八后单月小。
二月二十八, 闰年加一天。
何时始逢闰? 四除公元年。

复习与思考

1. 为什么历法要分为阴历、阴阳历和阳历三类？各类历法如何安排它们的历年和历月？假如回归年长度变为354.367 2日，那么，历法还有无必要分成三类？
2. 我国传统历法为何要设置二十四节气？它怎样推算大月和小月？如何安排平年和闰年？何谓干支纪法？
3. 某年9月25日逢中秋节，问：第二年的这个日子呈什么月相？
4. 下表列出1998年夏历（戊寅年）各月初一和有关中气的公历日期，试定各该月份的月序和大小月（按中气定月序，据两朔间隔日数定前月的大小）。

夏历月序	初一的阳历日期	有关中气的阳历日期		大小月
____月	3月28日	4月20日	谷雨	____月
____月	4月26日	5月21日	小满	____月
____月	5月26日	6月21日	夏至	____月
____月	6月24日			____月
____月	7月23日	7月23日	大暑	____月
____月	8月22日	8月23日	处暑	____月

5. 比较格里历（新历）和儒略历（旧历）。格里高利为什么要改历？他对儒略历采取何种改进措施？庆祝“十月”革命为什么在11月7日？牛顿生于旧历1642年12月25日，按照新历，他的生日应是何年何月何日？
6. 假如回归年长度为364.200 0日，按编历原则，你认为阳历的大小月及闰年，应如何安排才合理？

第三节　时　　间

一、时间和时间单位

1. 时间概说

计量时间是天文学的一个重要应用部门。

时间通常包含两个概念：**时刻**和**时段**。前者表示时间的迟早或先后，后者则表示时间的久暂或长短。“会议什么时候开始？”这是指时刻，“会议要开多久？”这是指时段。又如，车站预告车辆的始发和到达时间的叫行车**时刻表**，机关和学校安排一天中工作、学习和休息的叫作息**时间表**。图4-32用一线段表示时间的任一段落，那么，线段上的任意一点，都表示一定的时刻；而任意二点间的距离，都表示一定的时段。通常所说的时间，有时是指时刻，有时也指时段。我们这里所考虑的，主要是时刻问题。

任何时刻都有两方面的含义，即**物理时刻**和**钟表时刻**。物理时刻即时刻本身，是钟表时刻所表示的迟早程度；钟表时刻则是物理时刻的表达形式。同一物理时刻可以有不同的钟表时刻。1976年1月9日早晨，中央人民广播电台播发了国务院总理周恩来逝世的讣告，注意一下各国政府首脑和国家元首发来唁电的日期,便会发现,美国前总统尼克松签署声明的日期,竟是在此之前的1月8日。尼克松没有弄错日期,而是讣告发布的时刻(物理时刻),北京时间是1月9日早晨6:30,而同一物理时刻的华盛顿时间,则为前一日的17:30。这里,我们所考虑的主要是钟表时刻问题,即同一物理时刻的不同表达形式的问题;而且,所指的钟表时刻不包含钟表本身的误差(钟差)。

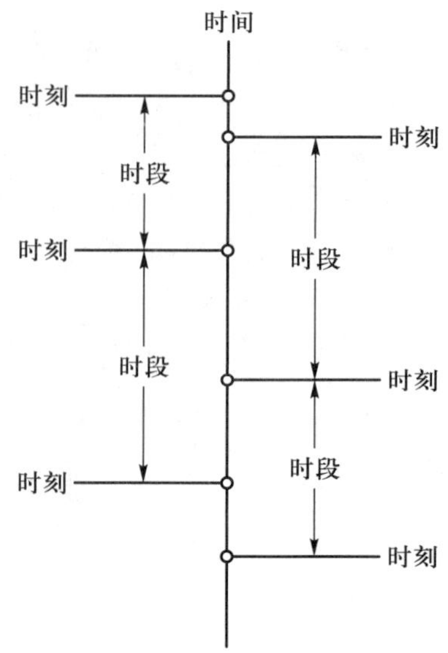

图 4-32　时刻与时段

2. 时间单位

现代计量中的基本时间单位是**秒**。秒长原是从自然单位日长派生出来的。1 日等分为 24 小时,每小时等分为 60 分,每分又等分为 60 秒。日长的 1/86 400为 1 秒。然而,由于黄赤交角和地球椭圆轨道的影响,真太阳日长度有微小的周年变化,秒也就没有固定的长度。

1820 年,法国科学院正式提出了秒长的定义:全年中所有真太阳日的平均长度的 1/86 400 为 1 秒,即**平太阳秒**。但是,这个定义只有理论上的意义,在实际测定和应用中颇不方便。为解决这个问题,美国天文学家纽康(1835—1909)于 19 世纪末提出,用一个假想的太阳(平太阳)代替视太阳,作为测定日长的参考点。这个平太阳沿天赤道作匀速周年运动。这样,天文学家可以根据恒星周日视动与平太阳之间的关系,实地测定平太阳日,从而获得科学的平太阳秒长。

平太阳秒长曾经被认为是稳定的。20 世纪 30 年代,石英钟问世使人们发现地球自转速度的变化。现在查明的有,地球自转速度有长期减慢、周期变化(有周年和半周年二项)和不规则变化。这一发现从根本上动摇了平太阳秒的客观不变的时间标准。

经过长期天文观测发现,地球公转的速度虽因日地距离的不同而变化,但是,地球公转的周期却是相当稳定的。人们于是想到,如果把地球公转周期的若干分之一定为 1 秒,这样的秒长也许会相当均匀的。1958 年,国际天文学联合会决议,把秒长定义为 1900 年 1 月 0 日 12 时起算的回归年长度的 1/31 556 925.974 7。不管以后回归年的秒数怎样变化,天文历书所采用的永远是这样的秒,被称为**历书秒**;并且规定,自 1960 年起,由历书秒取代平太阳秒,作为基本的时间计量标准。

从理论上说,历书秒是一种均匀不变的秒长单位。但实际上要得到这样的秒长是十分困难的,经过数年观测,所得到的精度比平太阳秒提高不到 10 倍,仍不能满足现代科学技术对于时间精度的要求。

当宏观时间标准(天体运动)不能适应科学发展需要的时候,人类的认识便向着微观世界深入。人们发现,原子内部电子跃迁振荡频率(每秒能达几十亿次)是十分精确和稳定的。利用原子振荡频率控制的时钟叫原子钟。天文学家与物理学家通力合作,联合测定,在 1 历书秒中,铯原子跃迁振荡平均为 9 192 631 770 次。1967 年 10 月,第十三届国际计量大会正式把铯原子跃迁振荡 9 192 631 770 周所经历的时间定义为一个**原子秒**长。它就是现代国际单位制中时间的基本单位长度。至此,长期来一直占统治地位的宏观的天文时间标准,退出了历史舞台。

按照原子标准，时间测量精度要比天文标准高出一千倍以上，称得上时间度量史上一次无声的革命。

二、钟表时刻与量时天体

在天文上，时刻是以天体的时角来度量的。因此，时刻要因**量时天体**而不同。

1. 恒星时与太阳时

天体无限众多，但在天文上被用作“量时”天体的只有太阳，另一个具有重要意义的天体概念是春分点（它起着恒星总代表的作用）。春分点时角表示**恒星时**，根据太阳时角推算的是**太阳时**。

春分点之所以被用于量时，不但因为它的时角的均匀变化，而且因为它在任何时候都等于上点（午圈）的赤经，即上中天恒星的赤经。如前所述，恒星时（S）可以用同一恒星的赤经与它当时的时角之和来表示，即：

$$S=\alpha_*+t_*$$

如该恒星正值上中天，$t_*=0$，那么便有：

$$S=\alpha_*\text{（中天）}$$

春分点的这后一特点，是一般恒星所不具备的，它为恒星时的测定提供极大方便。利用这个方便条件，只需测定某一恒星中天（这是容易的），该恒星的已知赤经，便是当时的恒星时。

太阳之所以被当作量时天体，那是因为太阳的周日运动是昼夜交替的直接原因。“日出而作，日入而息”，仍是人类的基本生活规律。因此，实际生活中应用太阳时要方便得多。

这二种时间系统，在时刻与天体时角的关系方面有所不同：恒星时的时刻与春分点的时角完全一致；而太阳时的时刻与太阳的时角有 12^h（或 $180°$）之差。这是因为，时角度量以午圈为始圈，太阳时角以太阳上中天为 0^h；而太阳时的时刻却以太阳下中天（午夜）为 0 时（图 4-33）。于是便有：

$$\text{恒星时}=\text{春分点时角}$$

$$\text{太阳时}=\text{太阳时角}+12^h$$

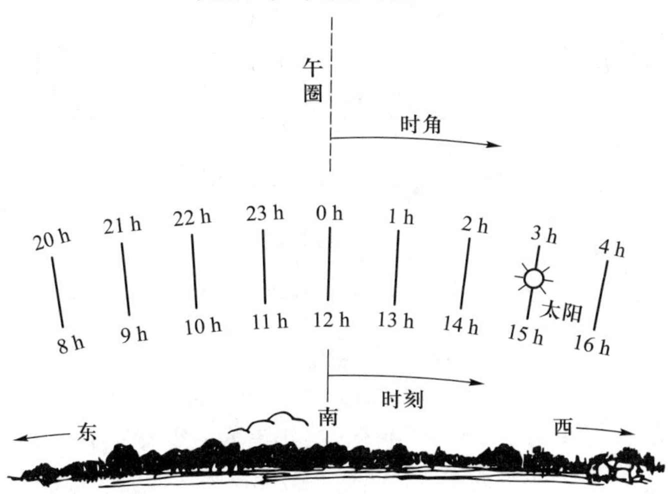

图 4-33　太阳时刻与太阳时角

图中的太阳时角为 3^h，而太阳时刻为 15^h。

此外,这二个量时天体还存在另一方面的差异:春分点是天球上的定点,其赤经恒为 0^h;太阳在天球上有周年运动,方向向东,因而其赤经逐日递增(每日约 1°)。两者之间的赤经差等于太阳赤经。

根据上述两个方面,同一地点的任何时刻,恒星时与太阳时之间,有如下的换算关系(图 4-34):

$$恒星时=太阳时+太阳赤经-12^h$$

$$太阳时=恒星时-太阳赤经+12^h$$

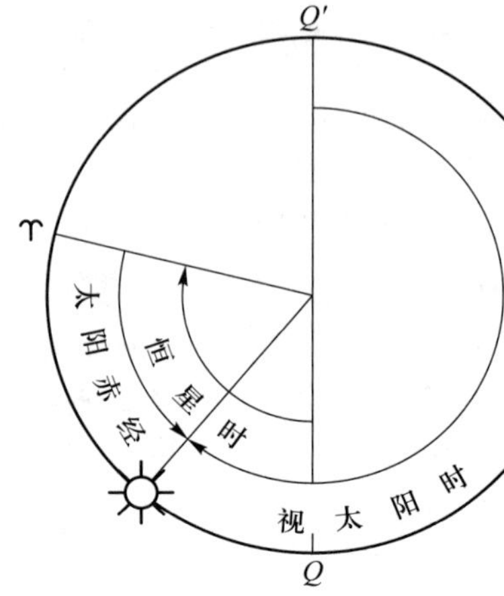

图 4-34 恒星时与视太阳时的换算关系

2. 真太阳时、平太阳时及时差

天文上有两个太阳:一个是真实存在的太阳,即**真太阳**(或称**视太阳**);另一个是假想的太阳,即**平太阳**。两个太阳都以回归年为周期,在天球上作周年运行。真太阳沿黄道运行,其速度是非均匀的;它的周日运动周期,是长短不等的视太阳日。平太阳沿天赤道运行,其速度是均匀的;它的周日运动周期,是均匀的平太阳日。

有两个不同的太阳,就有两种不同的太阳时:以真太阳时角推算的时刻,叫**真太阳时**或**视太阳时**,简称**视时**;以平太阳时角推算的时刻,叫**平太阳时**,简称**平时**。视时与平时,各有优缺点:视时流逝不匀,但可以直接测定,用日晷测定的时刻便是视时;平时流逝均匀,但只能根据恒星时或视时进行推算,日常应用的钟表时刻是平时。比较而言,视时的缺陷是严重的,其优点则没有多大的实际意义。但是,对有关太阳本身的问题,或是测定地方经度等问题,视太阳和视时是不能用平太阳和平时代替的。

两个太阳既有快慢(在周年运动中)的不同,它们之间便存在赤经差或时角差,也就是两种太阳时之间的时刻差,被叫作**时差***(equation of time)(图 4-35)。在决定时差值时,平太阳和平太阳时被当作比较标准。于是有:

$$时差=视时-平时$$

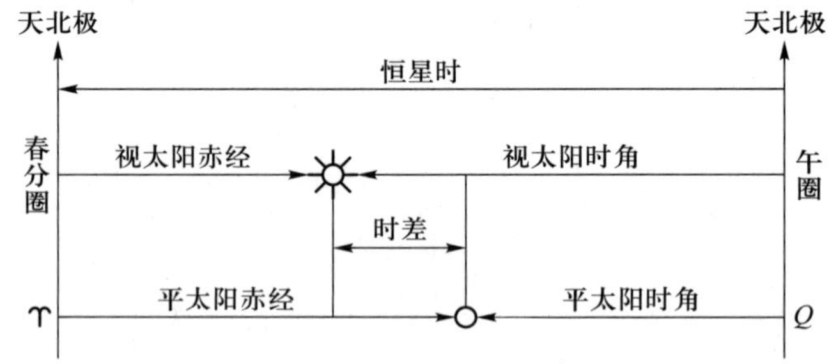

图 4-35 时差的定义

时差要因两个太阳相对位置的变化而变化,有正有负,可大可小。天文学上假定,在 12 月

* 现在报刊文献中,常把两地之间的钟点之差也叫"时差"(time difference)。这与天文学上的传统用法是有区别的。

24 日，两个太阳有相同的赤经，时差为零。从这以后，两个太阳沿不同路线以不同速率运行，视太阳对于平太阳的位置便发生参差先后的变化。当视太阳落在平太阳之西，视时>平时，时差为正；反之，当视太阳超越平太阳之东，视时<平时，时差为负。差值时而变大，时而变小。这样，时差的正负和大小就发生连续变化。但是，真假（平）太阳都以回归年为周期，到次年 12 月 24 日，又都回到一年前的位置，时差复归于零。一年内，时差出现 4 次零值和 4 次极值（二极大和二极小），列于表 4-2。

表 4-2　一年内的时差零值和极值

日期	时差	日期	时差
12 月 24 日	0	6 月 14 日	0
2 月 12 日	-14.4 分	7 月 26 日	-6.3 分
4 月 16 日	0	9 月 1 日	0
5 月 15 日	+3.8 分	11 月 3 日	+16.4 分

时差的周年变化，是视太阳日长度的周年变化的结果。具体的变化情形，可用**视午**（视太阳时正午）和**平午**（平太阳时正午）的比较来说明（图 4-36）。如图 4-37 所示，在视太阳日长于平太阳日期间，视午（用平时表示）逐日推迟，时差逐日变小。在这段时期的终了，视午最迟，时差达极小值。反之，在视太阳日短于平太阳日期间，视午逐日提早，时差逐日变大。在这段时期的终了，视午最早，时差达极大值。

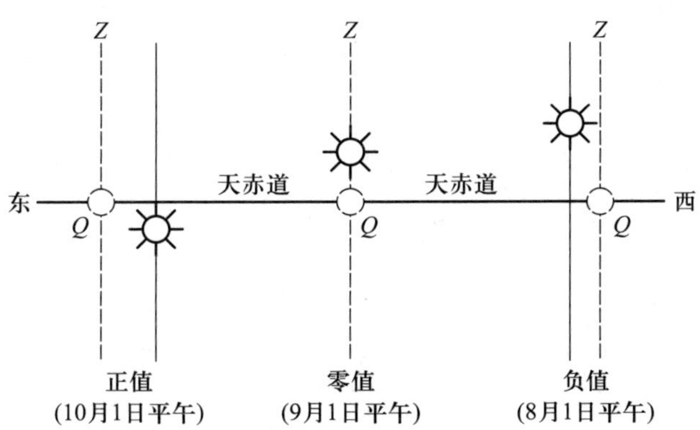

图 4-36　时差的符号

图中以平午时的情况为例，以视太阳与平太阳的东西相对位置，表示当时时差的正负。

图 4-38 表示时差的周年变化与视太阳日长度的周年变化之间的关系。该图把二条变化曲线融于一图，可以清晰地看出，时差的周年变化随视太阳日长度的变化而起落。视太阳日长度的 4 次平均值的日期（2 月 12 日，5 月 15 日，7 月 26 日和 11 月 3 日），分别就是时差的二次极大值和极小值出现的日期。该图的纵坐标有二：左侧对应视太阳日长度的变化，其单位为秒；右侧表示时差的变化，单位是分。必须指出的是，时差的极大值和极小值，都是视太阳日与平太阳日的差值的累计。所以，视太阳日与平太阳日的差值的极大值和极小值，分别只有+29 秒和−21 秒；而时差的极大值和极小值，却分别可达+16.4 分和−14.4 分。

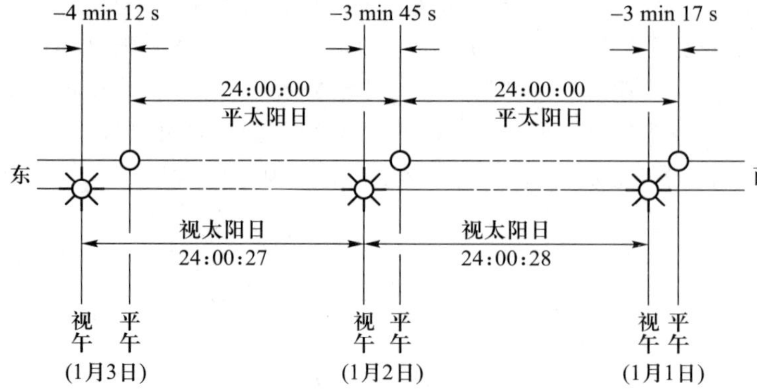

图 4-37　时差的逐日变化

1 月初,视太阳日长于平太阳日,在这期间,视午逐日推迟,以至时差逐日变小。反之,则变大。

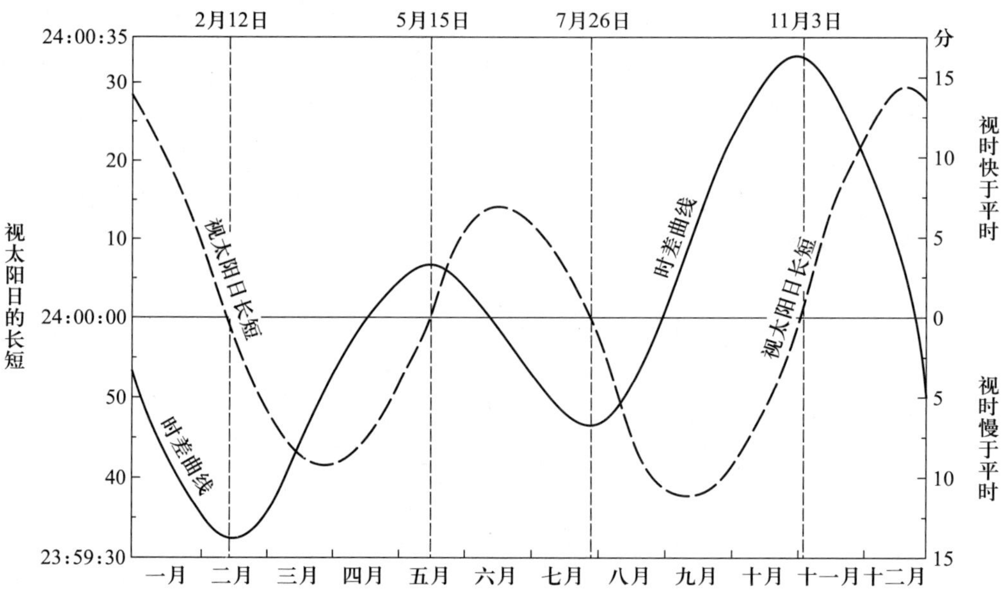

图 4-38　时差的周年变化

按时差的定义,同地的任一时刻,视时与平时有如下的关系(图 4-39):

视时 = 平时 + 时差

平时 = 视时 − 时差

根据上列关系式以及恒星时与视时的关系,还可以推出,同地任一时刻的恒星时与平时,有如下的换算关系(图 4-40):

平时 = 视时 − 时差

　　= [恒星时 − 太阳赤经 + 12 时] − 时差

恒星时 = 视时 + 太阳赤经 − 12 时

　　　= [平时 + 时差] + 太阳赤经 − 12 时

如果推算结果是负值,应+24 时;若推算结果超出 24 时,则应减去之。我们此刻只讲钟点,而暂不考虑日期。

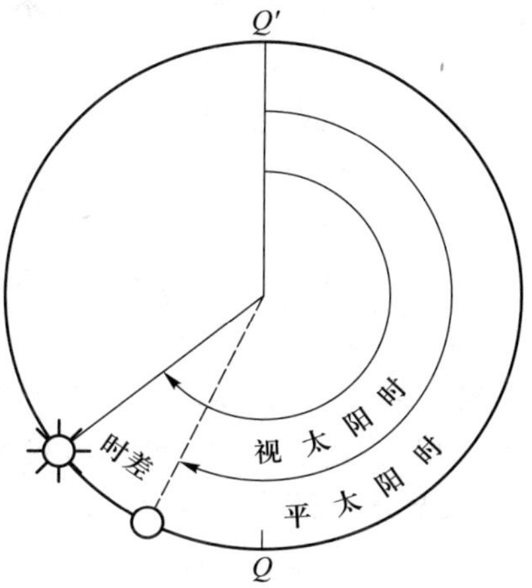

图 4-39　视太阳时与平太阳时的换算关系

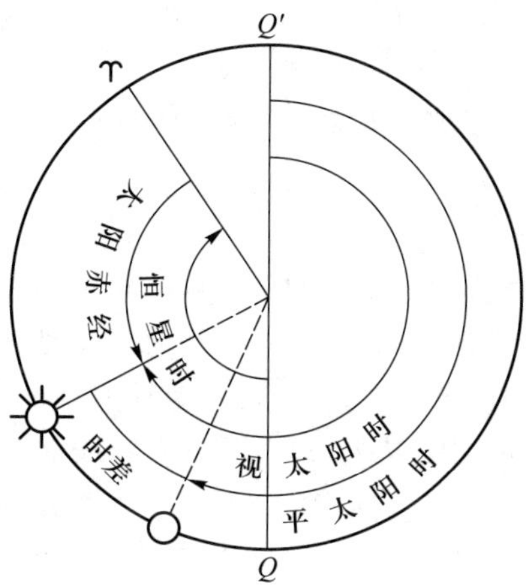

图 4-40　恒星时与平太阳时的换算关系

三、钟表时刻与地方经度

时刻不仅因量时天体而不同,对同一量时天体,时刻还因地方经度而不同。因为时刻是以天体的时角度量的,而时角的度量是以午圈为始圈的,那么,地球上不同经度的地方,都有自己的午圈,它们的时刻便各不相同。这一点对恒星时、视时和平时都是一样的。

1. 地方时与世界时

按本地经度测定的时刻,统称**地方时**,包括地方恒星时,地方视时和地方平时。地理教科书上所说的地方时,通常是指地方平时。地方时因经度而不同,较东的地方,有较快(时数较大)的地方时。两地之间地方时刻之差,就是它们的经度差(倒过来说,这就是经度测量的基础)。经度每隔 15°,地方时刻相差 1 小时;经度相差 15′,地方时刻相差 1 分。例如,北京和西安的经度,分别是 116°19′E 和 108°55′E,两地的经度差是 7°24′,时刻相差 29 分 36 秒。当北京地方时刻为正午 12 点时,西安的地方时刻为 11 时 30 分 24 秒。

需要特别指出的是,地球上的东西方向是无限方向。从理论上说,经度不同的两地是互为东西的,因此,在时刻上也是互为迟早的。已知某一经度的地方时,求知另一经度的地方时,在不考虑日期差异的情况下,向东推算和向西推算,其结果都是一样的。例如,已知 120°E 的地方平时为 20 时,求知 120°W 的地方平时,向东推算要进 8 时,向西推算则退 16 时,其结果分别都是 4 时。但如果既推算钟点,又考虑日期,就得人为地把东西方向看成有限方向,以免发生日期混乱。

地方时的意义是显而易见的。它的时刻同当地的天象相联系,也符合当地人们的起居和生活习惯。人类曾经长期使用地方时。早期使用的是地方视时,以后,地方平时取代了地方视时。随着近代交通事业发展和地区间联系的日益频繁,地方时各自为政的缺陷就显得日益突出。广大地区间需要有时间上的“共同语言”,科学研究工作,特别是天体运行的观测和推算工作,需要有一种全球通用的时间。这就是**世界时,即格林尼治时间**。从 1767 年开始,它作为一种国际通用的时间,在最早的天文历书中出现。它首先是为航海定位服务的。世界时本来是格林尼治视时,1834 年改为格林尼治平时。

世界时与地方时之间的换算很简单,因为各地与格林尼治的经度差,即为它们本身的经度。

2. 标准时

有了世界时,地方时的缺陷并未完全消除。地方时各自为政,固然缺乏其统一性;但世界时全球划一,又缺乏其地方性,不符合广大地区人民的生活习惯。为此,人们需要在全球范围内建立一个既有相对统一性,又保持一定地方性的完善的时间系统。1884 年在华盛顿举行的国际经度会议,在平太阳时范畴内,建立了世界**标准时**制度,以解决各个地区内部在时间上各自为政的问题。

标准时制度包括两方面的内容:划分**标准时区**和设立**日界线**。因为一个标准的时刻,不但要有标准钟点(几时几分),而且还要有标准日期(某月某日)。标准时区的划分,是为了确定标准钟点,以避免钟点的混乱;设立日界线,是为了确定标准日期,避免引起日期混乱。这二者相辅相成,既不能相互代替,也不会彼此矛盾。比较起来,标准时区和标准钟点的问题,涉及任何时间和地点;而日界线和日期混乱问题,只是标准时推算中的问题。

国际经度会议所划分的标准时区,只作理论性的规定。这样的时区,叫作**理论时区**。目前世界各国实际采用的标准时区,在具体做法上往往不同于理论时区,称为**法定时区**。按理论时区确定的标准时,叫作**区时**;按法定时区确定的标准时,叫作**法定时**。前者是后者的基础,后者则是对前者的变通。分述如下:

(1) **区时** 理论时区是按经度划分的。如图 4-41 所示,根据一日分为 24 小时的历史传统,全球分为 24 个时区,每一时区跨经度 15°,并编有时区的号码。本初子午线所在的时区为中区(即零区),跨东西经各 7.5°。中区以东依次为东 1 区、东 2 区……东 12 区,它们的中央经线分别为东经 15°、30°……180°;中区以西依次为西 1 区、西 2 区……西 12 区,它们的中央经线分别是西经 15°、30°……180°。其中,东 12 区和西 12 区是两个半时区,叠加为 12 区。每一时区的东西界线(亦即相邻两时区的界线)距各自中央经线都为 7.5°。各个时区采用各自中央经线的地方平时,为全区统一的标准时间,这就叫**区时**。区时同该时区东西界线上的地方平时的差值,皆为半小时。这样,在每一时区内部,既消除了时间上各自为政的弊端,也不致使钟面时刻与太阳光照严重违失。

各地的区时差异,就是它们所属时区的标准经线的地方平时的差异,是地方时问题的一个特例。按区时计算,相邻两时区之间,时刻相差为完整的 1 小时;任意两时区的区时之差,等于它们之间相隔的时区数之差。较东的时区,其区时较快。根据这样的关系,只要知道世界时或某一时区的区时,便能推知其他任何时区的区时。

在时刻同经度的关系上,区时显然不同于地方时。地方时直接决定于经度:任何两地的经度差,都等于它们的地方时刻之差。区时则不然,两地的区时之差,决定于它们的时区之差,而不直接决定于两地的经度。例如,115°E 和 125°E,两地经度相差 10°,但它们属于同一时区(东 8 区),因而有相同的区时;而 110°E 和 120°E 两地,经度同样差 10°,而区时相差 1 小时(因前者属东 7 区)。

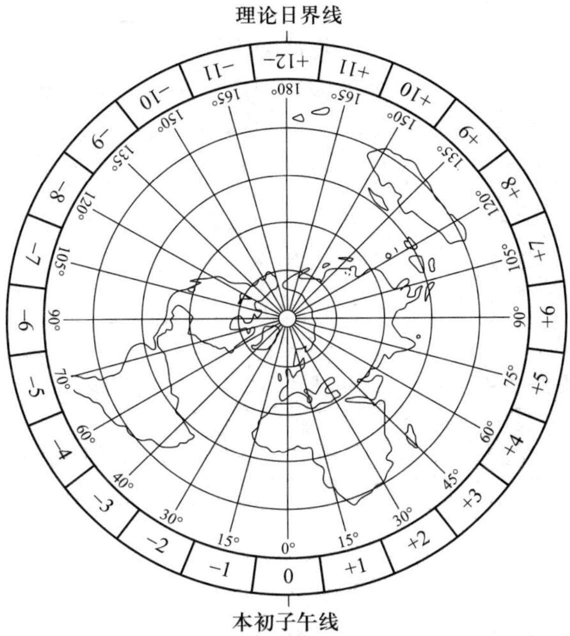

图 4-41　理论时区与理论日界线

(2) **法定时**　区时是理论上的标准时,时区都以经线分界,适用于海上。在陆地上,时区界线通常被自然或行政疆界所代替。许多国家为了自身的便利,在制定标准时时,要根据具体情况,对理论上的标准时进行各种调整。它们被称为**法定时**,因为这种时间及其适用范围,通常是由国家的立法机关或政府当局以法令形式制定和颁行的。法定时所采用的标准经度,大多也是区时的标准经度。例如,美国的东部时区,就其东西界线来说,完全不同于理论时区;但它的标准经度与西 5 区相同(75° W)。然而,不少国家的法定时的标准经度,与区时的标准经度迥然不同。这方面的情形是五花八门的。

——许多西方国家的法定时,比它们所在时区的区时快 1 小时。如苏联境内所有时区,都采用各自东邻时区的区时。英国原是格林尼治时间的故乡,但它曾长期不用中区的标准时;爱尔兰、法国、比利时、荷兰和西班牙等国家,也都采用东 1 区的标准时。

——亚洲某些国家,根据本国所跨的经度范围,采用半时区。它的标准经度同理论时区相差 7.5°。如伊朗采用东 3.5 区,阿富汗采用东 4.5 区,印度和斯里兰卡采用东 5.5 区,缅甸采用东 6.5 区。此外,如北美洲加拿大的纽芬兰也采用半时区。

——澳大利亚的情形较为特殊。它根据本身的地理条件和人口分布特点,同时采用两种不同的标准时。其东部和西部分别采用东 10 区和东 8 区的标准时,并把这两个时区的范围略向中部扩展。中部是干旱的沙漠,人烟稀少(故时区范围缩小),为了使中部地区到人口稠密的东部地区的时间变化不致过于突兀,所以不用东 9 区标准时,而改用东 9.5 区标准时。

——世界上还有少数地方,既不按照本时区的标准时,也不采用半时区的标准时,而是"任意"确定它的标准时。比如尼泊尔的法定时与格林尼治时间相差 5 时 45 分,这种法定时的设定主要为了接近当地的地方时。

——我国实行单一的法定时,即**北京时间**[*]。在天文上,北京时间是东 8 区的区时,即 120°E 的地方平时,而不是北京(116°19′E)的地方平时。所以,不能认为它是"北京的"时间。

——此外,高纬度(和中纬度)的许多国家,为了充分利用夏季的太阳光照,节约照明用电,而又不变动作息时间,实行所谓**夏令时**,即在夏季到来前,通令把时针拨快 1 小时,即采用比区时(或法定时)提早 1 小时的时间;到下半年秋季来临时,再把时针拨回 1 小时,恢复原状。实行夏令时的日期,一般是 4—9 月(北半球)或 10—3 月(南半球)。我国曾于 1986 年开始实行夏令时。在夏令期间,北京时间改称**北京夏令时**。1992 年终止实行。

3. 日界线和日期进退

日界线也叫**国际日期变更线**(international date line)。它的设置是为了避免日期混乱。日期混乱问题,是在下列两种情形下产生的:

——环球航行中发生日期混乱:当年麦哲伦率领他的船队,自西班牙启程向西航行(他的目的地却是东方)。三年后,当幸存者的船只回到始发港时,发现航行日志上记载的日期,比岸上的日期"少"掉 1 日。这在当时曾引起一场轩然大波。造成这一混乱的原因是,船舶在向西行进中,视午的物理时刻逐日推迟,即每天都在推迟中午的到来。按这种被延长了的昼夜来计算日子,在绕行地球一周后,便要减少 1 日。反之,若船舶向东航行,视午的物理时刻逐日提早,昼夜缩短,环球一周后,日期便会"多"出 1 日。如果没有适当的措施,每绕行地球一周,日期便差 1 日。这就造成日期的混乱。

——时刻换算中出现日期混乱:时刻换算不可避免地要涉及日期问题。已知一地的时刻,推算另一地点的时刻,向东推算和向西推算的结果,虽然得到的钟点相同,但日期却相差 1 日。例如,已知北京时间(东 8 区)为 6 时,求当时的华盛顿(西 5 区)时间。向东推算进 11 时,华盛顿时间为同日 17 时;向西推算退 13 时,华盛顿时间为昨日 17 时。若不采取适当措施,向东推算总比向西推算超前 1 日。这也引起日期的混乱。

为了避免在环球航行中发生日期混乱,必须在向东航行一周中,把日期退回 1 日;在向西航行一周中,把日期推进一日。为避免在时刻换算中发生日期混乱,必须在向东推算时把日期退回 1 日;或者在向西推算时把日期推进 1 日。日期进退的界线,就叫日界线或国际日期变更线。如果仅仅为了解决日期混乱的问题,日界线可以安在任何一条经线上。显而易见,180°经线是它的最佳选择。180°经线纵贯太平洋中部,为了避免它通过岛屿,给当地居民带来日期变更的麻烦,日界线有三处偏离 180°经线:在俄罗斯西伯利亚的东端向东偏离;在美国阿留申群岛以西向西偏离;在 5°S—51°30′S 之间向东偏离,使斐济群岛和汤加群岛等全部属于东 12 区。这是因为,西伯利亚采用俄罗斯的日期,而阿留申群岛采用美国阿拉斯加的日期;斐济和汤加历来采用新西兰的日期。

---

* 我国标准时制始于 1901 年,当时采用东 8 区区时为沿海各地通用时间,名为**海岸时**。其后,内地各铁路如京津、京汉等线与长江一带地方也相继采用。1919 年始定标准时区。全国分五个时区,①中原时区,以 120°E 经线时刻为准,②陇蜀时区,以 105°E 经线时刻为准,③新藏时区,以 90°E 经线时刻为准;此外,在东西边缘地区加设两个半时区,④长白时区,以127°30′E 经线时刻为准,⑤昆仑时区,以 82°30′E 经线时刻为准。

现在全国通用北京时间,不分时区。采用单一时间的优点是,统一各地区时间,不必互相换算;但也有不便之处,即在同一钟表时刻,东西各地太阳光照差异太大,因而有不同作息时间。

日界线的设置，把时区的排列，变无限方向为有限方向，分出了最东时区和最西时区。日界线西侧的东 12 区，成了全球最东的时区，它的时刻最早；日界线东侧的西 12 区，则成了全球最西的时区，它的时刻最迟*。

经日界线划分之后，东 12 区和西 12 区之间发生了微妙的变化：二者既属于同一时区（它们有相同的钟点），又是相隔最远的二个时区（一个在极东，一个在极西，它们相隔 24 个时区，日期相差 1 日）。东 12 区比西 12 区要早 1 日。因此，船舶和飞机在越过日界线时，要变更日期：自东 12 区向东经过日界线，日期要退回 1 日；反之，自西 12 区向西经过日界线，日期要跳过 1 日。

有了日界线，并在过日界线时进行日期进退，环球航行和时刻换算就可以避免日期混乱。在上例中，华盛顿所在的西 5 区，只能被看作位于北京所在的东 8 区之西。因此，华盛顿的时刻，只能是迟于北京时间 13 小时，而不是早于北京时间 11 小时。但是，推算的方法可以有两种：既可以向西推算，也可以向东推算，只要在越过日界线进行日期进退，其结果完全相同。例如，自北京向西推算，退 13 时，不经过日界线，华盛顿时间为昨日 17 时；若向东推算，进 11 时，为同日 17 时，因向东越过日界线，退 1 日，华盛顿时间仍为昨日 17 时。两种推算途径结果相同，避免了日期混乱。

4. 地球上的日期

世界通常同时存在两个不同的日期：一部分已进入“今天”，另一部分仍滞留在“昨天”。划分昨天和今天的是另一条日期分界线——夜半线，即正在经历 24 时（或 0 时）的那条经线。夜半线随地球的自转而向西漂移，它所到之处，即由昨日的午夜进入今天的凌晨。如果说，日界线是人为的日期分界线，那么，夜半线便是日期的自然增进线。以夜半线为界，世界分为不同日期的东西两部分：夜半线以东，日界线以西是“今天”；夜半线以西，日界线以东是“昨天”。任何时刻，前者总比后者超前 1 日（图 4-42）。

	西部日期		东部日期	
日界线	昨　天 今　天 星期六 去年 12 月 31 日	夜半线	今　天 明　天 星期日 今年 1 月 1 日	日界线

图 4-42　昨天和今天

当夜半线降临日界线时，新的一天从这里诞生。如果我们把这一天叫作“今天”，那么，随着夜半线的西移，“今天”的地盘不断扩大，“昨天”的范围逐渐缩小。等到夜半线再度与日界线重合的瞬间，“昨天”宣告结束，全世界同属“今天”：日界线西侧（东 12 区）是今晚 24 时；日界线东侧（西 12 区）是今晨 0 时。就在这同一瞬间，又开始了新的一天……如此往复循环。

我国位于世界的东方。我们使用的北京时间是东 8 区区时。在我们以东是浩瀚的太平洋，只有 4 个时区，即东 9 区至东 12 区。除了每天夜间 20 时至 24 时外，我们都处在夜半线以东。所以，除了朝鲜、日本、澳大利亚和新西兰等国的日期，有可能比我们早进入“明天”外，其他国家的日期，不是今天就是昨天，而不会是明天。

---

* 这里所说的最东和最西，是人为的，且仅指时区而已。日界线并不改变东西方向是无限方向的实质。

5. 从世界时到协调世界时

世界时(universal time, UT)是全球通用的时间。从 1925 年以后,各国《天文年历》都以格林尼治子午线为准,其地方平时在天文测量中具有特殊的作用。

世界时是以地球自转为基准的。自从石英钟问世后,地球自转的不均匀性逐渐表现出来。这种不均匀性给许多需要高精密时间的部门带来了麻烦。例如,《天文年历》中计算天体位置用的是均匀的时间,因为在力学定律中,作为自变量的时间是均匀的。但是实际观测中用的却是非均匀的平太阳时。这样一来,理论计算同观测结果就不能完全符合。为了解决这个问题,国际上在 1956 年就对原来的世界时进行了一系列改革。改革后的世界时分为三种:直接根据地球自转的世界时称为 UT0,UT0 经过极移订正后成为 UT1,UT1 再经过地球自转的季节变化订正便成为 UT2。这些改革都是有成效的,但没有解除世界时同地球自转的联系。

为了摆脱地球自转不均匀性对时间的影响,1958 年,国际天文学联合会决定,自 1960 年开始,用**历书时**(ephemeris time,ET)取代世界时,作为基本的时间计量系统。历书时以地球公转为基准,以历书秒为单位。它的优点在于,采用不变的历书秒长,天文推算和天文观测结果相一致。但是,用天文方法测定历书时,其精度不高。它仅通用 7 年,到 1967 年又被原子时所取代。

原子时(atomic time, AT)是由原子钟导出的时间,它以物质内部的原子运动为基准,是空前精密的时间系统。国际天文学界于 1967 年定义了原子秒,并在此基础上建立国际原子时(IAT)。

原子时的秒长有极高稳定性,但它的时刻却没有实际的物理意义。与此相反,世界时的秒长虽不固定,但它的时刻对应于太阳在天空中的特定位置,反映瞬时地球在空间的角位置。这不仅同日常生活相关,而且对于大地测量、天文导航,以及对人造卫星和宇宙飞船的跟踪观测等工作,具有重要的实际应用价值。这些部门需要世界时的时刻;而精密校频等物理学测量,则要求有稳定的时间间隔,即原子秒长。时间服务部门要同时满足性质迥异的两种要求,需要寻找一个两全其美的办法。最终是物理学家向天文学家作了让步,同意用一种介乎原子时和世界时之间的时间标准来播发时号。它以原子时为基础,但在时刻上尽量接近世界时。这就是说,“地球钟”不能随意拨动,只好拨动原子钟,让它尽量靠近地球钟。这种时间标准,实际上是原子时的秒长与世界时的时刻相互协调的产物,故称为**协调世界时**(coordinated universal time, UTC)。具体的协调方法有两种:

一种方法是调整原子钟的速率,将原子秒长每年订正一次,使它的长度接近当年的平太阳秒长,在一年内保持不变,并使协调世界时与世界时的时刻差值,保持在 0.1 秒以内。20 世纪 60 年代采用的是这种方法。但调整原子钟速率,意味着协调世界时的秒长还是不固定。每年要改变秒长的值,也不太方便。这是物理学家和计量学家所坚决反对的。于是,1972 年起改用新的协调法。

另一种方法是拨动原子钟的指针。它保持原子时的秒长不变,而对它的时刻则按实际情形适当进行调整。一方面,协调世界时同原子时的差值总是完整的秒数,秒以下的小数始终保持同原子时一样。做到这一点,协调世界时的秒长,严格地等于原子秒。另一方面,协调世界时与世界时的差值,始终保持在±0.9 秒以内。超出这个限度时,便仿照历法上的置闰,在协调世界时中插入一个**跳秒**,即它对原子时的差值跳过 1 秒。跳秒也叫**闰秒**,或增加 1 秒(正闰秒),或减少

1 秒(负闰秒),以适应地球自转速度的变化。闰秒一般被安排在当年 12 月 31 日或 6 月 30 日的最后一分钟的末尾。由于地球自转总趋势是不断变慢,平太阳秒变长,所以,通常情形下的闰秒是正闰秒。通过闰秒的安排,协调世界时的时刻始终接近世界时;而它同原子时的差值,则跳跃式地增大。用这样的办法,既保持“秒长均匀”,又达到“时刻接近”。具体调整工作由国际时间局根据观测资料确定,并提前发出通知。从 1979 年起,国际上决定用协调世界时取代格林尼治时间,作为国际无线电通信业务中的标准时间。

复习与思考

1. 某恒星的时角为 14^h22^m,它的赤经是 13^h02^m,试求观测时刻的恒星时。
2. 比较视太阳时和平太阳时。何谓时差？时差为什么有周年变化？具体如何变化？为什么视太阳日长度的最大差值仅为+30 秒至-21 秒,而时差的极值可达+16.4 分至-14.4 分？
3. 11 月 1 日,时差为$+16^m$,问:这一天从日出(视太阳)到正午(平午)和从正午到日落,这两段时间的长度相差多少？
4. 两地的经度差,等于太阳时之差呢,还是等于恒星时之差？(两者都是)
5. 乌鲁木齐(87°31′E)与北京(116°19′E)的地方时刻之差是多少？
6. 当北京的恒星时为 8^h45^m 时,某地的恒星钟指在 5 时 30 分,问:该地的经度是多少？
7. 为什么要建立世界标准时制度？它包括哪些方面内容？如何划分时区？什么是区时？在时刻与经度的关系方面,区时如何不同于地方时？
8. 什么是法定时？什么是“北京时间”？它是否就是“北京的”地方平时？
9. 何谓日界线？它为什么要安在 180°经线上？怎样在日界线上进行日期进退？
10. 一艘航轮在 11 月 6 日(星期六)驶离上海,于 11 月 23 日(星期二)抵达旧金山,问:这艘航轮在海上过了几昼夜？另一艘航轮在 10 月 12 日(星期三)早晨离开旧金山,刚好经过 16 昼夜到达上海,问:这艘轮船到达之日是几月几日,星期几？
11. 什么是协调世界时？它同谁“协调”？为何要“协调”？如何“协调”？

第五章　地球和月球

第一节　日食和月食

一、日月食现象

1. 日月食和天体影锥

日食(solar eclipse)和月食(lunar eclipse)是一种壮观的天象,是日月会合运动产生的,日、地、月三个天体相互遮掩的天文现象。古人不了解日月食的道理,因此曾产生过很多迷信和传说,比如天狗吃日、蟾蜍食月等,并将其视为不祥之兆。现在人们已懂得日月食产生的原理,知道日月食只是一种短暂而无危害的自然现象,其产生与日、月、地的相互运动而至地月相互遮掩或进入对方的影子中的过程密切相关。

在太阳照射下,地球和月球在背太阳方向,都拖着一条很长的影子。太阳、地球和月球都是球状体,且太阳远大于地球和月球,因此,它们的影子的主要部分,是一个以其顶端背向太阳的会聚圆锥,叫作**本影**(umbra)(图 5-1)。在本影内,太阳光盘全部被遮蔽,因而是黑暗的(严格地说,由于大气的折光作用,地球的本影内并不完全黑暗)。由于太阳是一个球状光源,因此,本影周围还有一个黑暗与光明的过渡区域。这是一个比本影大得多的发散圆锥,叫作**半影**(penumbra)。在这个影区内,能得到部分太阳光辉,因而并不完全黑暗。在半影内、本影影锥的延伸部分,是一个与本影同轴而反向的发散圆锥,叫作**伪本影**(antumbra)。它是一种特殊类型的半影,那里,被遮蔽的是太阳光盘的中心部分,太阳的边缘部分仍然可见,因而也不是完全黑暗的。半影和伪本影的不同部分,明暗程度不同:愈接近本影,愈阴暗;离本影愈远,日轮被遮蔽程度愈小,愈明亮。

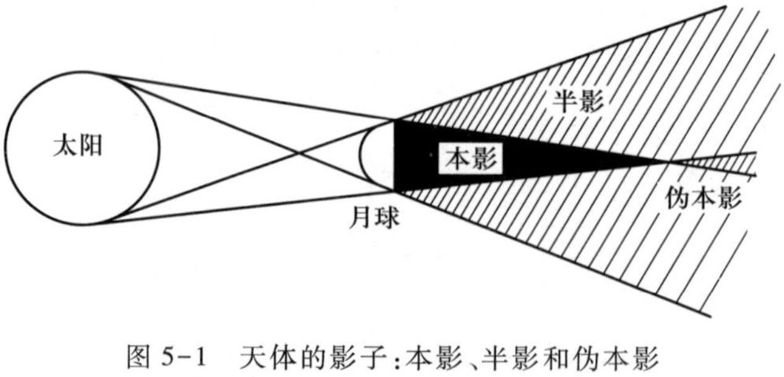

图 5-1　天体的影子:本影、半影和伪本影

本影的长度,因投影天体的大小和它对于太阳的距离而不同。天体的半径愈大,其本影愈

长。月球的半径约为地球半径的 27%,如果两者与太阳距离相等,那么,月本影长度也为地本影长度的 27%。天体距太阳愈远,其本影愈长。在一年中,地球(和月球)在接近远日点时,本影较长;接近近日点时,本影较短。在一个月内,满月前后,月球本影较长;新月前后,月球本影较短。

根据太阳、地球和月球的半径,以及日地和月地的平均距离可知,地球本影的平均长度是 1 377 000 km,约为月球本影长度的 3.5 倍。新月时,月球本影的平均长度为 374 500 km,略小于月地平均距离(384 400 km)而略大于月地最短距离(363000 km)。所以,月球影子到达地球时,可以是本影的顶端,也可以是其伪本影。

“形影相随”,月球拖着自己的影子绕地球运动。当它来到地球的向太阳一侧,其影子有时会掠过地面。这时,在月影扫过的地区,人们看到太阳被月轮遮蔽,叫作**日食**。而当月球绕行到地球的背太阳一侧,碰巧也会隐入地球本影。这时,在地球上看来,满月在天空中失去光辉,这便是**月食**(图 5-2)。可以想见,发生月食时,在月球天空中则看到日食;而当地球上发生日食时,在月球的夜空中,明亮的“地盘”上出现一个很小的黑影,可称之为“凌地”。

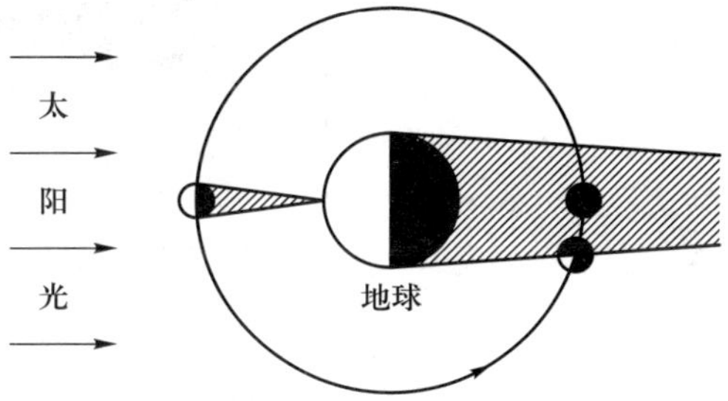

图 5-2　日月食的发生

2. 日月食的种类

日食分三类:**日全食**(total solar eclipse)、**日偏食**(partial solar eclipse)和**日环食**(annular solar eclipse),全食和环食又叫**中心食**。它们的不同,取决于月球影子的哪部分笼罩地面。

我们知道,月球的直径远小于地球。因此,月球本影在任何时候,只能笼罩地面的很小一部分。在这一小块地区看起来,太阳光盘全部被遮掩,这叫**日全食**。如果当时月球本影不够长,以至同地面接触的,不是月本影而是它的伪本影。那么,在伪本影里所见的太阳,中部被月轮遮蔽,边缘依然光芒四射,这就是**日环食**。不言而喻,当月球的本影或伪本影落到地面时,其半影必同时到达。于是,在全食或环食地区的四周有一个环形的半影区,在那里看来,太阳部分地被月轮遮蔽,光盘残缺,便是**日偏食**(图 5-3)。这样,在同一时间,中心食和偏食发生在地球上的不同地区;而在同一地区,发生中心食的前后,必伴有偏食阶段。

由于月球绕转地球和地球本身的自转,日食区在地面上移动而形成**日食带**。日食带的中部是全食(或环食)带,其南北两侧为偏食带。在移动过程中,月球本影的尖端相对于地面的距离在变化着。由于这种变化,有时会出现这样的情形:日食的开始阶段和终了阶段是日环食,而中间阶段发生日全食。这样的一次日食叫**全环食**。有时候,由于月球影锥的偏离,地面上的日食带全部是偏食带。这样的一次日食,始终是日偏食。

月食分**月全食**(total lunar eclipse)和**月偏食**(partial lunar eclipse)两类,没有月环食。月全食和月偏食的不同,取决于月球是否全部或部分隐入地球本影,而不决定于地球上观测地点的不同。当月球全部隐入地球本影时,月轮整个变暗,这是月全食。因为太阳光的红光部分很少被地球大气吸收,太阳光通过地球大气层时,大气层把红光折射到月面上,使完全掩没于地球黑影中的月球变成一个铜红色的圆盘,这就是在地球上看到的月全食。若月球只是部分地进入地球本影,月轮残缺,是月偏食。自然,在发生月全食前后,必同时伴有月偏食阶段。有时,由于月球偏

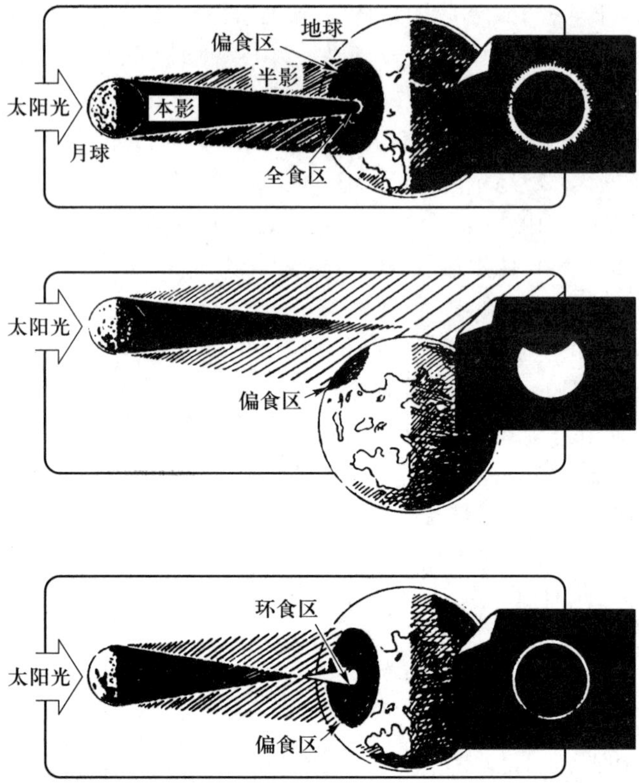

图 5-3 日食的种类

离地球本影锥轴心较远,整个月食过程始终是月偏食。无论是发生月全食还是月偏食,全球(夜半球)各地同时看到同类的月食。

与日食的情形不同,月食同地球的半影和伪本影无关。月球进入地球半影时,并不发生"食",因为半影内能得到部分太阳光辉,它仍照亮整个月面,只是亮度变得稍暗,月轮保持不缺。这种现象叫作**半影食**(penumbral lunar eclipse),天文台通常不作预告。

至于为什么没有月环食?原因是显而易见的,因为在月球轨道距离处,地球本影截面远比月轮大得多。

在上述各类食型中,最为罕见,也是最为壮观和令人迷醉的是日全食。当日全食来临时,天昏地暗,如同黑夜猝然到来,飞鸟归巢,鸡犬进窝,动物都表现出惊恐万状。没有什么现象比太阳昼晦更为令人惊心动魄。历史上最著名的一次日全食(发生在公元前 585 年 5 月 28 日,小亚细亚半岛,即今土耳其),曾戏剧般地(由于惊吓)结束了两个民族部落之间一场持续五年之久的战争,成为战争史上一个有趣的插曲。

日全食还具有重要的科学意义,它是研究太阳的极好时机。我们知道,色球和日冕的亮度都很微弱,平时完全被淹没在阳光里,只有当日全食时,大气散射光的来源被截断,天空暗淡,色球和日冕才显得特别清晰。天文工作者趁此机会,可以拍摄到它们的光谱(这时,它后面没有产生夫琅和费线的光源)。而研究色球和日冕,对于探索太阳本身及日地间的物理状态,有着十分重要的意义。例如,被称为"太阳元素"的氦,就是由天文学家在 1868 年的那次日全食时所摄的色球光谱中发现的,而化学家直到 1895 年,才从钇铀矿的分析中找到它。当时有人赞叹:天体光谱学竟跑到了化学的前头。氦原子是一种难以"激发"的原子,要使它发出可见光,需要有很高的温度。它的谱线出现在色球光谱中，正说明太阳色球的温度是很高的。一些天文学家还利用这种“千载难逢”的机会，在太阳附近搜索水内行星和近日彗星……所以，每当发生日全食时，天文工作者们总是携带笨重仪器，不惜长途跋涉，赶往日全食地带进行各个学科的观测和研究。

3. 日月食的过程

日(月)全食的全过程，可以分为三个阶段：偏食—全食—偏食。划分这三个阶段的是四种食相：**初亏**、**食既**、**生光**和**复圆**。从食既到生光是全食阶段；初亏到食既和从生光到复圆，分别是全食前后的偏食阶段。

月球和太阳都在天球上向东运行。前者以恒星月为周期，速度约 13°10′/d；后者以恒星年为周期，速度约 59′/d。显然，月球运行比太阳要快得多，它以约 13°10′/d−59′/d = 12°11′/d 的速度，自西向东追赶太阳和地球本影。这就是说，日食的过程，就是月球在天球上向东赶超太阳、从而遮蔽太阳的过程。因此，日食过程总是在日轮西缘开始，于东缘结束。同理，月食的过程，就是月球在天球上向东赶超地球本影，从而遭遮蔽的过程。因此，月食总是在月轮东缘开始，于西缘结束。

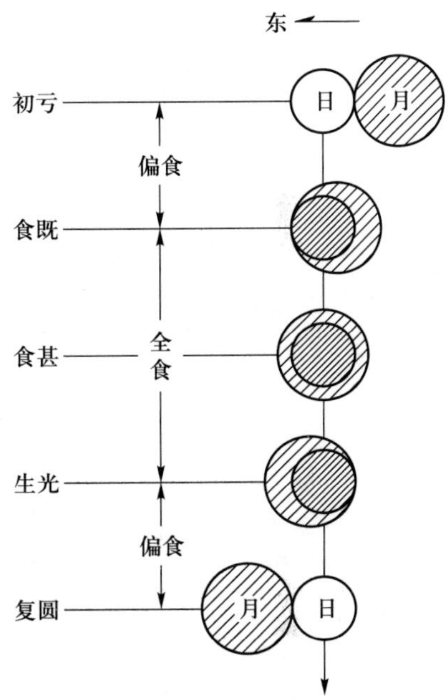

图 5-4　日全食的过程(一)

此图在假定日、月没有周日运动条件下，表示同一地点所见的日全食过程。朝南天看，所以左侧为东。

在月球赶超太阳和地影截面的过程中，两个圆面要发生二次外切和内切，分别为上述四种食相。对于日全食来说，这四种食相的含义是：

初亏——月轮东缘同日轮西缘相外切，日偏食开始。

食既——月轮东缘同日轮东缘相内切，日全食开始。

生光——月轮西缘同日轮西缘相内切，日全食终了。

复圆——月轮西缘同日轮东缘相外切，日偏食终了。

图 5-4 和图 5-5 都表示日全食过程。后者既表示月球在天球上赶超太阳的运动(向东)，又包含着两者随天球的周日运动(向西)。

对于月全食过程来说(图 5-6)，这四种食相的含义是：

初亏——月轮东缘同地本影截面的西缘相外切，月偏食开始。

食既——月轮西缘同地本影截面的西缘相内切，月全食开始。

生光——月轮东缘同地本影截面的东缘相内切，月全食终了。

复圆——月轮西缘同地本影截面的东缘相外切，月偏食终了。

日环食也有以上的食相。但它没有全食阶段，因此，日月两轮虽有二次内切，却没有真正的食既和生光。日偏食和月偏食，无所谓食既和生光，也没有相互内切。

在日食和月食过程中，当月轮中心与日轮或地本影截面中心最接近的瞬间，叫作**食甚**。食甚时，日轮或月轮被“食”的程度，叫作**食分**(magnitude of eclipse，简称 magnitude)，表示的是食甚时日轮直径(日食)或月轮直径(月食)有多少被遮挡。具体的定义是(图 5-7)：

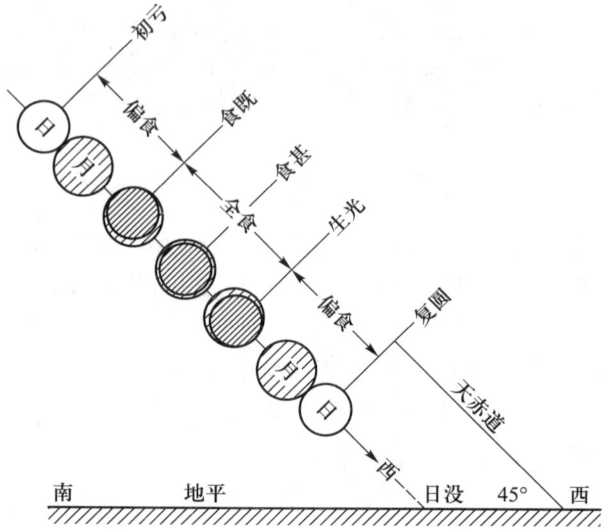

图 5-5 日全食的过程(二)

月球向东赶超太阳的运动,是在两者各自的向西周日运动过程中发生的,具体情况又因纬度、季节和南北半球而不同。此图所示是发生在北纬 45°冬季傍晚的一次日全食过程。图示表明:

——天赤道向南倾斜,天北极为仰极,可知是在北半球;

——天赤道与地平圈交角即为当地余纬,故纬度为 45°N;

——太阳周日圈(赤纬)在天赤道以南,故北半球正值冬季;

——日、月正在向西方地平下落,可见时间接近傍晚。

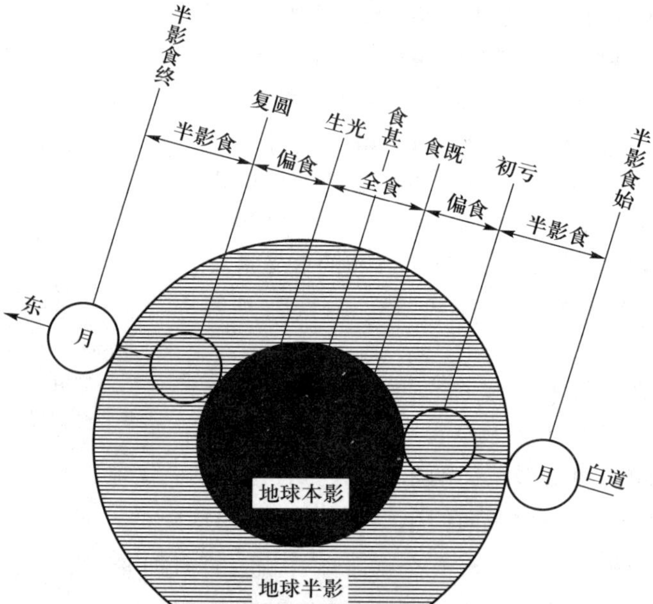

图 5-6 月全食的过程

假定地球影锥在天球上的位置不动。

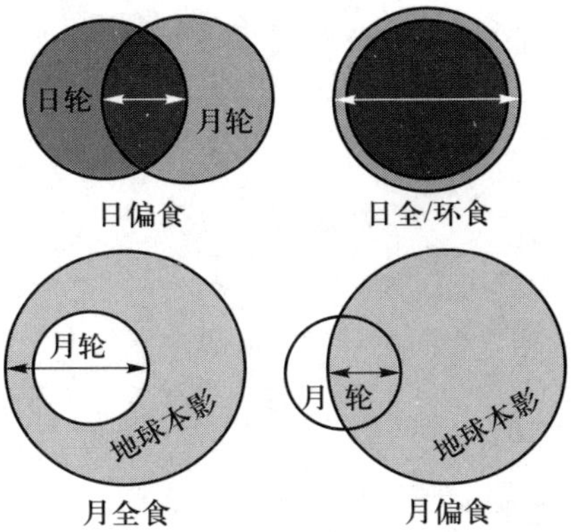

图 5-7　食分的示意图

日偏食:日轮直径被遮去部分和日轮直径之比,显然 magnitude<1;

日全食和日环食:月轮直径与日轮直径之比,日全食 magnitude≥1,日环食 magnitude<1,因为月轮视直径和日轮视直径之比通常在 0.98~1.02 之间,所以日全食和日环食的食分其实都是很接近 1 的;

月全食:月轮直径进入地球本影最大深度与月轮直径之比,magnitude≥1;

月偏食:月轮直径被遮去部分与月轮直径之比,magnitude<1。

同一次日食,各地所见食分和见食时间,可以是不同的;但同一次月食,只要能见到全过程,各地所见的食分和见食时间皆相同。

二、日月食的规律性

1. 日月食的条件

日食和月食的发生,有一定的条件,弄清这些条件,人们就能推算和预告日月食的发生。它是我国古代天文学的重要组成部分,并且在世界天文史上占有重要的地位。

简单地说,日食的条件是,地球位于月球的背日方向(即月影所在的方向),从而位于日月连线的延长线上。月食的条件是,月球位于地球的背日方向(即地影所在的方向),从而位于日地连线的延长线上。为了便于说明,这个总条件可以分为两个具体条件:

——**朔望**条件:日食必发生在朔,月食必发生在望。在一个朔望月内,只有逢朔的日期,地球才有可能位于月影所在的方向;逢望的日期,月球才有可能位于地影所在的方向。这样,日、月食现象就同月相联系起来。根据这一原理,我国古代就以日食来检验历法。如果日食不发生在初一,那么,历法上的朔望推算肯定成了问题。

——**交点**条件:日食发生在朔,月食发生在望;但逢朔未必发生日食,逢望未必发生月食。经验告诉我们,大多数的朔望都不发生日、月食。这是因为,白道和黄道之间有 5°9′的交角(称黄白交角),而月轮和日轮的视直径都只有 0.5°左右。可见,朔望条件只是日、月食发生的必要条件,而不是充分条件。朔(日月相合)和望(日月相冲)只表明日月的黄经相同或相差 180°,而要二者在天球上真正叠合,还需要它们的黄纬相等(或相近)。这就要求月球和太阳同时位于黄白交点或其附近。如果日月相合或相冲而不在黄白交点附近,那么,逢朔时,月球的影锥从地球的南北掠过而不触及地面;望时的月球也从地球影锥的南北越过而不进入地球本影。

概括地说,日食的条件是日月相合于黄白交点或其附近,月食的条件是日月相冲(望)于黄白交点或其附近(图 5-8)。

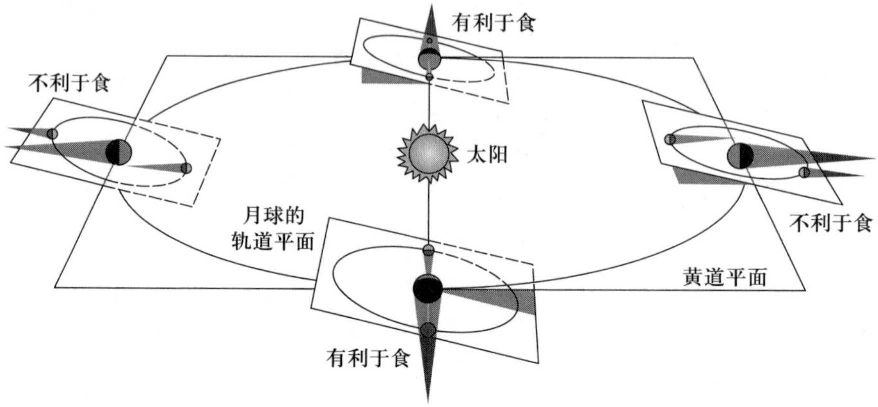

图 5-8　日月食的条件:交点附近的朔和望

2. 食限和食季

日、月食的发生,要求日月相合(或相冲)于黄白交点或其附近。这个"附近"有一定的限度,它就是**食限**(eclipse limit)。就日食而言,在这个限度上,位于白道上的月轮与黄道上的日轮靠近到相互外切,二者中心的角距,就是它们的视半径之和,即约 32′。这时,从日轮中心到黄白交点的那段黄道弧长,就叫**日食限**(图 5-9)。我们知道,太阳沿黄道运行,它的位置用黄经表示,以日轮中心与黄白交点的黄经差来表示日食限,便直接同太阳经历的时间长短相联系。黄道上的地球本影与白道上的月轮相切时,地球本影中心与黄白交点之间的角距离即为**月食限**,也即地球本影中心与黄白交点的黄经差或地影中心至黄白交点的黄道弧长(将图 5-9 中日轮替换为地球本影截面即可)。

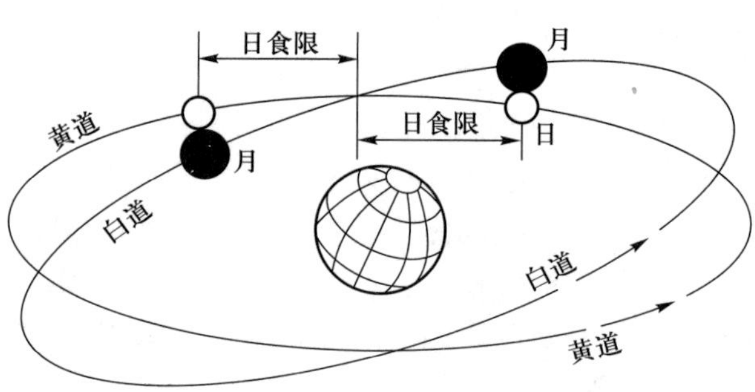

图 5-9　日食限

日月两轮相切时,自黄白交点至日轮中心的一段黄道弧长,即此刻日轮中心与邻近的黄白交点的黄经差。

食限的大小,决定于黄白交角的大小、月地距离和日地距离的远近。这些因素都是在变化着的:黄白交角变动于 4°59′~5°18′之间;月地距离变动于 363 300 km(近地点)与 405 500 km(远地点)之间;日地距离变动于 147 100 000 km(近日点)与 152 100 000 km(远日点)之间。因此,日食限和月食限的大小也是在变化着的。这里,我们无法说明它们的具体大小,只能说明它们的一般变化规律:

——黄白交角愈大，日食限和月食限便愈小；

——月地距离愈大，月轮的视半径愈小，日食限和月食限也愈小；

——日地距离愈大，则日轮的视半径愈小，日食限也愈小，但地影截面的视半径却增大，因而月食限也变大。

由此可知，当黄白交角、月地距离和日地距离都最大时，日食限最小；反之，当三者都最小时，日食限最大。月食限的情形有所不同：当黄白交角、月地距离最大而日地距离最小时，月食限最小；反之，当黄白交角和月地距离最小而日地距离最大时，月食限最大。

当日轮中心与黄白交点的黄经差值小于最小食限时，必然发生日（月）食；大于最小食限而小于最大食限时，可能发生日（月）食；大于最大食限时，则必然无食。

兹将日食限（包括偏食和中心食）和月食限（包括半影食、偏食和全食）的大小，列表比较如下（表 5-1）。

表 5-1　食限的极值

种类		日食		月食		
		偏食	中心食	半影食	偏食	全食
食限	最大食限	17.9°	11.5°	18.3°	11.9°	6.0°
	最小食限	15.9°	10.1°	16.2°	10.1°	4.1°

由表 5-1 可知，月食限稍大于日食限。但如不计半影月食，则日食限远大于月食限。

计算食限的大小，除日、月视半径及黄赤交角外，还要考虑太阳和月球的地平视差。

如图 5-10 所示，S、E、M 和 M' 分别表示日轮、地球和月轮中心。就日食而言，当月轮开始接触日轮时（初亏），日心和月心对地心的张角，即为当时月球的黄纬。由图示可知，$\angle SEM=\angle SEA+\angle AEB+\angle BEM$。其中，$\angle SEA$ 和 $\angle BEM$，分别是太阳和月球的视半径，以 $S_{\odot}$ 和 $S_{☽}$ 表示之；$\angle AEB=\angle CBE-\angle CAE$，二者分别为月球和太阳的地平视差，以 $\pi_{☽}$ 和 $\pi_{\odot}$ 表示，那么便有

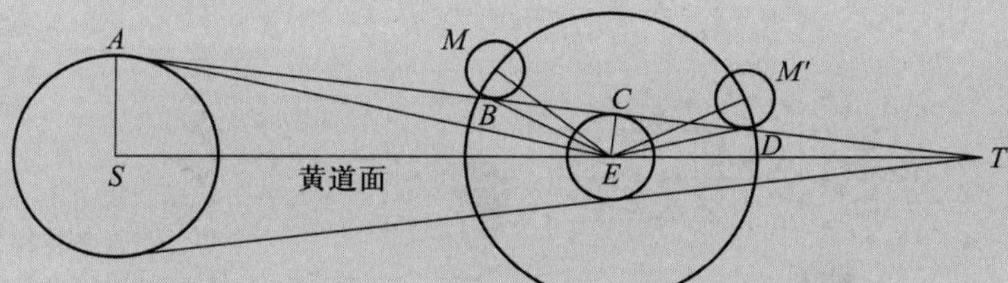

图 5-10　食限的推算：日食限>月食限

$$\angle SEM=S_{\odot}+S_{☽}-\pi_{\odot}+\pi_{☽}$$

对于月食而言，初亏时，月轮开始接触地球本影截面（为方便起见，图中月球的位置，以复圆代替初亏），这时，月球的黄纬为 $\angle TEM'=\angle M'ED+\angle DET$。其中，$\angle M'ED$ 即为月球的视半径 $S_{☽}$，而 $\angle DET=\angle CDE-\angle ETD$。$\angle CDE$ 即月球的地平视差 $\pi_{☽}$，而 $\angle ETD=\angle AES-\angle CAE$，二者分别为太阳的视半径 $S_{\odot}$ 和太阳的地平视差 $\pi_{\odot}$。于是又有

$$\angle TEM'=S_{☽}+\pi_{☽}-S_{\odot}+\pi_{\odot}$$

我们知道，太阳和月球有相仿的视半径，前者平均为 15′59.6″，后者平均为 15′32.6″。但它们的地平视差悬殊：太阳的地平视差平均仅 8.8″，而月球的地平视差平均达 57′2.7″。由此可知，$\angle SEM>\angle TEM'$。黄纬愈大，离黄白交点愈远，即日食限>月食限。

食季(eclipse season)是有可能发生日、月食的一段时间,它是同食限相联系的。由于日、月食的发生必须同时兼具两个条件,并非所有朔、望都能发生,因此,一年中只有特定的一段时间,才能发生日、月食。我们知道,日、月食发生的条件是,太阳和月球必须同时位于同一黄白交点(日食),或分居两个黄白交点(月食)或其附近。比较起来,月球是频繁地(每月两次)经过黄白交点的,全年计 24~25 次;而太阳需隔半年才来到交点一次。所以,当时是否发生日、月食,主要取决于太阳是否位于黄白交点或其附近。食季也有日食季和月食季之分:太阳在黄道上经过日食限的这段时间,就叫作日食季;地球本影在黄道上经过月食限的这段时间,就叫作月食季。大体上说,一年有两个食季,相隔约半年。

食季的长短主要取决于食限的大小。食限愈大,食季就愈长。根据食限的大小和太阳周年运动的速度(平均 59′/d),人们就能推算食季的约略日数。例如,日偏食的最小食限是 15.9°,那么,它的食季不会短于 15.9°×2÷59′/d = 32.2 d。这个长度已超过朔望月。这就是说,在一个日食季里,月球必有一次来到交点,碰巧的话,也有可能在每个日食季首尾各来到交点一次。只要来到交点就会发生日食,所以一个日食季里至少会发生一次日食,也可能发生两次。

又如,月偏食的最大食限为 11.9°,那么,它的食季长度不会超过 11.9°×2÷59′/d = 24.2 d。这个长度不足一个朔望月。也就是说,在一个月食季里,月球最多只能来到交点一次,也可能不来到交点。所以在一个月食季里,最多只能发生一次月食,也可能一次都没有。

由于黄白交点每年向西退行约 20°,一个交点年(也叫食年)只有 346.620 0 日,比回归年短约 19 日。因此,可能出现下列两种情形:

(1) 两个完整的食季加一个不完整的食季(图 5-11):两个完整的食季(相当于两个日食季和两个月食季),最多可以发生 4 次日食和 2 次月食。对剩下一个不完整的食季,朔望月×12 = 354.36 日,比食年长 8 日,因此如果这一年以朔开始,那么 8 日后又有朔,有可能发生年内最后一次日食,而再剩下的 11 日不足半个朔望月,无法有望,因此没有另一个月食。因此这种情况一年最多可以发生 5 次日食和 2 次月食。例如,1935 年就发生了 5 次日食和 2 次月食。

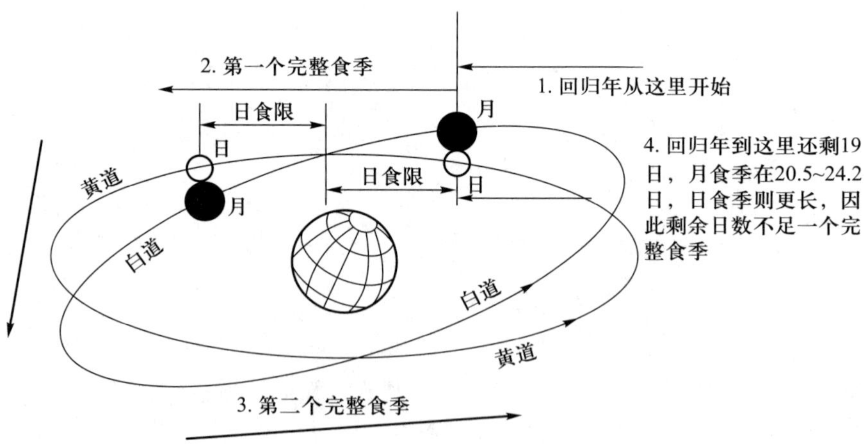

图 5-11　两个完整的食季加一个不完整的食季

(2) 两个不完整的食季加一个完整的食季(图 5-12):年中的一个完整的食季(相当于一个日食季和一个月食季)最多可以发生 2 次日食和 1 次月食。年初和年尾两个不完整的食季,赶得巧可以各发生一次日食和一次月食,因此这种情况一年最多可以发生 4 次日食和 3 次月食。例如,1919 年和 1982 年都发生了 4 次日食和 3 次月食。

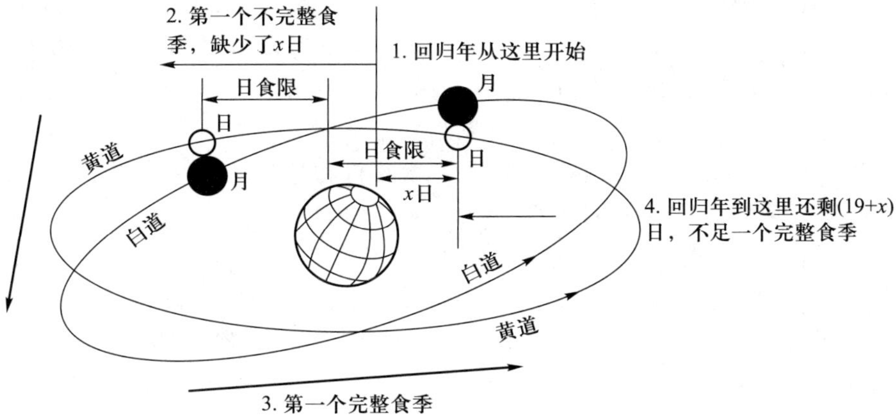

图 5-12　两个不完整的食季加一个完整的食季

就全球而论,发生日食的次数比月食要多。但对一地而言,见到月食的次数远多于日食。这是因为,月食时见食地区广(夜半球各地均可见),而日食时,地球上只有狭窄地带可见。据统计,对一个特定地点来说,平均每三、四年就能逢到一次月全食;但是日全食平均要几百年才能遇上一次。所以,世上有许多人,终其一生也未曾遇见过日全食的景象。

2009 年 7 月 22 日,我国长江流域发生了一次壮观的日全食,又被称为“长江大日食”。日食带宽 230 km,长达 3 000 km,横贯西藏南部和长江流域,包括了成都、重庆、武汉、合肥、杭州、上海等许多大城市,直接观看到本次日食的人数创造了世界之最。日食持续时间 6 分 38.8 秒,为 21 世纪最长的一次。为此央视新闻频道和国际频道还进行了题为“世纪日全食”的特别报道对这次盛况进行了直播。

3. 日食和月食的周期

日食和月食的条件,包含各种周期性的天文因素,因而具有严格和复杂的周期性。首先,日食必发生在朔,月食必发生在望。朔望月就是月相变化的周期,其长度为 29.530 6 日。其次,发生日、月食时,太阳必位于黄白交点或其附近。太阳经过黄白交点是周期性现象,其周期为交点年(食年),即 346.620 0 日。再次,发生日、月食时,月球也必同时来到黄白交点或其附近,月球连续二次经过同一黄白交点的周期为交点月,即 27.212 2 日。此外,月球接近近地点时,运行速度快;接近远地点时,运行速度慢。这种距离和速度的差异,也是一种周期性变化,其周期为近点月,即 27.554 6 日。

把上述四种周期组合成一种共同周期,即它们的最小公倍数,叫作**沙罗周期***。它的长度为 6 585.32 日,相当于 223 个朔望月,几乎相当于 242 个交点月,约略相当于 239 近点月和 19 食年,列举如下:

朔望月(29.530 6 日)×223=6 585.32 日

* 这个周期是古代巴比伦人发现的,“沙罗”(saros)意即“重复”。

交点月(27.212 2 日)×242 = 6 585.35 日

近点月(27.554 6 日)×239 = 6 585.55 日

食　年(346.620 0 日)×19 = 6 585.78 日

按现行公历,沙罗周期相当于 18 年 11.32 日(如其间有 5 个闰年,则为 18 年另 10.32 日)。经过这么长的一段时间后,太阳、月球和黄白交点三者的相对位置,以及月地距离,又回复到与原来近乎相同的情况。于是,上一个周期内的日月食系列又重新出现。在一个沙罗周期内,大体上有相等的日、月食次数和相同的日、月食种类。同时,每次日食和月食,都要在一个沙罗周期后重复出现。例如,1987 年 9 月 23 日的那次日环食,在 2005 年 10 月 3 日重现。

但是,由于沙罗周期并非太阳日的整数倍,相互对应的二次日食或月食,并不发生在一日内的同一时刻。它的不足 1 日的尾数 0.32 日,即约 1/3 日,使相互对应的二次日食或月食,在时刻上推迟约 8 小时,因此,在经度上偏西约 120°。如 1987 年 9 月 23 日的那次日环食,俄罗斯、中国和太平洋等处可见;而 2005 年 10 月 3 日发生的日环食,改在大西洋、非洲和印度洋等处可见。另外,沙罗周期并不严格地等于交点月、近点月和食年的整数倍,因此,相互对应的日食或月食,只是大同小异,不可能完全一样。

总之,沙罗周期并没有包含同日、月食有关的全部因素。它的简单的规律性,并没有绝对的意义,因此,不能代替日、月食的具体推算。

复习与思考

1. 日全食、日偏食和日环食,分别与月球的本影、半影和伪本影有关;为何月食仅与地球的本影有关?为什么没有月环食?
2. 当地球上发生月偏食时,在月球天空将发生什么?
3. 在地球上,有可能在午夜观测到日食吗?在哪里?
4. 本书图 5-5 表示发生在北纬 45°冬季日没前不久的一次日全食过程。认真分析图中的各种因素,然后,仿照该图的设计,另绘一幅表示发生在南半球同纬度夏季日出后不久的一次日全食过程。(提示:南半球的周日运动是逆时针方向)
5. 什么叫食限?食限的大小决定于什么?什么叫食季?食季的长短取决于什么?如果日偏食限为 17°,试求其食季的日数。
6. 发生日食的次数比月食多,为什么对一地来说,看到月食的次数反比日食要多?
7. 若今年 8 月发生月食,那么,明年 7 月可能发生另一次月食吗?今年 10 月有可能吗?为什么?
8. 如果黄白交点停止了移动,而黄白交角变得同黄赤交角一样,那么,日、月食条件将有怎样的改变?(食季固定,食限变小)
9. 什么是沙罗周期?为什么它取 6 585.32 日,而不取 6 585.35 日?为什么沙罗周期不能代替日、月食的具体推算?它的尾数 0.32 日在日、月食预告上有怎样的作用?

第二节　海洋天文潮汐

地球上的潮汐现象并不限于海洋,大气和固体地壳都有。但是,最明显的潮汐现象发生在海洋。海洋潮汐有多方面的因素,其中,最基本的因素是天文因素。本节主要说明的是海洋天文潮汐。

一、潮汐现象

1. 海面的潮汐涨落

海水在一天内有两次涨落。我国古时把发生在午前的一次海水上涨称为**潮**,午后的一次叫作**汐**。按字面分析,取其“朝”潮“夕”汐之意,合称**潮汐**(tide)。

从一地的潮汐现象看来,**涨潮**就是海面上升,**落潮**就是海面下降。涨潮和落潮交互更替:涨潮转变为落潮时,水位最高,称为**高潮**;落潮转变为涨潮时,水位最低,称为**低潮**。从涨潮转变为落潮,或从落潮转变为涨潮,都不是立即进行的,而是海面处于一个相对平稳的状态。前者叫作平潮,后者叫作停潮。涨潮和落潮,高潮和低潮,都是周期性来临的,其周期是半太阴日,即约 12 时 25 分。因此,一般地说,一天有两次涨潮和落潮,两次高潮和低潮。

每一次潮汐涨落,并不是前一次的简单重复。高潮不是同样的高,低潮也不是同样的低。高潮和低潮的水位差,叫作**潮差**。潮差也有周期性变化。在一个周期内,潮差由大变小,然后由小变大。潮差最大时的潮汐叫**大潮**;潮差最小时的潮汐叫**小潮**。从这一次大潮到下一次大潮,或从这一次小潮到下一次小潮,其周期是半朔望月,即约 14.77 日。因此,每月有两次大潮和两次小潮。

若从全球范围来考察潮汐现象,那么,一些地方发生涨潮,必在另外一些地方发生落潮;反之,一些地方若是落潮,正好证明另外一些地方正在涨潮。这种此起彼落的海水运动,称为**潮波**。另外,潮汐涨落是通过海水的流动来实现的。海水的流入造成涨潮,海水的流出造成落潮。海水不断地从正在落潮的海域,流向正在涨潮的海域。这样的海水流动,叫作**潮流**。

总之,从全球范围来看,潮汐现象实际上是海水的一种波动。它既有垂直的升降,也有水平的流动。

2. 地球的潮汐变形

潮汐现象,许多世纪以来,对于科学家和航海家们都是一个猜不透的谜。“海上明月共潮生”,古人清楚地看出,潮汐涨落明显地同月亮有关。例如,高潮到来的时刻逐日推迟,与月亮中天时刻每日向后推延一致。又如,潮差的大小总是同月相盈亏相联系:大潮发生在朔望,小潮发生在上、下弦。东汉学者王充早就指出:“**涛之起也,随月盛衰**。”宋代学者余靖在其所著《海潮图序》中说:“**潮之涨退,海非增减。盖月之所临,则水往从之……彼竭此盈,往来不绝,皆系于月,不系于日**。”但人们不解其间的关系到底何在。伽利略曾错把潮汐现象当作地球运动的直接证据。他认为,地球的运动产生颠动,使海洋中的水来回冲击,就像盛在盆里的水晃来晃去一样。直到牛顿发现万有引力后,潮汐现象才得到科学的解释。

从全球范围来看,潮汐现象首先是地球的变形现象。假如地球本是个正球体,那么,它要在自转过程中,由正球体变成较为明显的**扁球体**(参见第六章第一节);又要在公转过程中,由正球体变成不很明显的**长球体**[*]。前者是永久性的变形,与潮汐现象无关;后者是周期性变形,称为

* 扁球体是以椭圆的短轴为轴回转而成的球体,即类似桔子那样的球体;长球体是以椭圆的长轴为轴回转而成的球体,即类似橄榄那样的球体。两者在平面图上都表现为椭圆。

潮汐变形。

这里所说的公转,是指地球和太阳环绕它们的共同质心的运动,也指地球和月球环绕地月系共同质心的运动。前面已经提到,而且以后还要说明,地球上的潮汐现象,主要是由月球造成的。但为了说明问题简单起见,首先是以日地的相互绕转为例,因为太阳与地球的质量悬殊,共同质心十分接近太阳中心,因此,这种运动可以简单地看作地球环绕太阳公转。

地球绕太阳公转是一种向心运动,需要向心力。太阳的引力提供了地球绕太阳公转所需的向心力。这个力的作用,使地球不断地落向太阳。但按地球 30 km/s 的运动速度,这种向心运动不至于使地球最终坠入太阳,而只是不断地使它偏离其惯性直线路径而“落入”自己的轨道(图 5-13)。尽管如此,我们仍然应该把地球绕太阳的公转,看作既是持续向前的运动,又是不断地落向太阳的运动。

我们知道,引力的大小与距离的平方成反比。地球的不同部分,对太阳有不同的距离和方向,因而受到太阳的差别吸引,即不同大小和方向的吸引,从而有不同的降落速度。引力大,降落快;引力小,降落慢。差别吸引使地球在绕太阳公转过程中,由正球体变成长球体(图 5-14),图中降落速度 $V(A)>V(O)>V(B)$,即在天体引力的方向上,地球被“拉长”了。

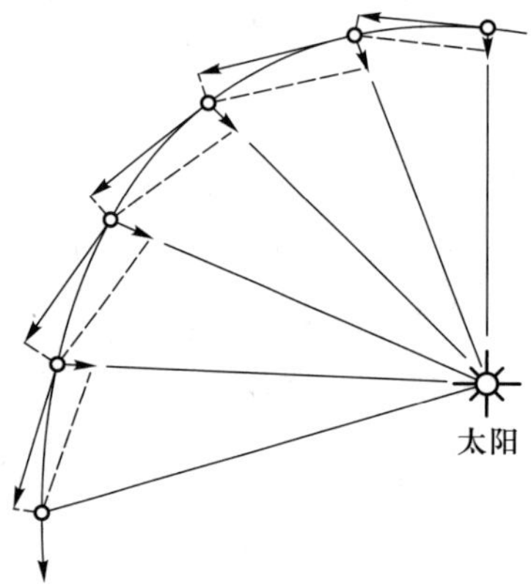

图 5-13 太阳的引力使地球不断地从它的惯性直线路径“落入”自己的轨道

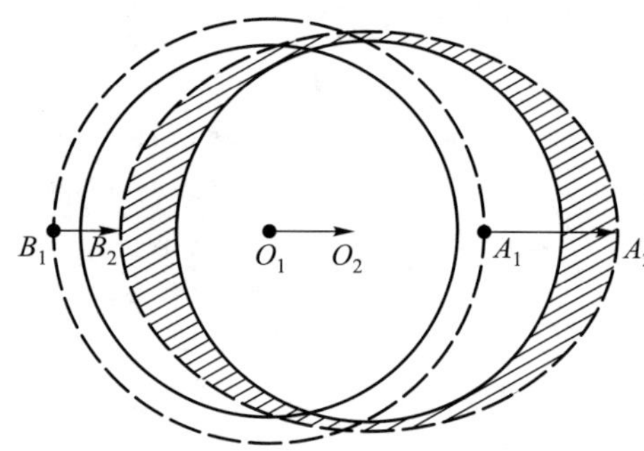

图 5-14 潮汐变形

二、引潮力

1. 引潮力及其分布

地球各部分受到太阳的差别吸引,其中,地心所受的太阳引力,不论方向和大小,无疑都是全球的平均值。同这个平均引力相比较,各地实际所受的太阳引力,总存在一个差值。这个差值就是使地球发生潮汐变形的直接原因,因而被称为**引潮力**(tidal force,也称起潮力或长潮力)。由此可知,地球所受的太阳引力,整体上(平均引力)为它提供绕太阳公转所需的向心力;而各部分之间存在的引力差异(引潮力)使它发生潮汐变形(图 5-15)。

引潮力之所以会使地球发生变形,还在于它本身也因地点而不同。

——太阳在地球上的直射点及其对跖点,被叫作太阳**垂点**。前者面对太阳,距离最近,是**正**

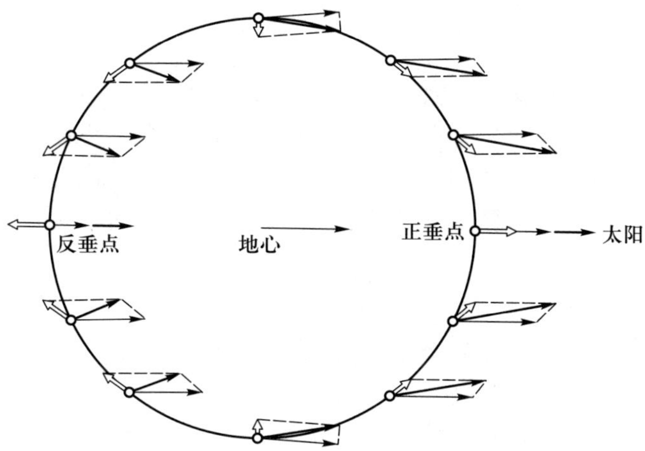

图 5-15　引潮力及其分布

图中表示的是太阳引力。细箭头表示平均引力，粗箭头表示实际引力，双线箭头表示引潮力。
引潮力=实际引力-平均引力。正反垂点的引潮力最大。

垂点；后者背向太阳，离太阳最远，是**反垂点**。正垂点所在的半球，所受的太阳引力大于全球平均引力，那里的引潮力是向太阳的。因此，这个半球在落向太阳的过程中是超前的。反之，反垂点所在的半个地球，所受的太阳引力小于平均引力，那里的引潮力是背向太阳的。因此，这个半球在落向太阳的过程中，总是落后的。向太阳的半个地球超前（向前凸出），背太阳的半个地球落后（向后凸出），于是，地球由正球体变成了长球体（图 5-16）。

——在全球各地，正反垂点的引潮力不仅最大，而且方向向上（对地面的重力方向而言，下同）。随着离正反垂点距离的增加，引潮力逐渐变小，其方向则渐趋水平直至向下（图 5-16）。在距垂点最远的地方，即以正反垂点为两极的大圆上，引潮力最小，方向向下。两端的引潮力向上，中间的引潮力向下，于是，地球由正球体变成了长球体。

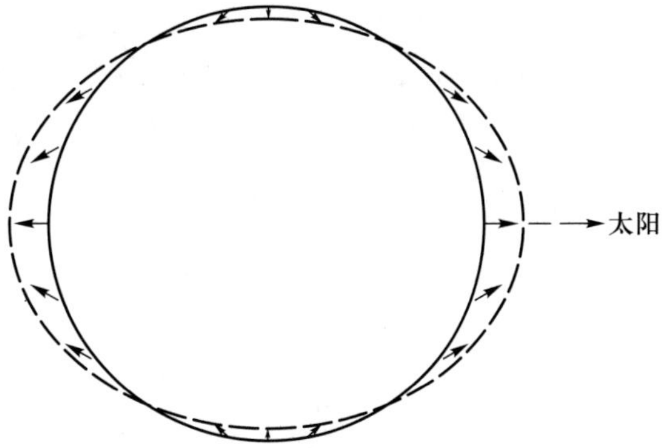

图 5-16　引潮力的分布

两端（正反垂点）的引潮力向上，中间的引潮力向下，地球便由正球体变成长球体。

综上所述，太阳对地球各部分的差别吸引，使地球在绕太阳公转的同时，由正球体变成了长球体。同理，月球对地球各部分的差别吸引，也使地球在绕转地月系质心的同时，由正球体变成长球体，而且，**其影响远超过前者**。

我们知道，海水具有流动性，它对外来变形的反应显得特别敏感。岩石圈是固体，具有很高的刚性（不是绝对不变形）。所以，地球由正球体变成长球体，被变形的首先是覆盖地表的水体。这就是说，在地球正反垂点的周围，形成两个水位特高的区域，称为**潮汐隆起**（图 5-17）。一个向着月球（或太阳），称为**顺潮**；另一个背向月球（或太阳），叫作**对潮**。

2. 引潮力的影响因素

一地的引潮力,是该地所受天体的实际引力同平均引力(即地心所受引力)的差值。为求引潮力的大小,便需求出地面和地心所受的天体引力。对于天体在地球上的正反垂点来说(图 5-17),情况最为简单,决定引潮力大小的,仅是天体质量(m)、天体距离(d)和地球半径(r)三个因素。因为在垂点上,地球半径和天体距离都在一直线上,天体对于地面和地心的引力,没有方向上的差异。

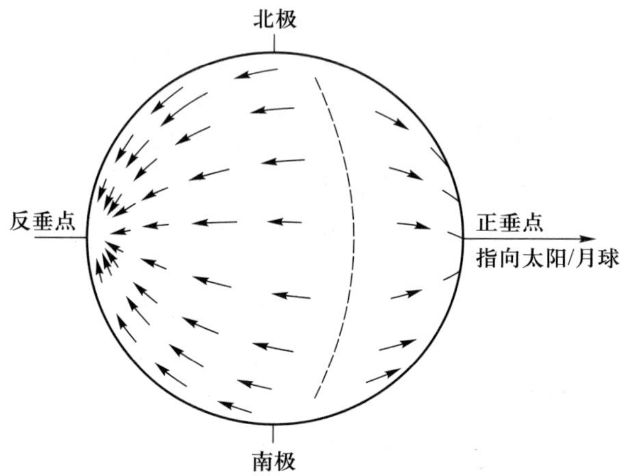

图 5-17 引潮力的方向和潮汐隆起

引潮力的水平分力都指向正反两个垂点,并在那里形成两个潮汐隆起,从而使地球由正球体变成长球体。

如图 5-18 所示,按万有引力定律,在地心,单位质量物体所受天体引力为

$$f_0=\frac{Gm}{d^2}$$

式中 G 为引力常数。

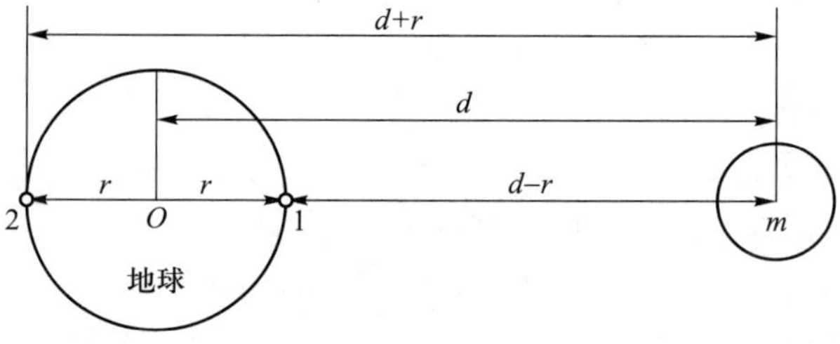

图 5-18 正反垂点的引潮力影响因素

天体质量(m)、天体距离(d)和地球半径(r)。

同理,正反垂点所受引力分别为

$$f_1=\frac{Gm}{(d-r)^2};\quad f_2=\frac{Gm}{(d+r)^2}$$

显然,$f_1>f_0>f_2$。按引潮力定义,正垂点的引潮力为

$$F=f_1-f_0=\frac{Gm}{(d-r)^2}-\frac{Gm}{d^2}$$
$$=Gm\frac{d^2-(d-r)^2}{(d-r)^2d^2}=Gm\frac{(2d-r)r}{(d-r)^2d^2}$$

同 d 相比，r 是很小的（近地点 $d\approx57r$，远地点 $d\approx64r$）。为简单起见，上式分子和分母中，同时略去括号内的 r，便得

$$F=\frac{2Gmr}{d^3}$$

同理，可得反垂点的引潮力为

$$F'=-\frac{2Gmr}{d^3}$$

上述公式中，以天体引力的方向为正。正反垂点的引潮力方向，虽有正负之分，但它们都与重力方向相反，都是向上。由该公式可知，**引潮力的大小与天体距离的三次方成反比。**

3. 太阴潮与太阳潮

地球的引潮天体有二：月球和太阳。在太阳系中，前者距地球最近，后者的质量最大。由月球引起的潮汐，叫**太阴潮**；由太阳引起的潮汐，叫**太阳潮**。两者的相对大小，可以用上述引潮力公式进行比较。该公式虽不是引潮力的普遍公式，它只适用于正反垂点（而且是近似的），不能用来比较两地的引潮力大小，但在比较太阴潮和太阳潮的相对大小时，只需比较两者各自垂点的引潮力的大小，而无须涉及地点因素。

按正反垂点的引潮力公式

$$F=\pm\frac{2Gmr}{d^3}$$

式中的 G、r 都是常数，因此，不同天体的引潮力的大小，仅取决于引潮天体的质量（m）和距离（d）。我们知道，太阳质量是地球质量的 333 000 倍，而地球质量又是月球质量的 81.3 倍，由此可知，太阳质量约为月球质量的 27 100 000 倍。又日地平均距离约为 149 600 000 km，月地平均距离为 384 400 km，前者约为后者的 390 倍。据此，月球与太阳的引潮力之比为

$$\frac{F_{月}}{F_{日}}=\frac{(390)^3}{27\ 100\ 000}\approx2.18$$

即太阴潮是太阳潮的两倍多；或者说，太阳潮不及太阴潮的一半。

三、海洋潮汐的规律性

1. 海洋潮汐的周期性

两个潮汐隆起存在于地面上，却要受天上月球的曳引而随之移动。或者说，地球向东自转，而潮汐隆起却始终滞留在月垂点上。从一个特定地点看来，随着月球的周日运行，海洋便周期性地发生潮汐涨落。

潮汐的基本周期有二：

——每太阴日两次高潮和低潮。太阴潮是海洋潮汐的主体,因此,潮汐的周期性,首先是月垂点向西运动的周期性。月球垂点的向西移动,主要原因是由于地球的向东自转,其次是月球本身的向东公转。前者使月垂点每太阴日向西移动 360°,后者使月垂点每太阳日向东移动 13°10′(图 5-19)。两者联合的结果,使月垂点和它周围的潮汐隆起,以太阴日为周期,在地球上的中低纬度带自东向西运行。这两个潮汐隆起向哪里接近,那里就涨潮;从哪里离开,那里就是落潮。同理,它们到哪里,那里就是高潮;它们离开哪里最远,那里便是低潮。这样,在同一地点,一个太阴日内,就有两次涨潮和落潮,两次高潮和低潮。

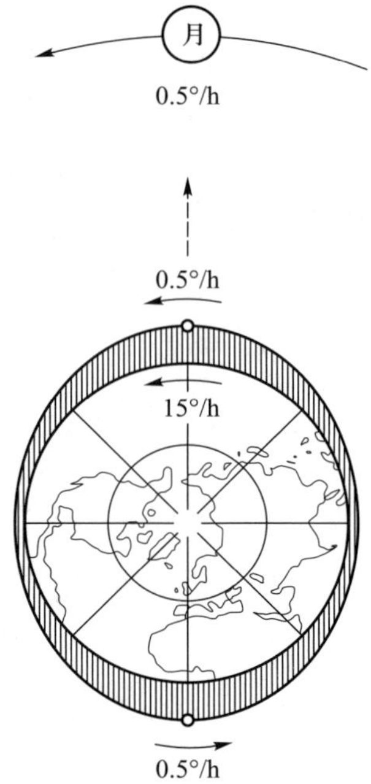

图 5-19　潮汐的基本周期
每太阴日二次高潮和二次低潮。

太阴日长度为 24 时 50 分,因此,相应的高潮和低潮到来的时刻,逐日推迟约 50 分钟。

——每朔望月两次大潮和小潮。太阳潮和太阴潮同时存在,地球上的潮汐现象是二者合成的结果。由于地球的自转和公转,太阳垂点以太阳日为周期,在地球上南北回归线之间的地带向西运行。但太阳潮远不及太阴潮,其作用主要表现在对太阴潮的干扰。由于太阳日和太阴日是两个不等的周期,这种干扰同月球和太阳的会合运动相关,因而以朔望月为周期。

每逢朔望(旧历初一和月半),月球、太阳和地球成一直线,月球和太阳的垂点最接近,因而太阳潮最大程度地加强了太阴潮,从而形成一月中特大的太阴、太阳合成潮。这时,高潮特别高,低潮特别低,潮差最大,称为**大潮**(图 5-20)。民谚有"初一月半看大潮"。大潮发生在朔望,因此又叫**朔望潮**。

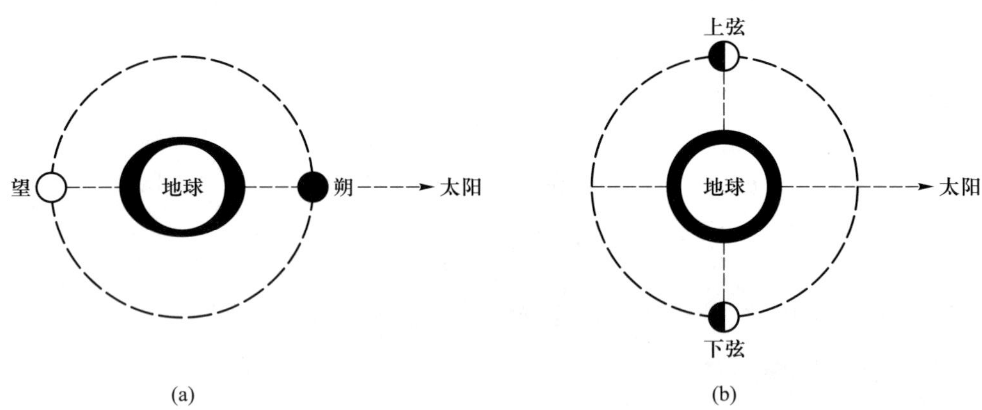

图 5-20　潮汐的基本周期:每朔望月两次大潮和两次小潮
(a)每逢朔望发生大潮;(b)每逢上、下弦发生小潮。

反之,每逢上下弦(旧历初八、廿三),月球、地球和太阳三者形成直角,月球和太阳的垂点相距最远(90°),以至太阳潮最大程度地牵制和削弱太阴潮,从而形成一月中最低的高潮和最高的低潮,潮差最小,叫作**小潮**。民谚有"初八二十三,到处见海滩"。小潮发生在每月的上下弦,故又称**方照潮**。

太阴日和朔望月，是海洋潮汐的基本周期。据此，可推算和预告高潮的约略时刻和大潮的约略日期，特别是大潮期间的高潮时刻。

2. 海洋潮汐的复杂性

每太阴日的二次高潮和低潮，每朔望月的二次大潮和小潮，体现了海洋潮汐的基本规律性。此外，海洋潮汐还有一些次要的规律性。这些次要的规律，是对基本规律的复杂化。因此，我们把它们看成潮汐现象的复杂性。

月球和太阳，不仅有黄经的变化，而且，由于黄赤交角和黄白交角的存在，它们之间还有赤纬的差异。同时，月地距离和日地距离也要发生变化。这些都是海洋潮汐的影响因素。

——赤道潮与回归潮。如果月球的赤纬为零，它的两个垂点都落在赤道上，全球各地在一个太阴日内，都有相等的两次高潮和低潮，潮汐的高度则自赤道向两极递减，南北对称。这样的潮汐称为**赤道潮**（或称**分点潮**）。若月球赤纬不等于零，它的两个垂点便分居南北两半球，以至同一纬度（除赤道外）的顺潮与对潮有所不同，造成一日内两次高潮之间的差异，称为**日潮不等**（图 5-21）。月球的赤纬愈大，日潮不等现象愈显著，月球赤纬最大（±28°35′）时所发生的潮汐，称为**回归潮**。

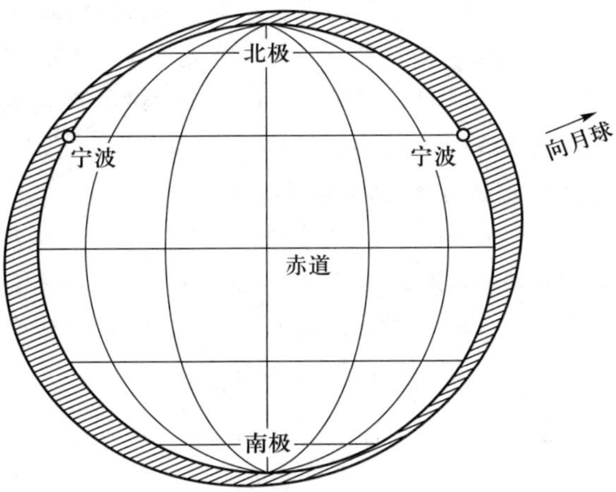

图 5-21　日潮不等

月球直射的半球，顺潮>对潮；非直射半球，顺潮<对潮。如月球直射点（正垂点）落在 20°N，那么，对宁波（30°N）来说，顺潮时距正垂点只有 10°，而在对潮时距反垂点达 50°之遥。

在一个交点月内，出现两次赤道潮和回归潮。由于这一变化，地球上各地在一个潮汐周期内，涨落的方式便有所不同。在赤道上，或发生赤道潮时，一太阴日内有等高的两次高潮和低潮，间隔均匀，叫作**半日潮**。其他日期，在纬度 $\varphi \geqslant 90°-\delta$ 范围内，纬线全线位于顺潮（或对潮）半球内，以至那里每太阴日只有一次涨潮和落潮，这样的潮汐称为**全日潮**。如同极昼（夜）的情形一样，其发生范围视月球的赤纬而定。在其他纬度地带，每太阴日虽有两次涨潮和落潮，但涨落高度有所不同，涨（落）潮历时也有差异，这样的潮汐称为**混合潮**。

——二分潮与二至潮。太阳赤纬的变化，同样对潮汐产生影响。所不同的是，太阳潮<太阴

潮,不像月球赤纬变化所造成的赤道潮与回归潮那样来得明显。但当太阳赤纬与月球赤纬的效应结合起来时,就出现潮汐现象的另一种周期变化:春秋二分前后的朔望,太阳和月亮都在二分点附近,太阳潮和太阴潮的潮汐隆起最为接近,潮差特大,日潮不等现象不显著,这时的潮汐称为**二分潮**。反之,冬夏二至前后的朔望,情形有所不同,称为**二至潮**。

——**近地潮**与**远地潮**。潮汐现象的复杂性,除了随月球赤纬而变化以外,还要因月地距离而变化。月球轨道的偏心率较大,月地距离在近地点时为 57 个地球半径,在远地点时为 64 个地球半径。按引潮力大小与天体距离的三次方成反比,近地点时的太阴潮比远地点时要大 41.6%。

近点月的平均周期为 27.554 6 日,比朔望月约短 2 日。因此,在每个朔望月里,近地潮同朔望潮出现的相对时间,是不断变动的。当近地潮遇上朔望潮时,潮差就特别大;而当远地潮遇上方照潮时,潮差便特别小。

同样的推论也完全适合于日地系统。**近日潮**与**远日潮**的变化周期为近点年(365.259 6 日)。由于太阳潮不及太阴潮的一半;而且,地球轨道的偏心率较小,所以,太阳潮的这种变化,只是叠加在太阴潮变化的不甚明显的起伏罢了。

——除天文因素外,海洋潮汐还有其气象和水文因素。前者指气流情况,后者指水流情况,两者都是非周期性因素。潮汐现象大体上存在于一切海域,但是,特别显著的潮汐只发生在沿海,并且与**海盆**因素(包括海盆形状与海水深度)密切相关。例如,我国的钱塘潮,就同它所处的河口位置有关。钱塘江口与杭州湾的广阔水域毗连,呈喇叭状,阔口向外,吞纳大量海水。杭州湾口宽度为 100 km,向里逐渐狭窄,至浙江澉浦,水面宽度只有 20 km。澉浦以西的河段,水底有一条南北相连的像门槛似的沙滩,叫作"沙坎",水浅,坡度微缓,阻滞潮波前进,使潮浪处于"前无去路,后有追兵"的状态,水体壅积,激起汹涌澎湃的怒潮,蔚为壮观。

——此外,海水本身具有一定的黏性,存在着内摩擦;同时,海底对潮流也有一定的摩擦作用。因此,高潮到来的时刻,一般都落后于月亮中天的时刻,其差值称**高潮间隔**,具体间隔时间则因地而异。同理,大潮发生的日期,一般都落后于朔望日期,其值通常是 1~3 日。"八月十八潮,壮观天下无!"是北宋文豪苏东坡为举世闻名的钱塘潮写下的千古名句。他指出,观潮的最佳日期不在月望的八月十五,而挪后至八月十八。

四、潮汐作用

1. 引潮力是一种瓦解力

引潮力的大小与天体距离的三次方成反比。在相互间距离较远的两天体间,引潮力是很小的,如太阳系其他行星与地球之间的引潮力,可以略而不计。但是,在两天体接近的情况下,引潮力就显得很大,成为一种瓦解力量。例如,在太阳系起源的众多假说中,就有"潮汐"一说,由英国天文学家金斯(1877—1946)提出。他认为,大约 20 亿年前,有一颗巨大的恒星接近太阳。由于引潮力的作用,太阳表面产生潮汐隆起,一部分物质脱离太阳,形成一个雪茄形的长条物绕转太阳。以后,长条物分裂成几个巨大气块,并逐渐凝聚、集结而成各个行星。新近的一个例子是,1994 年 7 月撞击木星(人类有史以来首次预测太阳系的重大碰撞事件)的苏梅克-列维 9 号彗星,由 21 颗分离的彗核组成。它就是被木星的引潮力"拉扯"成串珠状的。

月球对地球的引力,只及太阳引力的 1/150。可是,它对地球的引潮力,却超过太阳引潮力的二倍。假如月球比现在更接近地球，情况将会怎样？从理论上说，存在一个界限：在这个距离上，地球引潮力的“拉扯”作用，将把月球撕裂。法国天文学家洛希（1820—1883）研究指出，为使卫星免遭母行星引潮力的破坏，它离母行星有一个最小距离，这个距离被称为“洛希极限”。

一般地，洛希极限计算公式为：

对于刚体卫星：
$$d=1.26\left(\frac{\rho_M}{\rho_m}\right)^{1/3}R$$

对于流体卫星：
$$d=2.44\left(\frac{\rho_M}{\rho_m}\right)^{1/3}R$$

式中：ρ_M、ρ_m 分别为母星和卫星的密度，R 为母星半径。经推算，地球对月球的洛希极限是9 492 km（月球为刚体）至 18 381 km（月球为流体）之间。无论怎样，地月距离 384 400 km 是远超这个极限的。

这就是说，行星周围一定空间范围内，不容许有卫星的存在。这个结论不适用于人造卫星，因为人造卫星质量很小，而且是由金属构成的。

土星光环到土星中心的距离为 2.31 土星半径，略小于洛希极限。对土星环的成因虽然还存在分歧意见，但最常见的解释是，土星曾一度有一颗较近的卫星，它在洛希极限内徘徊时，引潮力把它粉碎成细小的碎片，散开成为土星的光环。

2. 潮汐摩擦

潮流对海底具有摩擦作用，叫作**潮汐摩擦**。值得指出的是，潮汐摩擦不是单纯的海水问题，而是地球整体的问题。

如果把月球对于地球的引力看作集中于一点，那么，这个引力中心（Q）不在地心，而是偏向近月半球和偏东半球（图 5-22）。近月半球与远月半球按月地的距离而分。引力中心偏向近月半球，这是因为引力大小与距离平方成反比，近月半球所受的月球引力，总是大于远月半球。偏东半球和偏西半球按月球绕转的方向而分。由于海水的黏性及海底摩擦，潮汐隆起在向西运行中，总是落后于月垂点，即位于垂点以东。

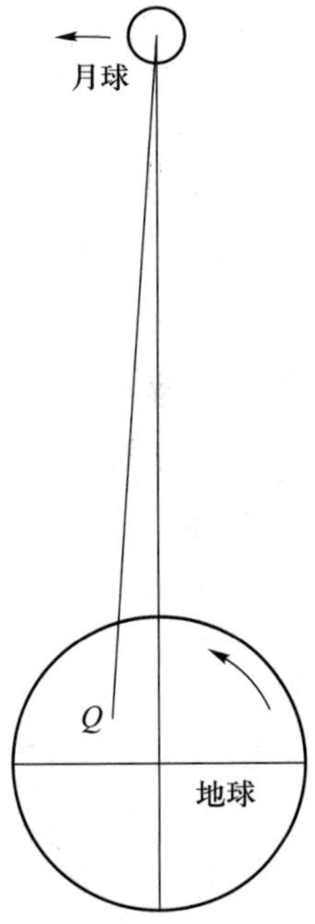

图 5-22 地球所受引力中心（Q）偏离地球几何中心

既然月地间的引力作用偏离地球中心，它就会产生力矩，从而影响地球和月球的运动。具体地说，月球对于地球的引力有一个向西的分量。这个分力对于地球的向东自转起着减速作用，即像刹车那样的作用。通常提到潮汐摩擦，总是强调这个作用，其实，它还有另外的一面：地球对于月球的引力有一个向东分量。这个分力对于月球公转起着加速作用。

值得指出的是，月球绕转的速度，是同月地距离相适应的。月球绕转速度加快的结果，必然是月地距离的增大；而月地距离增大的结果，必然是月球绕转速度的减慢。这样看来，潮汐摩擦作用的结果，是使地球自转和月球公转的速度减慢，即周期变长。比较起来，地球自转周期变长较为明显，而月球绕转周期变长更为缓慢。目前，恒星月长度（月球绕转周期）是恒星日（地球自转周期）的 27

倍多。随着潮汐摩擦的持续作用,在遥远的未来(大约数十亿年之后),这两个周期将渐趋一致,月球与地球保持相对静止。那时候,地球上的1日就是1月。但是,这种情况不会永久维持,因为地球与太阳并不是相对静止的。

根据对远古时代的日、月食的研究,因潮汐摩擦,日的长度每世纪增长0.001 6 s。如果忽视这个因素,根据现代天文数据推算远古的天文事件,计算结果不可能是十分准确的。

同理,地球对月球的潮汐作用(其效应是更为强烈的),使得月球的自转成为同步自转。

3. 潮汐的地理意义

潮汐现象在国民经济中具有重要的意义,各种海洋事业都与潮汐涨落密切相关。人们根据潮汐涨落的规律,张网捕鱼,引水晒盐;利用广阔的海涂,发展水产养殖事业。潮汐还是取之不尽、用之不竭的动力资源,可以利用它发出强大的、廉价的电力。

潮汐涨落对海洋航运事业至为重要。世界上许多浅水港口,诸如我国的上海、英国的伦敦和德国的汉堡等,在很大程度上都是依赖潮汐而存在的。巨型的远洋航轮,只有利用涨潮时的较高水位,才能进出海港。倘若月球一旦停止对地球的引潮作用,那么,这些海港将降低或丧失它们在海运上的地位。

决定一个国家的领海,亦与潮汐现象有关。领海是指海岸向海洋延伸若干距离的海水领域。海岸线因潮汐涨落而进退,因此,国际上规定,计算一个国家的领海,以大干潮时——即海水落得最低时候的海岸线为准。

复习与思考

1. 什么是地球的潮汐变形?它是怎样发生的?
2. 什么是引潮力?引力的大小与距离的平方成反比,而引潮力的大小与天体距离的立方成反比,这是为什么?除距离因素外,还有什么别的因素影响引潮力的大小?
3. 高(低)潮到来的时刻为什么逐日推迟?为什么逢朔望发生大潮,逢上下弦发生小潮?
4. 若月地平均距离增大为768 800 km(不计因距离改变而引起周期的变化),那么,地球上的潮汐现象将会发生怎样的改变?
   ① 潮汐现象比现在增强,还是减弱?
   ② 太阴潮与太阳潮哪个大些?大多少倍?
   ③ 这时,潮汐涨落周期将发生怎样的变化?
   ④ 这时,是否仍有每月两次的大潮和小潮?
5. 已知日地距离是月地距离的390倍,如果太阳质量增大为月球质量的59 319 000倍,那么,太阴潮与太阳潮是否会有所不同?在此种情形下,大潮和小潮怎样不同于目前的情况?
6. 何谓日潮不等?什么是全日潮?月球赤纬的变化如何影响日潮不等和全日潮发生的范围?

第六章　地球的结构和物理性质

第一节　地球的形状和大小

地球表面崎岖不平，它的真实形状是非常不规则的。但比起地球的大小来，地面起伏的差异又是微不足道的。因此，在讨论地球形状这一课题时，为了使它的总体形状特征不被地面起伏的微小差异所掩盖，人们不去考虑地球自然表面的形状，而是研究它的某种理论上的表面形状。这就是**全球静止海面**的形状。

所谓全球静止“海面”的形状，指的是海面的形状。它忽视地表的海陆差异，海面显然要简单和平整得多。所谓“静止”海面，指的是平均海面，它设想海面没有波浪起伏和潮汐涨落，也没有洋流的影响，完全平静。所谓“全球”静止海面，它不仅包括实际存在的太平洋、大西洋、印度洋和北冰洋，而且以某种假想的方式，把静止海面“延伸”到陆地底下，形成一个全球性的封闭曲面，称为**大地水准面**(geoid)。这是一个重力作用下的等位面，是地面上海拔高度起算面。地球的形状就是指大地水准面的形状。

一、地球是一个球体

1. 地球是一个球体

人类对于大地形状的认识，有十分悠久的历史。由于大地本身庞大无比，而人们的视野范围却十分有限，凭直观的感觉不能认识大地的形状。一个人站在平地上，大约只能看到 4.6 km 远的地方。这一小部分大地，看起来是一个平面。我国古时有“天圆似张盖，地方[平]如棋局”的说法，即认为天空是圆的，大地是平的。

然而，许多迹象表明，地面不是平面，而是曲面。例如，登高可以望远。人眼离地高约 1.5 m，只能看到 4.6 km 远；若升到 1 000 m 高处，便能看到 121 km 远的地方。这是地面是曲面的有力证明。

又如，人们在岸边观看远方驶近的船只，总是先见船桅，后见船体；船只离港远去时则相反，先是船体，后才是船桅相继隐入海平面。大地若是平面，那么，不论距离远近，船体和船桅应同时可见(图 6-1)。

再如，北极星的高度因纬度而异，愈往北方，它的地平高度愈大。我国南方各地，人们能见到南天的老人星，而在北方，老人星永远隐没在南方地平。如此看来，不同地点有不同的地平，地面本身只能是曲面。若地面是平面，遥远的恒星应同地面各部分构成相同的高度角。

(a)

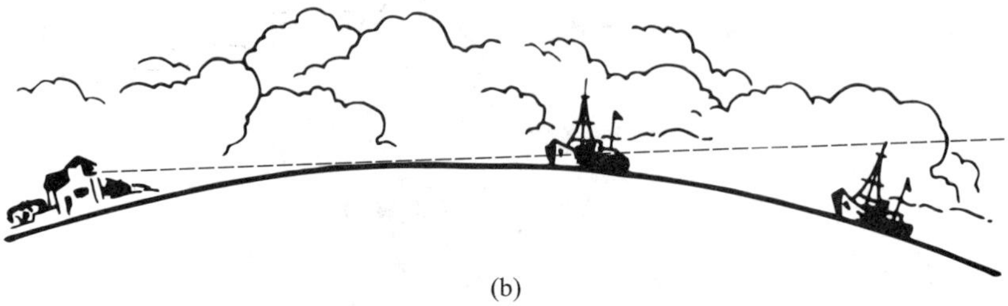

(b)

图 6-1 曲面大地的一种直观证据

(a)若大地是平面,远方船只的船桅和船体,应同时可见;

(b)大地是曲面,远方驶近的船只,先见船桅,后见船体。

上述各种现象都证明大地是一个曲面。然而,曲面还不一定就是球面,只有具有相同曲率的曲面,才构成球面。近代测量表明,地面各部分有大致相同的曲率,每度都在 111 km 左右。由此可见,球形大地的结论,是以严密的推论和精确的测量为依据的。麦哲伦的环球航行,只是用事实证明大地是一个封闭曲面而已。在进入空间探测的今天,宇航员在宇宙飞船中或登临月球时,真切地看到地球是一个球体。

2. 地球大小的测定

当人们意识到足下的大地是个圆球体后,自然会提出这样的问题:地球有多大?

测定球体的大小是比较“简单”的,只需测定经线的一段弧长(大地测量)及它对地心所张的角度(天文测量),就可以求知经圈的全长,从而求知地球半径和其他数据。测定经线的一段弧长对于地心的张角,是更加容易的,只需比较一下同一经线上的两地,在同一日期的正午太阳高度,就能得到这个数值。它就是两地的纬度差。

古希腊学者埃拉托色尼在历史上第一次约略地测定了地球的大小(图 6-2)。他知道,夏至日正午,太阳位

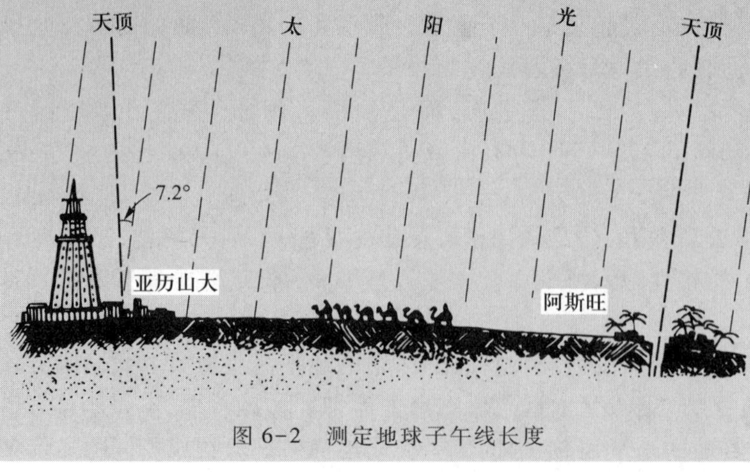

图 6-2 测定地球子午线长度

于埃及南部阿斯旺(旧时称塞伊尼)的天顶,阳光直射深井的井底。埃拉托色尼据此认为,阿斯旺地处北回归线。他还估计,亚历山大与阿斯旺位于同一经线上,两地相距约为 5 000 斯台地亚(希腊里)。这样,他只要测定亚历山大夏至日正午太阳高度,就可以得出地球的大小。

埃拉托色尼并不直接测定正午太阳高度,而是用圭表测定正午影长。这种圭表是半个空心圆球,圆球中央有一根竖直的轴。这根轴就是圆球的半径。当圭表放置地面的时候,这根轴便垂直于地面,指向天顶(图 6-3)。埃拉托色尼测得亚历山大夏至日正午,圭表轴投射在圆球上的影长,约为整个圆周的 1/50,即约 7.2°。古希腊人已有相当完备的几何学知识。埃拉托色尼推得,圭表轴投射在圆球内表面的影长与圆周长度之比,等于阿斯旺与亚历山大两地间的经线弧长与地球周长之比。换句话说,地球子午线周长等于阿斯旺至亚历山大之间距离的 50 倍,即 250 000 斯台地亚。1 斯台地亚合 158 m,那么,地球周长为 39 500 km。这与近代的测定值 40 025 km 相当接近,换算成地球半径约为 6 370 km。

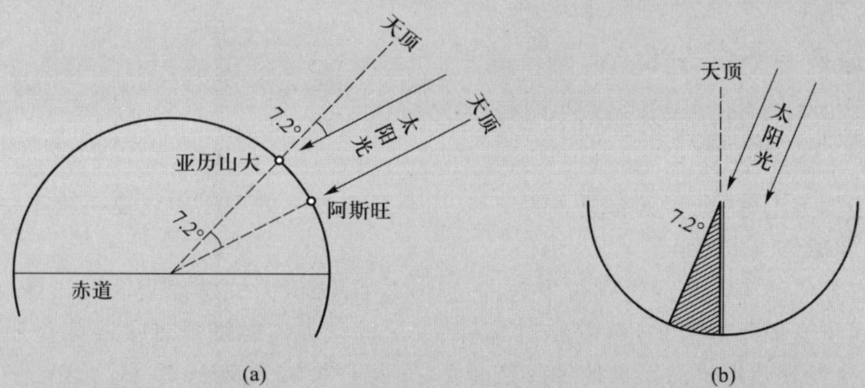

图 6-3 埃拉托色尼测定地球大小

(a)亚历山大夏至日正午的太阳天顶距,就是亚历山大与阿斯旺之间的子午线的度数,即两地的纬度差;(b)埃拉托色尼测定太阳天顶距用的圭表。

严格说来,埃拉托色尼测定地球大小的工作,实际上只做了一半,即测定两地的纬度差;而两地间的距离是估算的,并非实测。最早实测子午线长度的,则是我国唐代天文学家僧一行(本名张遂,683—727)。公元 724 年,在他的主持下,太史监南宫说率领一支测量队,在今河南省黄河南北的平原地带,分别测定了大体上位于同一经线上的滑县、开封、扶沟和上蔡四地的分至日正午影长和"北极高"(即纬度),同时丈量了上述各地间的水平距离,从而得出"三百五十一里八十步而极差一度"*。一行没有球形大地的概念。他只是以实测数据否定当时"日影千里而差一寸"的说法,而没有把"极差一度"看作地面上的纬度。因此,一行并不理解自己所做的就是地球子午线长度的测定,就像后来的哥伦布并不知道他所发现的陆地是美洲一样。

3. 地球引力与地球形状

地球是一个具有内部均衡引力的物体。按对称的原理,一切这样的物体以球形为最简单。所以,太阳、月球和行星等许多天体都是球形。近代天文学奠基人哥白尼说过"球形是万物中最完美的形状;因为这种形状的容积最大,宜于包罗一切。"又说:"重力不是别的,而是……赋予物

* 见《新唐书·天文志》。按唐代的长度单位,1 里为 300 步,1 步为 5 尺,分圆周为 365.25°,换算为现代单位,约合每度 129.22 km,与近代的测定值有较大的误差。

体使之联合为球形状的一种自然倾向*。”地球是在自引力作用下才形成球体。

影响天体形状的因素,不仅是天体的自引力,而且还有固体分子的内聚力。前者使天体趋向球形,后者则倾向于保持物体原来的形状。自引力的大小,决定于天体的质量。一切质量较小的天体,由于自引力的作用不及分子内聚力的作用,便不能成为球体。例如,来自星际空间的陨星不是球形。空间探测表明,火星的二个质量很小的卫星,也不是球形。根据亮度变化推断,小行星的形状都是不规则的,几个质量巨大的小行星是例外。这就表明,只有质量巨大的天体,它们的自引力超过分子内聚力,才具有球体的形状。

然而,并非所有质量巨大的天体都是球形的。例如,星云的质量远大于恒星,却不是球体。这是因为天体在演化过程中,从非球体到球体,需要有一个时间的过程。质量巨大的天体,在它不同的发展阶段并非都是球形的。

二、地球是一个扁球体

1. 地球是一个扁球体

严格的球体是正球体,它具有统一的半径,因而具有统一的曲率和周长。地球并非这样的球体,而是一个扁球体。

地球是扁球体的事实是通过摆被发现的。1672 年,法国天文学家里舍受巴黎科学院派遣,到南美洲法属圭亚那首府卡宴(地近赤道)观测火星的视差。他随身带去一架优质的摆钟。到达卡宴后,里舍发现他那走时很准的钟忽然变慢了,每昼夜减慢 2 分 28 秒。这是一个不小的误差。他不得不根据恒星的运动来校正他的摆钟,把摆长缩短 4 mm,摆钟恢复正常走时。两年后,里舍回到巴黎,却发现钟又走快了,加快的数值恰好就是当初在南美洲减慢的数值。他把钟摆恢复到原来的长度,于是,钟又走准了。

在此以前,人们相信秒摆的长度应该到处都是一样的,有人还曾主张用它来作长度单位;当年伽利略测定重力加速度值时,也没有怀疑到这一点。钟摆在赤道附近变慢,可以令人信服地用重力变小来解释。可是,重力为什么因纬度而改变呢?人们于是把它同地球的运动和形状联系了起来。这是认识上的又一次飞跃。

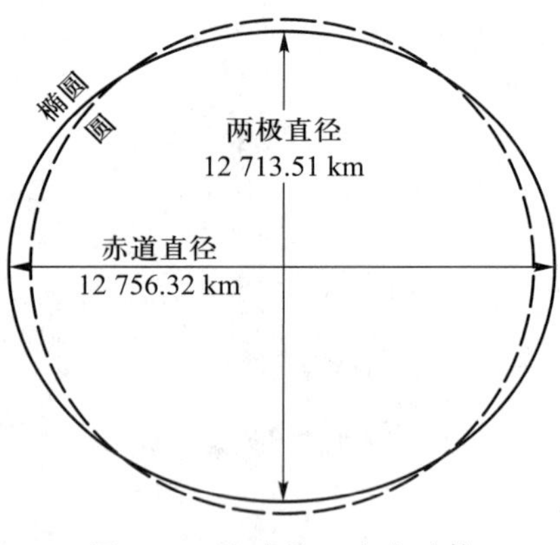

图 6-4 地球是一个扁球体

赤道半径比极半径长,它的经线是椭圆。

扁球体的特征是,球半径随纬度的增高而变小:赤道半径最长,极半径最短;与这个特征相联系的是,在扁球体上,赤道和纬线仍是正圆,而经线都是椭圆,它们的曲率自赤道向南北两极减小(图 6-4)。

扁球体的扁缩程度用扁率表示。若以地球的赤道半径为 a,极半径为 b,那么,地球的扁率(f)便为:

$$f=\frac{a-b}{a}$$

* 哥白尼:《天体运行论》,科学出版社,1973,第 8 页和第 26 页。

关于地球形状和大小的数据，有一个不断提高精确度的过程。1975 年 9 月，由国际大地测量学和地球物理学联合会举行的第十八届全会，决定自 1984 年起采用如下的数据*：

赤道半径(a)= 6 378.140 km

极 半 径(b)= 6 356.755 km

扁　　率(f)= 1/298.257

2. 地球自转与地球形状

如果自引力是形成球体的唯一因素，地球必然是正球体。然而，地球是一个旋转体，还受惯性离心力的作用**。地球的每一质点都处于引力和惯性离心力合力的作用下，这个合力就是重力。里舍把重力随纬度的变化，归因于惯性离心力的作用。在赤道上，地球自转最快，惯性离心力最大，重力便减小；到两极，自转的速度和惯性离心力都等于零，那里的重力最大。计算表明，由于惯性离心力的影响，赤道上的重力比在两极减小 1/289。可是，地面重力的实际差异比这要大得多，赤道与两极的重力差值为 1/190。显然，影响地面重力的不仅是惯性离心力。

又是牛顿对此作出圆满的解释。他指出，使地面重力自两极向赤道递减的原因有两个：一个是惯性离心力，还有一个是地球的扁缩。牛顿从理论上无可辩驳地证明，在自转的惯性离心力作用下，地球本身必然是扁的。

在自转着的地球上，每一质点的圆周运动的中心都在地轴上，惯性离心力的方向都垂直并背离地轴。如把一地的惯性离心力分解为垂直和水平方向的两个分力，那么，这后一分力都指向赤道（图 6-5）。正是在指向赤道的水平分力作用下，物质有向赤道集聚的趋势，地球变成了扁球体。

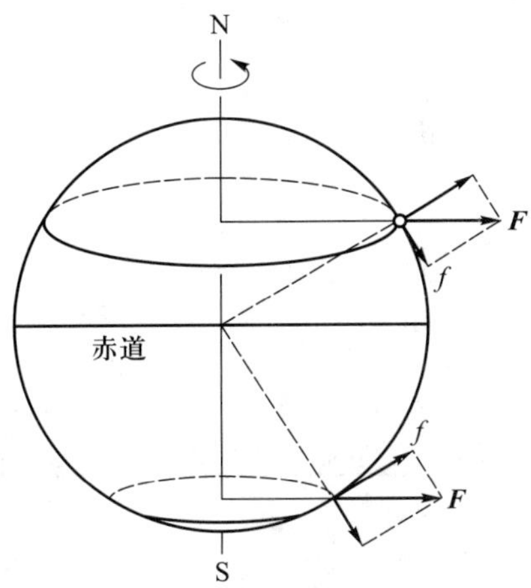

图 6-5　惯性离心力

直接造成地球扁球体的是自转的惯性离心力(**F**)。它的水平分量(*f*)指向赤道；垂直分量在很小程度抵消一部分重力。

牛顿还根据对木星和土星的观测，发现它们都有赤道突起、两极扁缩的形状，从而推断地球也一定是这种形状。正是根据地球扁球体的理论，牛顿成功地解释了地轴进动和二分点“岁差”的成因。这是地球运动和地球形状内在联系的一种表现。

3. 地理纬度和地心纬度

地球由正球体变成扁球体，地球上的纬度就有两种不同的度量方法：一种方法把纬度定义为地面法线与地球赤道面的交角；另一种方法把纬度定义为地球半径与赤道面的交角。前者强调

---

* 实际上目前并没有一个“官方认可”的标准数据，现在广泛使用的是美国国家航空航天局（NASA）发布的数据：a = 6 378.137 km，b = 6 356.752 km，f = 0.003 353。

** 惯性离心力不同于离心力，它只是一种视示力，是惯性作用在圆周运动中的一种表现，一种脱离圆心的倾向。离心力和惯性离心力作用于不同的物体。举例来说，用绳子系住石头，手握绳子的一端使之转动，那么，离心力是石头对手的作用力（手对石头的作用力是向心力），惯性离心力是作用于石头的力。

从赤道沿本地经线到所在地的一段弧的度数,叫**地理纬度**;后者强调这段弧对地心所张的球心角,叫**地心纬度**。

在讲述地理坐标时,我们把地球当作正球体。在正球体上,地面法线与地球半径是一致的,因此,不存在两种纬度的区别。但事实上地球是一个扁球体。在扁球体上,除赤道和两极外,垂直于地面的直线不通过地心;反之,通过地心的直线不垂直于地面。于是,就存在两种纬度的差别。由于扁球体的经线曲率自赤道向两极减小,所以,一地的地理纬度总是大于它的地心纬度(图 6-6)。

地理纬度和地心纬度的差异本身,又因纬度而不同。在南北纬 45°处,两种纬度的差值最大(11′32″),由此向赤道和两极递减为零(图 6-7)。我们知道,经线的曲率自赤道向两极减小,其中,南北纬 45°处的经线曲率,可以被认为是经线的平均曲率。同它相比,自赤道至南北纬 45°,这一段经线的曲率大于平均曲率,因此,它的地理纬度均大于地心纬度,而且,二者的差值随纬度增高而持续增大。反之,自南北纬 45°到南北两极,这一段经线的曲率均小于平均曲率,两种纬度的差值自 45°起开始递减,至南北两极,积累起来的差值减小为零。换言之,南北纬 45°是两种纬度间差值持续增大的终点,同时,又是持续减小的起点。于是,在那里出现极大值,而在赤道和两极是极小值。

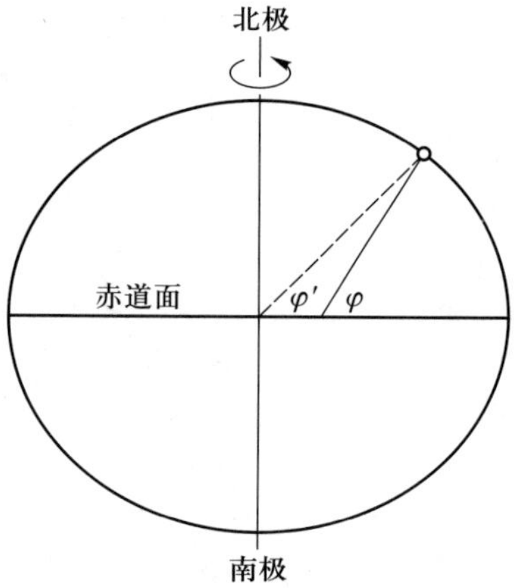

图 6-6　两种纬度

在扁球体上,球半径只通过球心,不垂直于球面;法线只垂直于球面,不通过球心。因此,纬度分为地理纬度(φ)和地心纬度(φ'),且 $\varphi>\varphi'$。

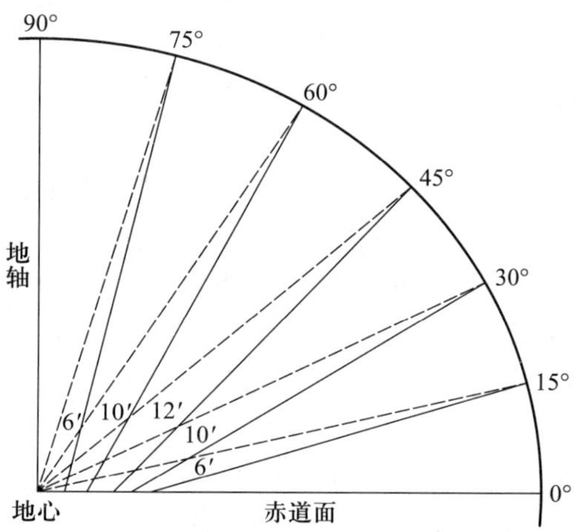

图 6-7　地理纬度与地心纬度的差值

以 45°纬度为最大。

地理学上所考虑的主要是各地的地平面如何不同于赤道的地平面,而不是地心所在的方向。因此,它原则上应用地理纬度。在通常情形下,这种微小的差异可以略而不计。

三、地球是一个不规则的扁球体

1. 地球是一个不规则的扁球体

扁球体不及正球体简单,但它在几何上是有严格规则的。它的纬线都是正圆,经线都是椭圆。这样的球体,可以看成由椭圆绕它的短轴回转而成,所以也叫回转扁(椭)球体。

地球(大地水准面)的真实形状,严格说来,不是几何上的回转椭球体。它的形状是不规则的:纬线不是严格的正圆,经线也不是真正的椭圆;地球的南北两半球并不对称,它的几何中心也不在赤道平面上。地球是一个不规则的扁球体。对这样一个不规则的球体,无法用简单的几何体或数学方法来表示,于是,人们改用它同一个理想的"模型"作比较来说明。

为了具体地表示地球形状的不规则性,可设想一个**参考扁球体**。它具有扁球体的严格规则性,而其形状和大小又十分迫近大地水准面。说它是参考"扁球体",因为它是严格的扁球体;说它是"参考"扁球体,因为它代表了地球形状的基本方面。前述地球扁球体的各项数据,实际上都是参考扁球体的数据。

有了参考扁球体,地球的真实形状,便可以用大地水准面的各部分对于参考扁球体的偏离来表示。图 6-8 表示大地水准面的一个纵剖面,从图中可以看出,大地水准面与同它最迫近的扁球体相比,最大的偏离不过几十米。概括地说,北半球的高纬地区和南半球的低纬地区,大地水准面高出参考扁球体;而北半球的低纬地区和南半球的高纬地区,大地水准面稍低于参考扁球体。特别明显的对比是南北两半球的极半径的差异:北极的大地水准面高出参考扁球约 10 m,而南极的大地水准面低于参考扁球体约 30 m,二者有 40 m 之差;比较起来,北半球略显凸起,南半球较为扁平。

图 6-8 所表示的大地水准面的形状,曾给人以梨形的印象。此图一出,人们以讹传讹,"梨形地球"的说法曾不胫而走。其实,该图只是用来说明,大地水准面对于参考扁球体的偏离,因南北半球而不同,而不能表示地球的真实形状。这是因为:第一,它为突出这种偏离,不得不忽视参考扁球体的"扁",不考虑地球的赤道半径与极半径的近 21 km 的巨大差异,以正圆代替椭圆;第二,它过分夸大了大地水准面对于参考扁球体的偏离,用来表示南北两极间 40 m 差值的比例尺,比用于表示地球半径的比例尺,扩大了 57 000 倍。由于这种"舍本求末"的夸大,大地水准面的形状才"像梨"。事实上,南北两极间区区 40 m 的差异,对于长半径为 6 378.140 km,扁率为 1/298.257 的地球来说,是微乎其微的。它只是使地面各部分的曲率产生微小的变化而已。大地水准面的任何部分都是凸面,没有凹陷,更不会有棱角。

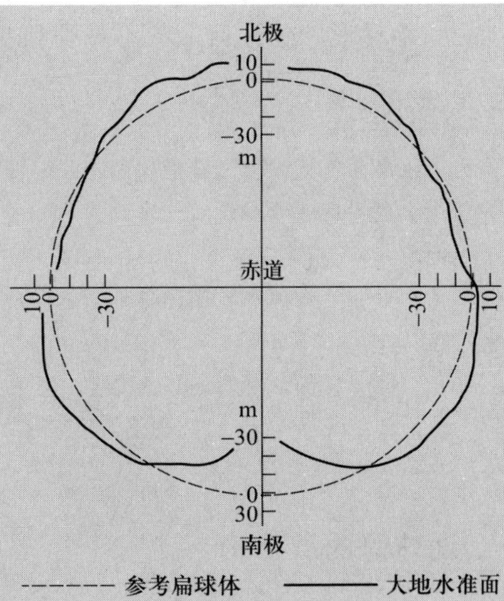

图 6-8　大地水准面对于参考扁球体的偏离

不能由此得出:地球的形状像梨。

2. 地内物质分布和地球形状

地球的自引力和自转的惯性离心力,都是系统性的因素。在它们作用下,地球形状必然是有规则的。既然地球形状是不规则的,那就一定有非系统性因素在起作用。这个因素就是地球内部的物质分布不均匀。

地球内部物质的组成和密度随深度而不同。通常我们总是把地球看成由均质的同心球层所组成。但严格地说,由于地球内部物质的分异没有最后完成,地球内部的球层,既不是真正的均质,也不是真正的同心。这种情况必然要影响地面的重力分布和大地水准面的形状。由于这个原因,地球的质量中心,并不位于它的几何中心。

物质分布不匀的情况,在地壳表现得尤为显著。地球表面有海陆差异和高低起伏。前面说过,地球形状是指海面的形状,而忽视地表的海陆分布和地形起伏的差异。这是为了简化地球的形状,在几何上排除这些因素。但是,海面形状本身,则不能不受到海陆差异和地形高低的物理影响。地面的高低起伏,并不单纯是地面上的问题,它在一定程度上反映地下物质的分布情况。而且,高山所在的地方,地内物质并不一定特别多;深海所在的地方,地内物质并不一定特别少。所有这些复杂的情况,无一不影响大地水准面,使得地球扁球体变成不规则的形体。

从几何上说,地球的形状是不规则的。但是,在物理意义上说,地球的形状又是规则的。这是因为,全球静止海面,不论几何上怎样复杂,总是一个等位面。在这个等位面上,物体具有相同的重力势能。

地球上海面的形状是同地面上的重力分布相联系的。自转的惯性离心力影响地面重力,使地球由正球体变成扁球体。同样地,地球内部的物质分布不匀,造成地表重力的局部差异,从而形成海面的局部起伏。在重力加速度较大的海面,海面本身在几何上必然较低;反之,在重力加速度较小的海面,海面本身在几何上必然较高。只有这样,海面才可能是一个等位面。不然,海水就会发生流动,而流动的结果,必然是等位面的形成,也就是地球形状在几何上的规则性遭到破坏。因此,地球形状在几何上的不规则和在物理上的有规则,是互为条件的。

复习与思考

1. 什么是大地水准面?人们怎么知道地面不是平面而是曲面?又怎么知道地球是一个球体?
2. 地球为什么会成为扁球体?比较地理纬度和地心纬度,为什么地理纬度大于地心纬度?为什么两种纬度间的差值以南北纬 45°为最大?
3. 什么是参考扁球体?大地水准面的各部分怎样地偏离参考扁球体?为什么笼统地说“地球的形状像梨”是不确切的?

第二节　地球的结构

一、地球的圈层结构

地球本是一个非均质的球体。它在长期运动和物质分异过程中,按照密度的大小,分离成若干由不同状态和不同物质组成的同心(地心)球层。

1. 地球的外部结构

地球表面由岩石构成。它主要是岩浆岩,即从地内上升的炽热岩浆冷凝而成的岩石。在岩浆岩上面,往往有一层较薄的沉积岩(一般不超过 4~5 km)和更薄的土壤覆盖层。地球的这一表层,包括岩浆岩、沉积岩和土壤覆盖层在内,被叫作**岩石圈**。

岩石圈的表面,大部分被海洋覆盖。陆地的低洼部分,也有液态水停潴,成为湖泊和河流。在陆地的高寒地区(高纬和高山),固态水积聚成为冰川。此外,地表以下一定深处,存在着地下水。所有这些不同形态的水，构成一层**水圈**。

在岩石圈和水圈之上，整个地球被一层以氮和氧为主要成分的大气所包围，叫**大气圈**。大气圈是地球最外部的圈层，也是从地面到行星际空间的过渡圈层，没有明确的上限。70%～75%质量的大气，集中在 9 km（两极）到 17 km（赤道）厚的底层。这一层大气的主要特点，是从地面获得热量和水分，因而有对流作用和天气现象，被称为对流层。

岩石圈、水圈和大气圈，既是彼此分离和独立的，又是相互渗透和作用的。这样，地球上就出现了一个既有矿物质、又有空气和水分的地带，加上适宜的温度条件，就成为生物衍生的地带，叫作**生物圈**。它包括岩石圈的上部，大气圈的底部和水圈的全部，是地球上一个独特的圈层。

地球的外部就是由岩石圈、水圈、大气圈和生物圈所组成的。

2. 地震波与地球内部结构

地球的外部结构，人们可以直接进行观测；而研究地球内部的情况，问题就要困难得多，因为人们能够直接观测到的，只限于裸露在地表和来自钻井的岩石和矿物标本。然而，目前世界上最深的钻孔，不过 12 km 左右，对于 6 371 km 的地球平均半径来说，这个深度是极其有限的。这样，关于地球内部结构情况，只得通过各种间接手段进行研究，如地震波的传播、热的传导，以及磁性和重力等。其中，地震波的传播情况，对研究地球内部结构最为重要。如同医生用超声波检查人体内部器官的病变一样，地球物理学家借助地震波来探测地球的内部结构。地震波有两种来源，即人工爆炸和天然地震。人工地震波能量较小，被广泛应用于地层构造和地下矿体的探测。强烈的天然地震，震波从震源通过地球介质向各个方向传播到整个地球。

地震波是一种弹性波，分为**体波**和**面波**。体波在地球内部自震源向全球传播，就像灯光照亮室内各个角落一样。面波沿地球表面自震中向四周传播*，如同投石水面所激起的水波一样。同地球内部结构直接有关的是体波。

地震体波又分**纵波**（P 波，primary wave）和**横波**（S 波，secondary wave）两种。纵波是一种压缩波，是物质质点以波的传播方向往复运动，使介质发生周期性的压缩和膨胀（图 6-9）。打个比方，可以把介质的张弛想象为手风琴的一张一合的运动。这样的震波能在任何介质中传播。横波是一种剪切波，是物质质点垂直于波的传播方向的振动，如同我们所熟悉的蛇行那样。抖动一条绳子所产生的波类似于 S 波，它使介质发生周期性变形。这种震波不能通过液态和气态介质。纵波传播速度比横波快，它总是比后者先到达测站。根据横波滞后的时间，可以推知震源的所在及其距离。

地震波之所以能够反映地球内部的物理性质，是因为它的传播速度因地内物质的弹性和密度而不同。由于地震波速度的变化，地震射线有折射现象；在地震波速度发生突变的地方，地震射线还有反射现象。折射和反射现象，使地震射线由直线变为曲线和折线。因此，地震波的传播是十分复杂的，造成地震波传播复杂的原因，是地球的内部结构。

在地球内部，地震波的速度因深度而不同。这是因为地内物质的密度和弹性因深度而不同。在同一深度的不同地点，都有相同的波速。这样，地内物质可按深度，即按其密度和弹性，分成不同的圈层。这就是地球内部的圈层结构。

---

* 地震的源地叫震源，地面上位于震源正上方的一点叫震中。

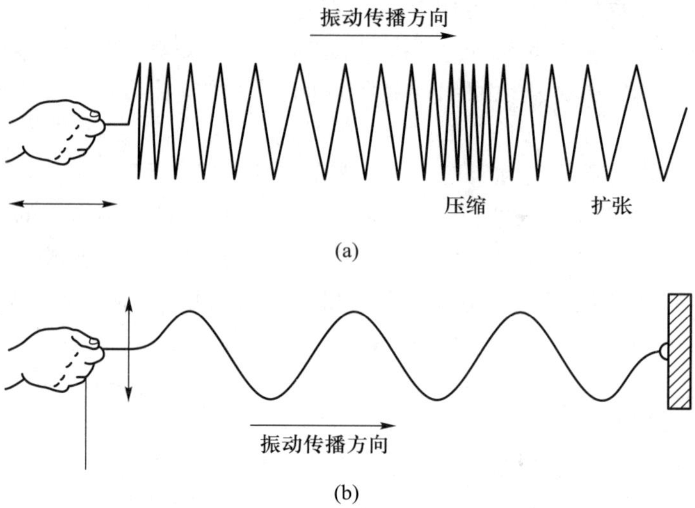

图 6-9　体波

(a)纵波;(b)横波。

3. 地球的内部结构

根据对地震波传播的研究,地球内部分为四个主要圈层。它们是**地壳**、**地幔**和**地核**,地核又分**外核**和**内核**(图 6-10)。各个圈层之间,存在一个物理上的界面,即不连续面。地壳和地幔之间的界面在地面以下 20~30 km,称为**莫霍洛维奇界面**(Mohorovicic discontinuity),简称**莫霍面**。在那里,P 波和 S 波的波速都急剧升高(图 6-11)。地幔和外核之间的界面约在 2 900 km 深处,称**古登堡界面**(Gutenberg discontinuity)。在那里,P 波速度急剧下降,S 波停滞不前,突然消失。外核和内核之间的界面出现在 5 100 km 深处,称**利曼界面**(Rehmann discontinuity)。在这个界面上,P 波又急剧加速,S 波重又出现(由 P 波转换而来)。

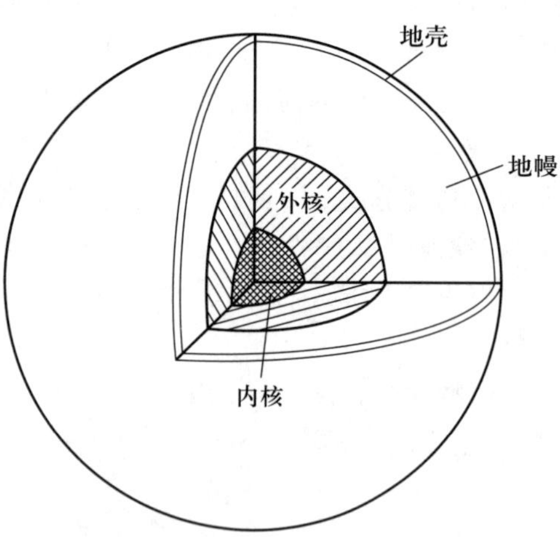

图 6-10　地球内部的圈层结构

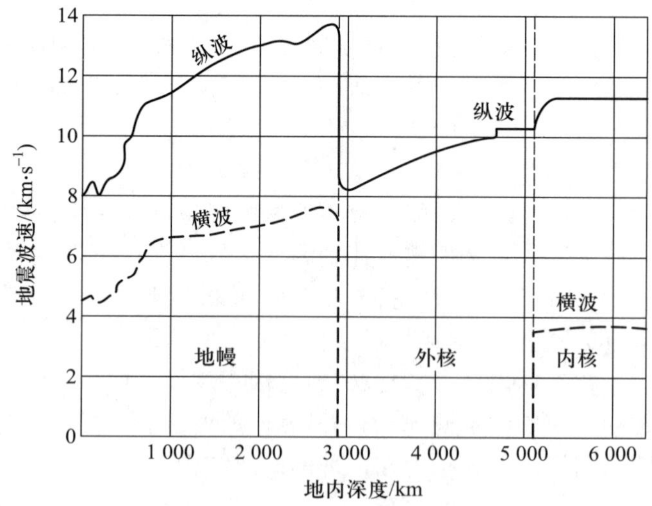

图 6-11　地震波的波速

根据地震学家布伦(K.E.Bullen)1970年提出的模式,地壳、地幔和地核的深度和厚度列于表6-1。

表6-1　地壳、地幔和地核的深度和厚度

圈层	下限深度/km	厚度/km
地壳	15	15
地幔	2 878	2 863
外核	5 161	2 283
内核	6 371	1 210

地壳的厚度很不均匀。大陆部分地壳较厚,平均约为30 km;海洋部分地壳较薄,平均为11 km,太平洋底最薄处仅8 km。地壳中还有次一级的不连续面,分地壳为上下两层:上部是花岗岩类岩石,富含较轻的物质硅和铝,叫硅铝层;下部是玄武岩类岩石,除硅和铝外,还含有较多的镁和铁,叫硅镁层。在大洋底部,硅镁层直接露出洋底。

地幔的组成物质主要是铁镁含量很高的硅酸盐矿物所组成的橄榄岩。在1 000 km左右的深度上,还有一个次一级的不连续面,分地幔为上下两层。上地幔顶部也有一层固体岩石层,它与地壳共同组成具有刚性的岩石圈。岩石圈的厚度为70~100 km。岩石圈以下,地震波速度明显下降,在那里出现一个地震波的低速层。这表明,那里的岩石已接近熔融状态,具有很大的可塑性。同上部的岩石圈比较,它易于流动,称为软流圈,其厚度约为200 km。

地幔与地核之间的古登堡面,是地球内部最显著的一个不连续面。P波到了这个界面上,突然减速,并急剧改变行进方向,以至地面上产生P波的影区,即P波无法到达的地带;同时,S波在这个界面上突然消失,以至地面上产生S波的影区。前者是一个宽度为4 100 km的环形地带(其南北界线距震中分别为15 700 km和11 600 km),后者是一个以震中的对跖点为中心、半径为8 400 km的圆形地区(图6-12)。

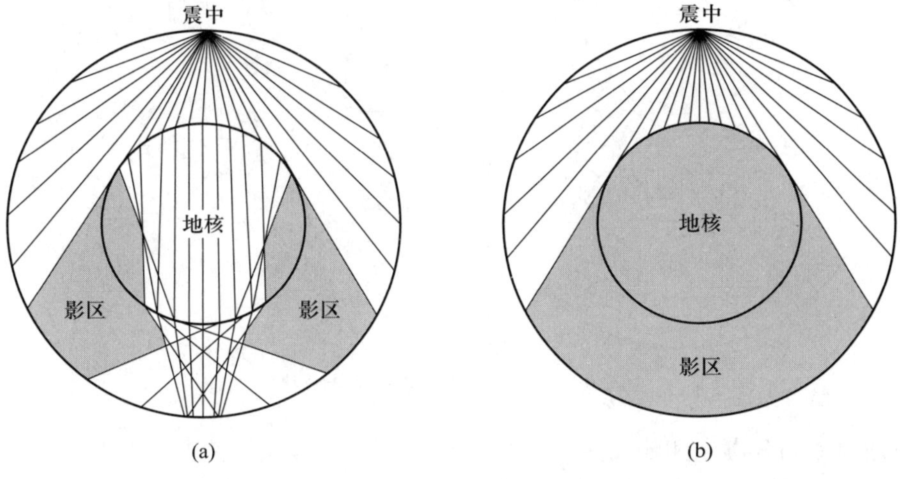

图6-12　地震波影区示意图

(a)纵波因内聚折射而形成环形影区;(b)横波因无法通过外核而形成圆形影区。假定地幔和地核都是均质的。

根据上述情况可以推断,地球的外核是液体,因为 P 波在液体介质中要急剧减速,而 S 波不能在液体中传播。但在 5 100 km 深处的利曼界面上,P 波又急剧加速;同时,S 波又重新出现,由此可知,地球的内核是固体。因为在地核内部,P 波的加速和 S 波的再现,只能被认为是地震射线由液体进入固体的反映。我们知道,P 波在固体中的传播速度比在液体中快,因为固体的弹性有利于提高波速。根据同样理由可以推断,地幔和地壳也都是固体。

至于地核的物质成分,据地质学家认为主要是由重物质铁和镍所组成。但是,对于地球内部的许多问题,都仍属于推论。

二、地球的表面结构

1. 地球表面的海陆分布

在太阳系的八大行星中,地球有一个不寻常的特征,它的表面温度使水得以三种不同状态(液态、气态和固态)同时存在,因而有大面积的海洋。它是太阳系中唯一有海洋的天体,若称它为"水"星,是名副其实的。

地球表面 510 000 000 km^2 的总面积中,海洋面积为 361 000 000 km^2,约占 70.8%;陆地面积为 149 000 000 km^2,只占 29.2%。二者约成 2.4∶1。由于海陆面积的这一对比,地球上的海洋相互连成一片,形成统一的世界大洋;而陆地则是彼此分离的。因此,地球上海陆分布总的大势是海洋包围陆地,而不是陆地分割海洋。

由于海洋和陆地在面积上的悬殊,任何一个地球大圆所划分的半球,其海洋面积都超过陆地面积。如以南北半球(图 6-13)和东西半球(图 6-14)为例,它们的海陆面积对比如下:

半球	海洋面积	陆地面积
北半球	60.7%	39.3%
南半球	80.9%	19.1%

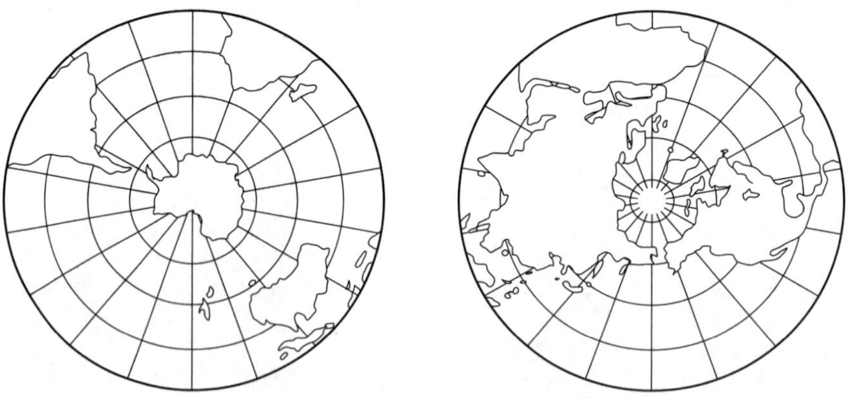

图 6-13　南北两半球的海陆对比

如果在地球上划分海洋和陆地最集中的两半球(图 6-15),前者叫**水半球**,其视域中心位于新西兰的东北沿海(南纬 38°,经度 180°),后者叫**陆半球**,其视域中心在西班牙东南沿海(北纬 38°,经度 0°),那么,水半球集中了全球海洋面积的 63%,陆半球集中了全球陆地面积的 81%。它们各自的海陆面积对比如下:

半球	海洋面积	陆地面积
东半球	62.0%	38.0%
西半球	80.0%	20.0%

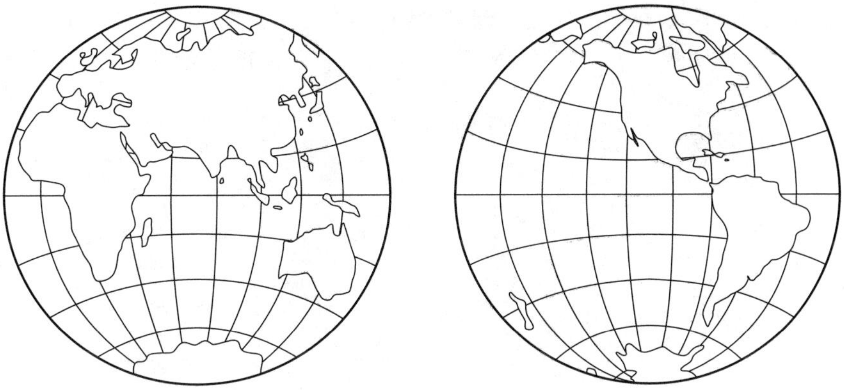

图 6-14　东西两半球的海陆对比

半球	海洋面积	陆地面积
水半球	89%	11%
陆半球	53%	47%

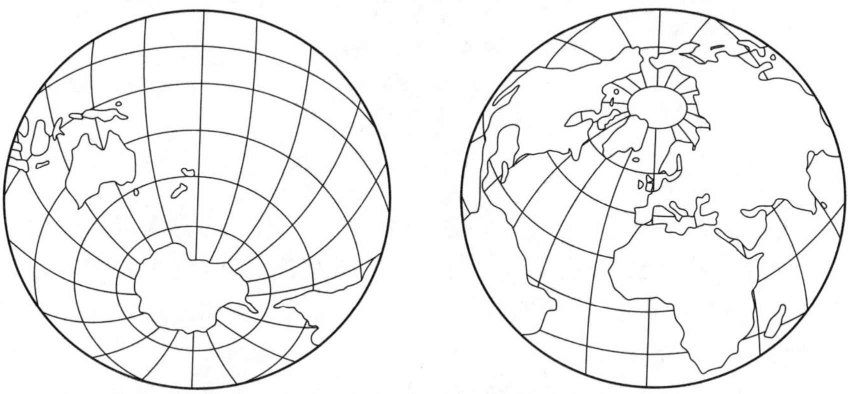

图 6-15　水陆两半球的海陆对比

由此可见,即使在陆地最集中的半球,海洋面积仍然大于陆地面积。必须强调指出,陆半球的特征在于,它的陆地面积大于任何一个半球的陆地面积,而不是它的陆地面积大于它的海洋面积(没有这样的一个半球)。同理,水半球的特征在于,它的海洋面积超过任何一个半球的海洋面积,而不在于它的海洋面积大于它的陆地面积(任何一个半球皆如此)。

海洋不仅在面积上超过陆地,而且它的深度远超过陆地的高度。海洋的平均深度达 3 729 m,而陆地的平均高度仅 875 m;大部分(约 75%)海洋的深度超过 3 000 m,而大部分(约 71%)陆地的高度不足 1 000 m。如果固体地球表面一旦被夷平,那么,它将被一层 2.44 km 深的水层所淹没,地球便成了一个水球。

海洋的平均深度和陆地的平均高度差异悬殊,但是,二者的极值却相当接近。海洋最深处在西太平洋的马里亚纳海沟,深度为 11 034 m;陆地上的最高山峰是珠穆朗玛峰,海拔高度为

8 849 m。从最高山峰到最深海渊,垂直距离为 19 883 m。这个数字十分接近地球的赤道半径与极半径的差值(约 21 000 m)。

地面的海陆起伏特征,综合表示于海陆起伏曲线图(图 6-16)。图的纵轴表示高度(和深度),横轴表示面积。它不仅表示出陆地的平均高度和海洋的平均深度,以及海陆面积的对比,而且进一步表示出陆地(和海洋)的各个高度(和深度)带在地球总面积所占的百分比。

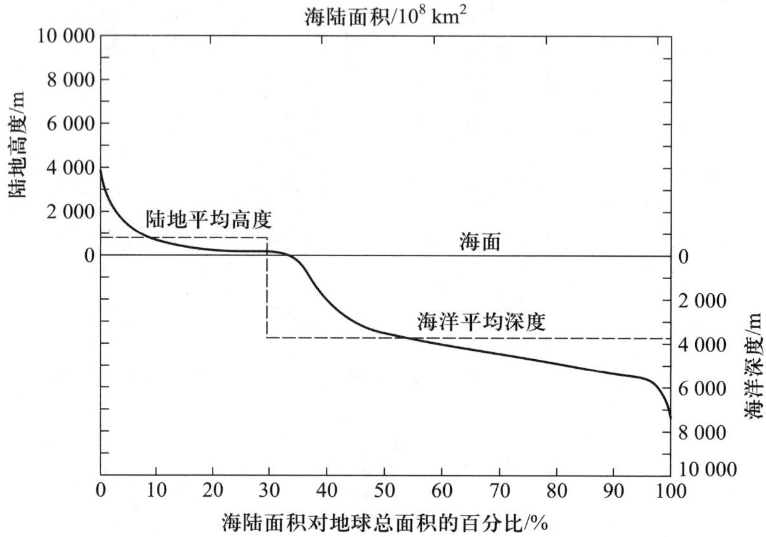

图 6-16 海陆起伏曲线

2. 陆地

地球上的陆地,按其面积大小,分为大陆和岛屿。大块的陆地称大陆,小块的陆地叫岛屿。但是,面积大小只是相对的比较,没有绝对的标准。通常把澳大利亚(面积 760 万 km^2)看成最小的大陆,而把格陵兰(面积 220 万 km^2)当作最大的岛屿。前者面积是后者的 3.5 倍。这样的划分虽是人为的,却也是合情合理的。

全球的大陆共分七大洲,它们是**亚洲**、**欧洲**、**非洲**、**北美洲**、**南美洲**、**大洋洲**和**南极洲**。其中的亚、欧两洲事实上连成整体,即亚欧大陆,它们之间的界线是人为划分的。

岛屿按其成因分为**大陆岛**、**火山岛**和**珊瑚岛**。大陆岛一般面积较大,地势较高。它们原是大陆的组成部分,由于地层陷落或海面上升才同大陆分离。火山岛和珊瑚岛属海洋岛。火山岛由海底火山喷出物堆积而成,通常高度较大。珊瑚岛大多分布在热带海洋中,由珊瑚遗骸堆积而成,面积小,地势低,且多呈环状(图 6-17)。大小岛屿都归属于一定的大洲。

兹将各大洲的面积及其平均高度列于表 6-2。

表 6-2 各大洲的面积及其平均高度

名称	面积/10^6 km^2	占全球陆地面积/%	平均高度/m
亚洲	44.4	29.8	950
欧洲	10.4	7.0	300

续表

名称	面积/10^6 km^2	占全球陆地面积/%	平均高度/m
非洲	30.6	20.5	650
北美洲	22.0	14.8	700
南美洲	17.9	12.0	600
大洋洲	7.8	5.2	400
南极洲	15.6	10.5	2 000
平均或合计	149.0	100.0	875

图 6-17　珊瑚礁

地球表面的海陆分布及大陆的轮廓,具有如下一些明显特征:

——各大陆形状多是北部较宽而南部狭窄,状如倒三角形。澳大利亚不甚明显,大体上也是如此。唯南极大陆是个例外,它所处的位置也与众不同。大陆狭窄的南端有向东弯曲的倾向。这个特征以南北美洲最明显。从现象上看,美洲大陆似乎有向西移动的倾向,其狭窄的南端在前进中被“挪后”了。类似这样的情况,在东南亚的马来半岛和巽他群岛对亚洲大陆的关系上,也容易看出来。

——较大的岛屿群大多位于大陆东岸。亚洲东岸有萨哈林岛(库页岛)、日本群岛、我国的台湾岛和海南岛、菲律宾群岛、大巽他群岛和斯里兰卡岛,非洲东岸有马达加斯加岛,北美洲东岸有格陵兰、大安的列斯群岛,南美洲东岸有马尔维纳斯群岛(福克兰群岛),澳大利亚东岸有新西兰和塔斯马尼亚岛。明显的一个例外是欧洲西海岸的不列颠群岛。

——大陆东岸不仅岛屿多,且有系列岛弧分布。其中最明显的首推亚洲东岸的岛弧群,自北至南有:阿留申群岛、千岛群岛、日本群岛、琉球群岛和菲律宾群岛等,一个连接一个,花彩纷呈,故地理学上有“花彩列岛”之称。此外,如澳大利亚东岸有所罗门群岛、新赫布里底群岛,北美洲东岸有巴哈马群岛和大、小安的列斯群岛。大陆西岸虽也有一些群岛,但很少成花彩岛屿。

——大西洋两岸的轮廓十分相似,一个大陆的凸出部分,正好是另一个大陆的凹进部分。这特别清楚地表现在,南美洲东岸伸入大西洋的巴西东部,恰巧可以嵌进非洲西岸的几内亚湾,非常吻合。

——大陆的东西边缘多有隆起的高山,中部有低陷的平原。这在南北美洲表现得最明显:西部有纵贯南北的科迪勒拉山系(北美洲的落基山脉和南美洲的安第斯山脉);东部有阿巴拉契亚山脉和巴西高地;其间分布着密西西比平原、亚马孙平原和拉巴拉他平原。澳大利亚和亚欧大陆北部也有类似情形。

3. 海洋

统一的世界大洋分海和洋。洋是世界大洋的中心部分和主要部分,深度较大,约占海洋总面积的 89%;海是被岛屿或半岛所分割的大洋的边缘部分和次要部分,深度较浅,约占海洋总面积的 11%。大洋中海水的物理性质和化学成分,大体上是一致的;而各海的海水,通常存在着各种差异。

按照位置的不同,面积的大小,海分**地中海**、**内海**和**边缘海**等不同类型。地中海介于大洲之间,面积很大,最典型的就是介于欧、亚、非三洲之间的地中海。内海深入陆地内部,面积较小,例如我国的渤海、北欧的波罗的海、欧洲和亚洲之间的黑海等。地中海和内海通常只有狭窄的水道与大洋沟通。它们的海水的物理性质和化学成分,明显地不同于大洋。边缘海是洋的边缘部分,中间或隔着一些岛屿,它们的海水没有明显的特征。

世界大洋是互相连通的,但是它的各部分仍有局部差异。根据海岸线的轮廓,海底起伏和水文特征,世界大洋分成四大洋:**太平洋**、**大西洋**、**印度洋**和**北冰洋**。它们之间没有天然的界线,只能以经线或水下的海岭划分:太平洋和大西洋以通过南美洲合恩角的 67°W 的经线为界;太平洋与印度洋以通过澳大利亚南部塔斯马尼亚岛的 147°E 经线为界;大西洋与印度洋以通过非洲南端的厄加勒斯角的 20°E 经线为界;大西洋与北冰洋则以汤姆森海岭为界。四大洋的面积和平均深度列于表 6-3。

表 6-3 四大洋的面积和平均深度

名称	面积/10^6 km^2	占全球海洋面积/%	平均深度/m
太平洋	181.3	50.1	4 028
大西洋	94.3	26.0	3 926
印度洋	74.1	20.5	3 897
北冰洋	12.3	3.4	1 200
平均或合计	362.0	100.0	3 729

大洋的海底地形有一些共同特征:

——在大洋边缘,有一个海陆之间的过渡地带。它的深度和坡度都很小:深度一般不超过 200 m;坡度在 0.2%(每 500 m 深度增加 1 m)上下,即在海平面与海底之间约成 7′的俯角。由于这个特点，该地带虽淹没在海面以下，实际上是大陆向海洋延伸的部分，因此，它被称为**大陆架**。大陆架约占海洋总面积的 7.6%，其宽度为 10~1 000 km。

——在大陆架向深海的一方，有一个深度不很大而坡度特大的地带。其深度约为 200~2 500 m，坡度则达 3.5%~6%，即 2°~3.5°。这是海底地形中特大的坡度。因此，这个地带被叫作**大陆坡**，是陆块与洋底的真正界线。

——大陆架和大陆坡之外是**海盆**，深度很大而坡度很小，是大洋的主体部分。海盆的深度通常为 2 500~6 000 m。比起陆地的地形起伏来，海盆是比较平坦的。但是，海盆也有它的隆起和深陷的部分，前者叫**海岭**，后者叫**海沟**。海岭一般位于大洋中部。世界各大洋的洋底，都贯穿着一条高大的海岭，彼此首尾相接，连绵不绝，称为**洋中脊**。最引人瞩目的首推大西洋中脊，它呈 S 形纵贯南北，与两岸大陆轮廓完全吻合（图 6-18）。洋中脊的轴部，有一条深为 1~2 km 的断裂谷把洋脊劈开。这种中央断裂谷在各大洋都有广泛分布，形成全球性的裂谷系。海沟的位置往往同岛弧相邻近，典型的海沟，通常位于大洋的边缘*。

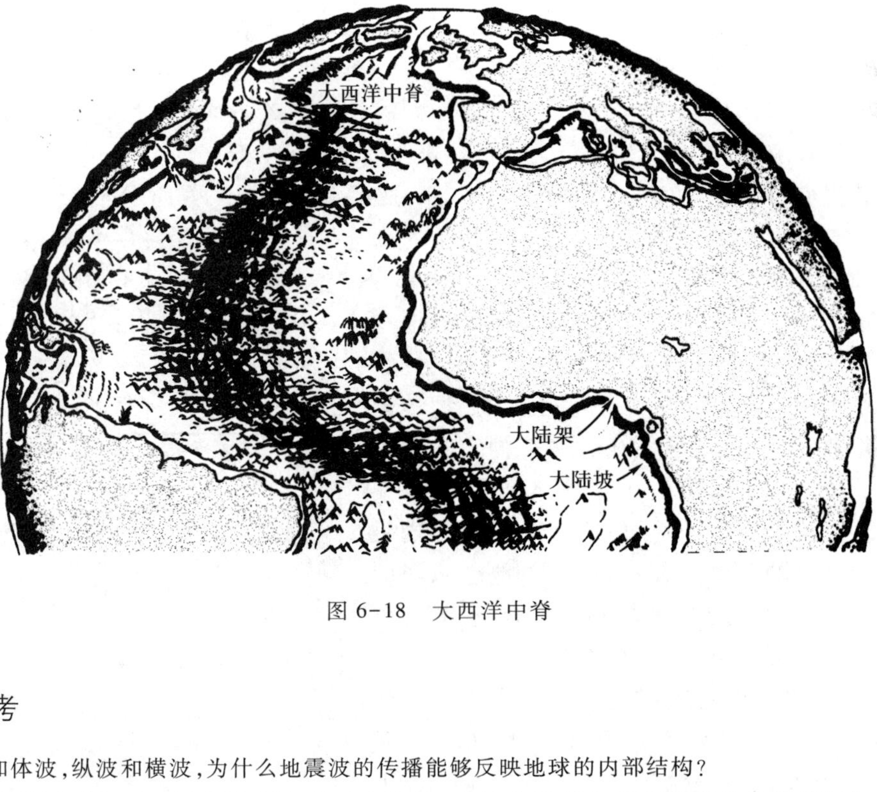

图 6-18　大西洋中脊

复习与思考

1. 比较面波和体波，纵波和横波，为什么地震波的传播能够反映地球的内部结构？
2. 地球内部分哪些圈层？它们之间有哪些重要的界面？在这些界面上，地震波发生怎样的变化？地震波的影区是怎样形成的？怎么知道地壳和地幔是固体，外核是液体而内核是固体？
3. 说明地球表面海陆分布大势，水半球和陆半球的特征各是什么？
4. 大陆轮廓和海底结构各有些什么特征？

---

* 首先试图解释地球表面海陆分布的这些饶有趣味的特征的，是奥地利科学家魏格纳（1880—1930），他提出了“大陆漂移说”。后来又相继出现了“海底扩张说”和“板块构造说”等学说。

第三节 地球内部的物理性质

一、地球的磁性

1. 地磁和地磁要素

地球是一个磁化球体。它仿佛像一块巨大的磁石,磁针在地球上受到磁力的作用,指向磁力线方向。磁力线的方向因地点而不同。地面上有二个地点的磁力线是垂直的,以至磁针的方向垂直于地面,那里是磁性最强的地方,叫作**磁极**。按地理学上的习惯,把位于北半球的磁极叫**磁北极**,位于南半球的磁极叫**磁南极**。南北磁极的连线叫**磁轴**。在南北磁极之间,有一个地带的磁力线是水平的,以至磁针的方向平行于地面。那里是磁性最弱的地带,叫**磁赤道**。

电流或磁铁在其空间产生**磁场**。表征磁场特征的一个要素是**磁场强度**,在高斯单位制中用Oe(奥斯特)表示,同时也用磁感强度的单位Gs(高斯),两者数值在真空中相等。现采用国际单位制中磁感强度的单位T(特斯拉,简称特)。1 Gs = 10^{-4} T。1 T = 10^{6} μT。地球磁场是弱磁场。地面附近的磁感强度,大约只有 0.5×10^{-4} T,或 50 μT。赤道附近较弱,一般 30～40 μT;两极较强,约为 60 μT。它因时因地而发生变化的量就更微弱了。

地球磁感强度(***F***)在空间是一个有方向的量(图 6-19)。它的方向对于水平面的俯角叫作**磁倾角**(*I*)。有了磁倾角,地球磁感强度就有它的水平分量(***H***)和垂直分量(***Z***)。

地球磁场强度水平分量的方向,一般不同于地理上的南北方向,即在地理子午线与地磁子午线之间,总存在一个偏角,叫**磁偏角**(*D*)。习惯上,人们把地理子午线看作正的,而把地磁子午线看作偏的。磁偏角的东西方向,因磁针的南极和北极而不同。北极偏东,南极就偏西;反之亦然。在习惯上,磁偏角是指磁北极对于地理北极的偏离。有了磁偏角,地球磁场的水平强度,就有它的北向分量(***X***)和东向分量(***Y***)。

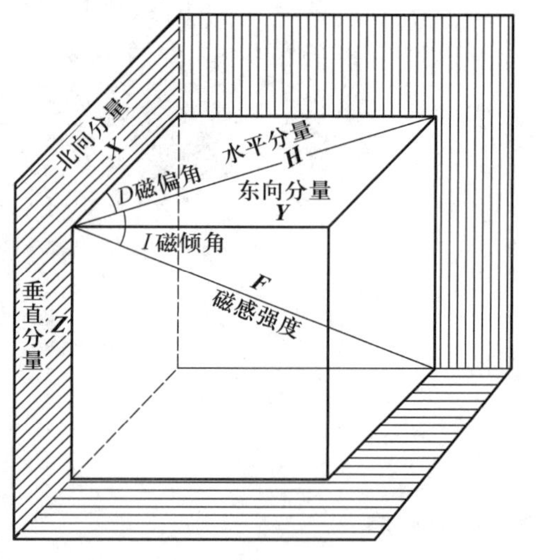

图 6-19 地磁要素

以上这些都是地磁要素。不论是 ***X***、***Y***、***Z***,还是 ***H***、*I*、*D*,都可以确定地球磁感强度的大小和方向。在地理上,地磁要素中以磁偏角最为重要,因为使用磁针定方向时,必须知道磁偏角的大小。我国是世界上最早使用磁针的国家,早在战国时代,就已经知道天然磁石的吸铁性和指北性。北宋的沈括(1032—1096)已经发现磁针所指的方向并非真正的南北方向。

2. 地磁要素的分布

为了说明地磁要素的分布,有必要把地球总磁场分为偶极磁场和非偶极磁场两部分。偶极磁场是地球的基本磁场,它是全球性的对称磁场,在地球总磁场中约占 80%;非偶极磁场是地球的变化磁场,约占地球总磁场的 20%。

为了同总磁场相区别,偶极磁场在说明磁场要素的分布方面,有自己的一套专用术语:它的两极叫**地磁极**,以别于总磁场的磁极;它的赤道叫**地磁赤道**,以别于总磁场的磁赤道;地磁南北两极的连线叫**地磁轴**,以别于总磁场的磁轴。地磁轴通过地心,但不同地轴重合,二者之间成 11.5°的交角(图 6-20)。因此,偶极磁场又称为倾斜地心偶极磁场。地磁南北极分别位于南北纬 78.5°,其经度分别为 110.9°E 和 69.1°W;地磁赤道与地理赤道相交于 20.9°E 和 159.1°W。

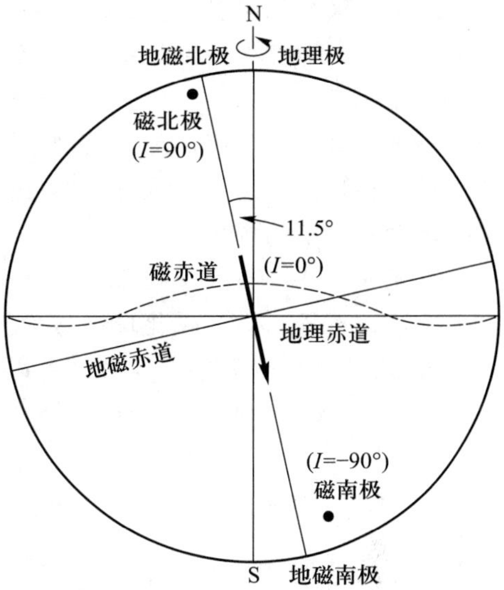

图 6-20　磁极、地磁极、地理极和磁赤道、地磁赤道、地理赤道的区别

偶极磁场把地球看作均匀磁化球体。因此,它的地磁要素的分布是简单和有规律的:地磁南北两极互为对跖点;地磁赤道是距地磁南北两极各为 90°的大圆;地磁强度和**地磁倾角**,都随地磁纬度(一地对于地磁赤道的方向和角距离)的增高而增大。在地磁赤道上,地磁强度最小,地磁倾角为 0°;到地磁两极,地磁强度最大,地磁倾角达 90°。

地磁偏角的分布,即使对于偶极磁场来说,也是比较复杂的,因为它不仅与地磁两极有关,而且还同地理两极有关。地磁两极所在的地理子午线上,地磁偏角为 0°或 180°,该子午线称为**无偏线**。无偏线分全球为东偏和西偏两半球。在东偏半球,地磁北极位于地理北极的偏东方向,地磁偏角都是东偏角;而在西偏半球,地磁北极位于地理北极之西,地磁偏角都是西偏角(图 6-21)。然而,地磁偏角的大小因地而异,并不是简单地因经度或纬度而不同。

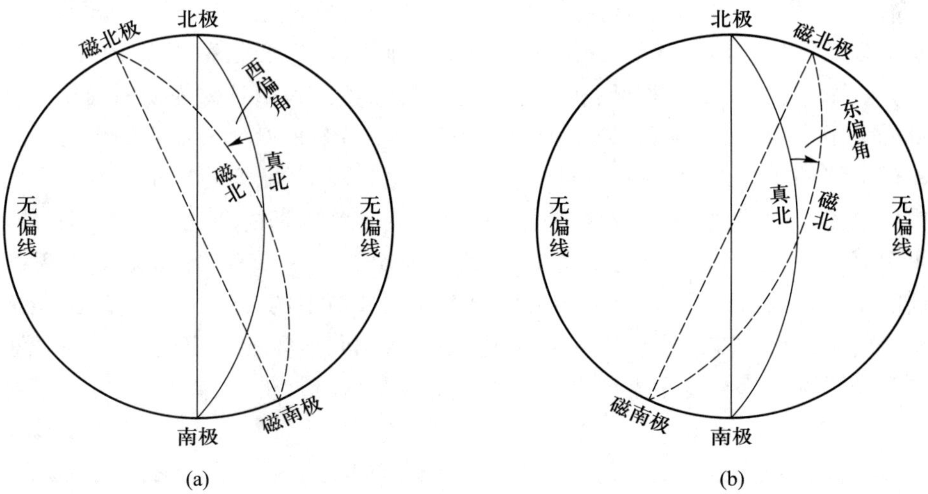

图 6-21　无偏线

(a)西偏半球;(b)东偏半球。这种划分假定地球是一个均匀磁化球体。

由于非偶极磁场的存在,地球磁场实际上是一个倾斜偏心偶极磁场。它的磁轴偏离地心约400 km,因此,地磁要素的分布,只能是大体上符合上述规律。例如:

——磁北极和磁南极并不互为对跖点。据1975年的观测,磁北极位于76°06′N,100°W(在加拿大北部巴瑟斯特岛附近),磁南极位于65°48′S,139°24′E(在南极地区)。

——磁赤道不是大圆,也不与两个磁极等距,而是一条环绕全球的封闭曲线:一部分在北半球,另一部分在南半球,离地理赤道都不远。

——磁感强度与磁倾角大体上自磁赤道向磁极增加,自30~40 μT增至60~70 μT。但是,这种变化没有严格的规律性。

——无偏线并不与子午线重合。它只分全球为东偏和西偏两大部分,而不是两个半球。

由于地球不是均匀的磁化球体,个别地区的地磁要素的量值,可以大大地不同于它周围地区的正常数值,这叫**地磁异常**。这种现象以俄罗斯的库尔斯克地区最为突出。那里的磁场强度是磁极的3倍,最大的磁倾角达90°,最大的磁偏角达180°,即磁南北与地理南北完全相反,称之为"库尔斯克磁针错乱"。造成这种异常情形的原因是地下蕴藏着丰富的磁铁矿。所以,地磁异常的研究,对矿藏(特别是铁矿和镍矿)的勘探工作,具有重要的意义。

3. 地磁要素的变化

地球磁场是在不断变化的。它有长期变化和短期变化。地球磁场的短期变化部分,即上述的地球变化磁场;除去短期变化部分,便是地球基本磁场,即上述的偶极磁场。

地磁要素的长期变化,来源于地球内部的物质运动。它首先表现为地磁场的向西漂移。例如,0°磁偏线与赤道的交点,近400年来已西移95°。其次,磁感强度有稳定的衰减,近百年来,基本磁感强度衰减了5%。如果照此速度继续衰减下去,那么,基本磁场将会在2 000年后消失。另外,磁极也在移动,如地磁北极的纬度逐年递增0.004°,其经度每年向西增加0.007°。

地磁要素的短期变化,来源于电离层及太阳活动的影响,变化形态比较复杂,分平静变化和干扰变化。

平静变化是经常性和周期性的变化,有太阳日变化、太阴日变化和季节变化。来自太阳的带电粒子,影响地球大气电离层的状况,从而造成各地的磁场以太阳日为周期的变化。地磁感强度的水平分量的太阳日变化,可达0.03~0.04 μT,约为水平分量的0.5%;地磁偏角的变化可达10′。月球对于地球大气的潮汐作用,使得一部分大气以太阴日为周期,运行于地球各部分之间。这种变化包括大气电离层的变化,因而造成各地磁场以太阴日为周期的变化。它的变化幅度很小,磁感强度水平分量的变幅只有千分之几微特,约为水平分量的0.05%;地磁偏角的变幅不到40″。太阳直射点的南北移动,以及随之而来的太阳辐射能在地球上的分布的季节变化,造成地磁要素的太阳日变化的幅度因季节而变化。一般地说,夏季太阳日变化的幅度较大,冬季较小。

地磁要素的干扰变化要复杂得多。小的干扰多半是区域性的,次数频繁,变幅很小。大的干扰是全球性的,次数较少,平均每年10次左右,变化幅度较大。特大的干扰称**磁暴**。磁暴发生时,磁针不安地扰动不止;在几小时到几日内,磁场强度的变化可达十分之几甚至几个微特。磁暴的发生与太阳活动直接相关。来自太阳的高能粒子,不仅干扰地球磁场,同时破坏大气电离层结构,中断无线电通信,高纬度地区出现极光。

4. 地球磁层和辐射带

在地面以上不太远的地方，地磁效应的形态同一个巨大磁棒所产生的效应很相似，地磁场是对称的。人们还曾认为，地磁场是无限延伸的。近期的空间探测表明，在很远（几个地球半径以外）的地方，情形远非如此。因受太阳风的作用，地磁效应被限制在一个口袋形的范围内。地磁场既不是对称的，也不是在所有方向都是无限延伸的。

地球处于太阳风的劲吹之中。太阳风好像要把地球磁场从地球上“吹”走似的，使磁力线发生向后弯曲。在地球的向日面，地球磁场被压缩成大约 10 个地球半径的一个包层（太阳活动强烈时，只有 4~6 个地球半径）；而在地球的背日面，地球磁场延伸得很远，形成一个长长的**磁尾**，其长度可达数百甚至超过一千个地球半径。这样，地球磁场在太阳风中“挖”出一个口袋形的空洞，叫作**地球磁层**（图 6-22）。这是继地球大气和电离层之外，地球的第三道保护层。它起着“挡风”的作用。

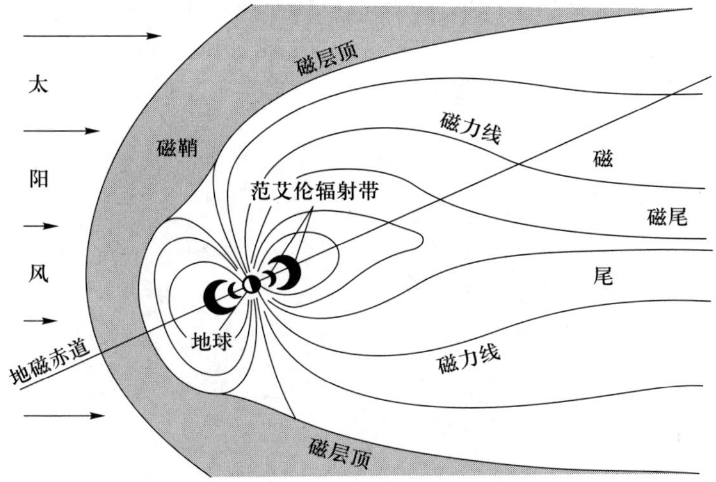

图 6-22　地球磁层和辐射带

地球磁层的边界称**磁层顶**。磁层顶与太阳风高能粒子之间，还存在一个过渡带，其厚度约 3~4 个地球半径。它像剑鞘一样套着地球磁层，故被称为**磁鞘**，实际上就是太阳风与地球磁场相遇而形成的弓形激波。这个激波的波阵面，就是磁鞘与太阳风的分界面。

一部分进入地球磁层，或者说被地球磁层俘获的高能粒子，则被禁锢在两个被称为**辐射带**的范围内。这两个辐射带是物理学家詹姆斯 · 范艾伦（James Van Allen）于 1959 年通过人造卫星的实验发现的，故被命名为**范艾伦辐射带**。它分内外两带：内辐射带高度在 1~2 个地球半径之间，宽约5 000 km，范围限于南北磁纬 40°之间，所观测到的主要是高能质子；外辐射带的高度约为 3~4 个地球半径，其纬度范围为南北磁纬 50°—60°之间，所观测到的主要是高能电子。辐射带的范围和形状，受地球磁场的制约，并且因太阳活动而变化。至于这些粒子是如何陷在这二个区域里，其详细物理过程尚未清楚。

5. 地球磁场的成因

地磁要素在地球上的分布是有规律的。例如，地球上有磁极和磁赤道，地磁强度和磁倾角大体上因地磁纬度而不同;磁偏角的分布虽然复杂,但也有规律可循。地球磁场大体上像一个均匀磁化球体所产生的磁场。前面提到,它同一根磁棒所造成的磁场十分类似。因此,人们曾经设想,地球可能就是一个巨大的磁棒,即地磁场的形成是由于地球内部的磁铁。一般认为,地核的化学组成主要是铁和镍,而这两种元素都是可以磁化的。

乍看起来,这种说法似乎是言之成理的。但是,随着物理学和地球科学的发展,这个说法就站不住脚了。磁铁之所以具有磁性,是因为磁铁内部分子的有规律的排列。然而,它的存在是有条件的。这个条件就是温度不可过高。随着温度的升高,分子运动加剧,它的这种规律性的排列便遭到破坏,磁铁便失去了磁性。这个临界温度叫**居里点**。铁的居里点是 770 ℃,而地核温度在 2 000 ℃以上,远远超过了居里点。如果地核中的铁和镍曾经有过磁性,那么,随着地内温度的升高,它的磁性早该消失了。

旧的假说遭到否定的同时,一个新的假说产生了。我们知道,电流在导线中通过会产生磁场,于是就把地球磁场归因于地核中的电流:设想地球外核本来就是一个导电的流体,而且存在着微弱的磁场,如果处于融熔状态的铁镍物质发生对流运动,这个磁场就会大大加强起来(图 6-23)。看来这个说法可能是有前途的,但它迄今仍是一个假说而已。

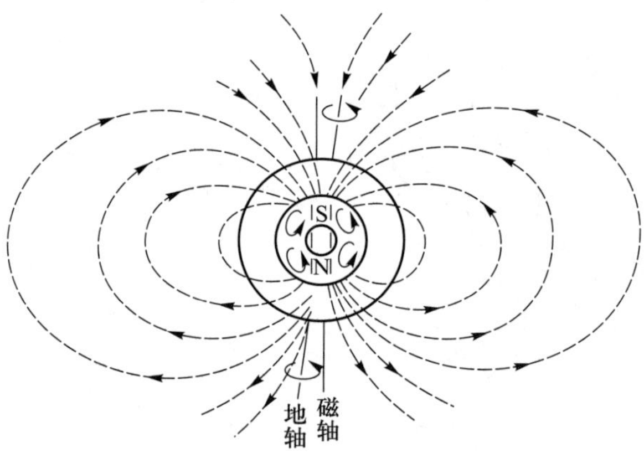

图 6-23　地磁场的成因的一种设想:地核物质的运动造成磁场

二、地球的质量和密度

1. 地球的质量和平均密度

地球质量巨大。天文上测定地球质量,如同日常生活中用秤测定物体质量一样,都是根据万有引力的原理。所不同的是,测定物体质量,是比较该物体(m)同另一物体(M)受地球引力的大小,从而得到两者的质量比,由已知的 M 质量推知 m 的质量。测定地球质量,则是比较地球(E)与另一物体(M)对同一物体(m)所施的引力大小,从而得到地球(E)与物体(M)的质量比,再由已知的 M 质量推知地球的质量。在这样做的时候,技术上唯一的困难,在于测定 M 对 m 的引力。这是一个很微小的量。在牛顿发现万有引力定律后一个多世纪,英国科学家卡文迪许用扭秤法第一次成功地测定了两物体间的引力,从而得到万有引力常数(G),其值为 $G=6.67\times10^{-11}\ \mathrm{Nm^2/kg^2}$,即两个质量都是 1 kg 的物体相距 1 m 时的相互吸引力。前面我们说过,中心天体的质量,可以从它绕转天体的运动情况推得。这是以万有引力常数已知为条件的。

地球对于物体(m)的引力,就是该物体本身的重量:

$$f=mg=G\frac{mM}{R^2}$$

式中 M 为地球质量,R 为地球半径,G 为万有引力常数,即:

$$M=gR^2/G \tag{1}$$

用实验方法测定重力加速度(g)的值,地球平均半径(R)和万有引力常数(G)皆已知,代入(1)式,即可求得 M。

经牛顿修正后的开普勒第三定律有:

$$G(M+m)=4\pi^2\frac{a^3}{T^2}$$

式中 M 为地球质量,m 为卫星(人造卫星或月球)质量。由于 $m\ll M$,于是便有:

$$M=\frac{4\pi^2a^3}{GT^2} \tag{2}$$

如果测定卫星离地心距离 a 和卫星运行周期 T,同万有引力常数 G 代入(2)式,同样可求得 M 值。

据测定,地球质量为 5.98×10^{24} kg。

测定了地球质量,也就解决了求地球的平均密度的问题。地球的体积为 $1.08\times10^{21}\ \text{m}^3$,于是得地球的平均密度为:

$$\rho=5.98\times10^{27}\,\text{g}/1.08\times10^{27}\,\text{cm}^3=5.54\ \text{g/cm}^3。$$

2. 地球内部的密度

地球的每一圈层都有自己的特点,其中包括密度、重力、压力和温度等。这里,密度是基本的。密度的垂直分布是求知重力和压力垂直分布的先决条件,也与地内的温度状况有关。

在地球的各个圈层中,唯一可以直接观测的只有它的表层。构成地壳表层的岩石,主要是花岗岩和玄武岩。二者的密度分别是 2.7 g/cm^3 和 2.8 g/cm^3,约为地球平均密度的 1/2。这一事实清楚地表明,地球内部的物质密度必高于它的平均密度,即物质密度随深度而增大。

如前所述,地球内部不同层次的密度,同地震波波速有关。根据地震波的传播情况,可以推算地球内部不同层次的地震波速。这是求知地球内部密度的重要依据之一。但是,同地震波速有关的不仅是物质密度,而且还有物体的弹性。这两者都是无法直接观测的。因此,很难肯定某一圈层的某一波速变化,究竟是哪一种因素造成的,或者是两种因素同时造成的。这样,求知地球内部密度的问题,就没有完全解决。

为了解决这个问题,必须对地球内部某些特定深度上的密度或其变化作出某些假设。但这些假设也不是任意的,它必须满足一定的条件:例如,它必须自上而下地增加,不同层次的密度的计算结果,必须使其平均值与已知的平均密度相符合。关于地球内部不同层次的物质密度的具体数据,目前还没有取得一致的意见。但就地壳和地幔而论,意见还是比较接近的,也可能是比较接近事实的(图 6-24)。

根据布伦 1975 年在《地球的密度》一书中提出的模式,地壳、地幔和地核的密度列于表 6-4。

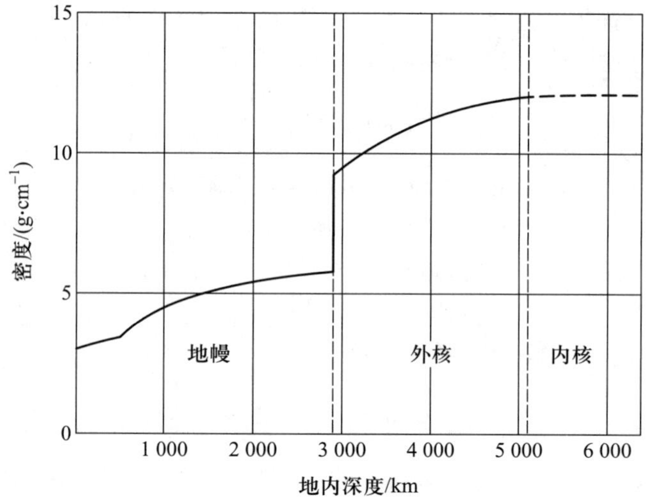

图 6-24 地球内部的密度

图中用曲线表示地球内部密度的垂直分布,曲线表明,地核密度远高于地幔密度,二者之间有明显的不连续面。

表 6-4 地壳、地幔和地核的密度

圈层	上限深度/km	上限密度/($g \cdot cm^{-3}$)	下限深度/km	下限密度/($g \cdot cm^{-3}$)
地壳	0	—	15	2.83
地幔	15	3.31	2 878	5.62
外核	2 878	9.89	5 161	12.70
内核	5 161	12.70	6 371	13.00

三、地球的重力和压力

1. 地面重力及其纬度分布

地球上的任何质点,都受到地球的引力,也都受到地球自转所产生的惯性离心力。这两个力的方向和大小是互不相同的,两者的合力就是重力(图 6-25)。

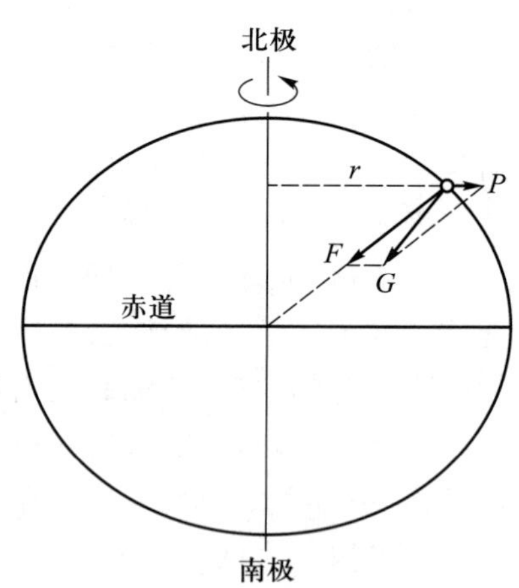

图 6-25 重力

重力的大小和方向,在很小程度上不同于引力:重力稍小于引力;重力的方向不一定指向地球的质量中心。

同地球引力比较起来,地球自转产生的惯性离心力是十分微弱的。即使在惯性离心力最大的赤道上,它的大小也仅及地球引力的 0.3%。因此,地球上的重力基本上是地球的引力,自转产生的惯性离心力只是十分轻微地影响重力的方向和大小。

除赤道外,地球自转的惯性离心力,都有它的垂直分力和水平分力。前者使重力在很小程度上小于地球引力,后者则使重力的方向稍微偏离地球质心。

在国际单位制中，重力的单位是牛［顿］（符号 N），它是使质量为 1 kg 的物体，获得 1 m/s^2 的加速度所需的力。地面（海平面）上，g 取值为 9.8 N/kg，即质量为 1 kg 的物体受到的重力是 9.8 N。同这个平均值比较起来，各纬度地面的实际重力，可能有 0.2～0.3 N 的差异。

地面重力因纬度而不同。其原因是地面上的引力和自转的惯性离心力，都因纬度而不同。

由于地球半径随纬度增高而减小，地面上的引力以两极为最大，赤道为最小。前者为 9.832 N，后者为 9.814 N，二者相差 0.018 N。由于自转速度随纬度增高而减小，地面上的惯性离心力自赤道向两极减小：赤道上是 0.034 N，到南北两极减小为零。而且，影响重力大小的不是惯性离心力全部，而是其中的垂直分力。这个垂直分力在全部惯性离心力中所占的比值，又随纬度增高而减小：在赤道上，惯性离心力全部是垂直分力，都被用来抵消引力；在两极，惯性离心力为零，且那里没有垂直分力。地面引力经过惯性离心力的垂直分力抵消后，即为地面重力。两极的重力等于那里的地面引力，为 9.832 N，赤道的重力减为 9.780 N，二者有 0.052 N 的差异。

赤道与两极的重力约成 189∶190。由于这个原因，同一物体如果在赤道上重 189 kg，那么，到两极将是 190 kg。这里，所用的衡器必须是弹簧秤，而不是杆秤或磅秤，因为秤砣和砝码自身的重量，也因重力不同而变化，因而无法用来衡量物体重量的变化。

地面重力不仅因纬度而不同，而且还因地点而不同。某些地点的重力大小，同所在地区的正常数值比较起来，存在着明显的差异，这叫作**重力异常**。它的原因是由于地内物质分布不匀，往往同地质构造和矿体的存在相联系。因此，重力异常的研究，有助于地质构造的了解和矿体的勘查。

重力异常是对于正常重力而言的。根据地理纬度 φ 推算当地海面正常重力，国际上从 1971 年起采用如下的公式：

$$g_0 = 9.780\ 318(1+0.005\ 3024\sin^2\varphi-0.000\ 005\ 9\sin^2 2\varphi)\,\mathrm{N}$$

公式表明，正常重力仅因地理纬度而不同。公式还包含如下的数据：赤道上的海面正常重力为 9.780 318 N；两极的海面正常重力为 9.780 318 N×1.005 302 4，即 9.832 177 N。两者相差 0.051 859 N。此外，南北纬 45°的海面正常重力为 9.806 247 N。

2. 地球内部的重力

重力不仅因纬度而不同，而且还因高度和深度而不同。在海平面上，重力的纬度差异不过 0.052 N；而在不同的高度和深度上，重力可以大到 10.0 N 以上，也可以小到接近于零。因此，对于重力的空间分布来说，高度和深度的因素是更为重要的。

在地面以上，重力因高度而不同。这个关系是比较简单的：引力大小同距离平方成反比，此外没有别的因素，而惯性离心力可以略去。约略地说，在 2 500 km 高空，重力减小到地面的一半；在距地球 384 000 km（地球半径的 60 倍）的地方，重力减为 9.8 N/60^2≈0.002 7 N。但是，正是这个“微弱的”重力，支配着月球绕地球公转，当年牛顿就是用它来验证其引力定律，把伽利略的落体定律从地上推广到天上。

在地面以下，重力因深度而不同，因为地球引力和自转惯性离心力都因深度而不同。深度的增加，意味着圆运动半径的减小，因此，自转惯性离心力随着深度的增加而减小。在地面上，最大的惯性离心力也仅 0.034 N；地面以下，惯性离心力更加微弱。在这种情况下，地球内部的重力，可以简单地看成是地球的引力。

地球大体上是一个由均质同心球层组成的球体。在这样的球体内部,影响重力大小的不是地球的总质量,而只是所在深度以下的球层的质量。如果质点位于地面下 2 900 km 的深处,即位于地幔与地核的界面上,那么,对质点具有引力作用的只是地核,而不是整个地球,因为地壳和地幔对质点的引力,具有球对称性质,正好为零(图 6-26)。

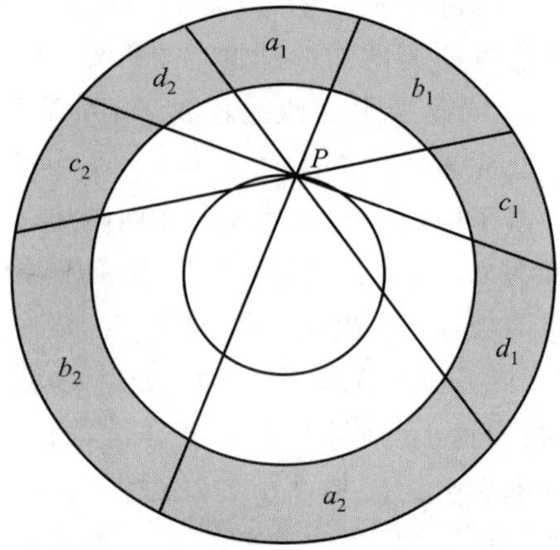

图 6-26 外部圈层的引力,各部分互相抵消

如图中的 a_1 与 a_2,或 b_1 与 b_2……它们的质量大小同它们对 P 点的距离平方成正比,而其引力同距离平方成反比,两者的作用互相抵消。因此,地内物质只受其内部圈层的引力。

根据上述原理,质点所在深度的增加,不但意味着吸引距离减小,而且意味着吸引质量减小。吸引距离减小,使重力按它的平方增加;而吸引质量减小,使重力按它的比例减小。二者的作用正好相反。究竟重力怎样随深度的增加而变化,这要看二者相互抵消后的结果如何。

在重力同深度的关系方面,一般都认为:从地面到地下 2 900 km 深处,重力大体上随深度而增加,但变化不大,并且在地下 2 900 km 深处达到极大值(图 6-27),因为地壳和地幔的物质密度是较低的,因此质量减小的影响比距离减小的影响要小些。那里的重力极大值约为 11.0 N。从地面下 2 900 km 到地球质心,重力急剧减小,因为地核物质的密度很高,因此质量减小的影响,远大于距离减小的影响。在地球质心,重力为零,因为整个地球对于质心的引力,完全自相抵消。

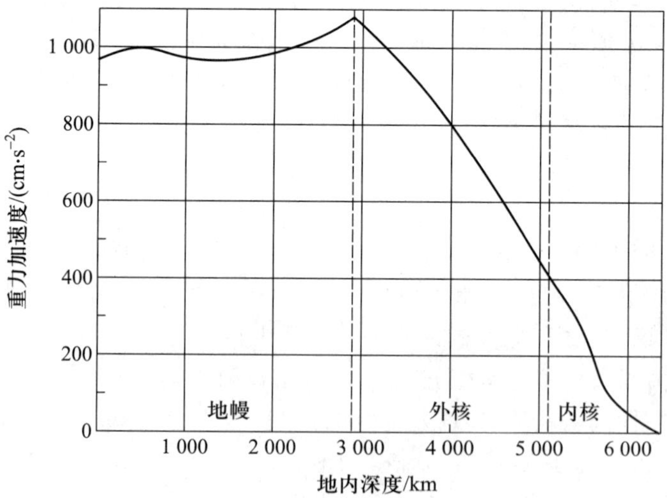

图 6-27 地球内部的重力

3. 地球内部的压力

物体受到重力,便产生重量,就要对它下面的物体施加压力。例如,地面上的物体要受到大气

的压力;地面以下,物体不但受到大气压力,而且受到岩层的压力。与后者相比,大气压力是微不足道的。因此,地球内部的压力大体上就是岩层的压力。

在讨论地球内部压力的时候,把标准大气压看成压强单位(1 atm = 101 325 Pa)。地球内部的压力大小,决定于单位面积上的岩层质量和平均重力。单位面积上的岩层质量,又决定于岩层的厚度和平均密度。因此,地球内部的压力的大小,决定于岩层厚度、平均密度和平均重力三个因素。

从地面到地心,地球内部的压力一直随着深度的增加而增加。但是,压力增加的速度却因深度而不同:在接近地面的层次和接近地心的层次,压力的增加是比较缓慢的;反之,在它们之间的层次,压力的增加是最快的(图 6-28)。这是因为:近地面的层次,物质的密度很低,而重力很大;近地心的层次,物质的密度很高,但重力很小;而两者之间的层次,物质密度既高,且重力也很大。

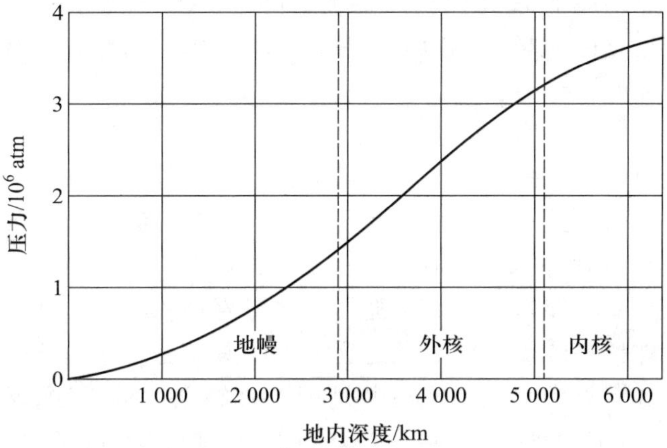

图 6-28　地球内部的压力

关于地球内部不同深度的压力,人们对此还没有完全一致的看法,但是差别不大。关于地心的压力,350 万 atm 很可能是一个比较适中的估计,这是全球最大的压力。如前所述,地心的重力等于零,物体没有重量;但是,那里的物体却承受全球最大的压力。

具体地说,在接近地面的层次,深度每增加 1 km,地下压力约增加 270 atm,因为那里的岩石密度约为 2.7 g/cm^3,而单位质量所受重力大约是 9.8 N。整个地球的平均量值可能很接近这个量值。以地心为中心的几百千米范围内,压力随深度的增加肯定是更加缓慢的。相反,在二者之间的层次,压力的增加是很快的。在这里,深度增加 1 km,压力估计要增加 600 atm 以上。

同一深度压力的大小是相同的。但是,对地球表层来说,情况远不是这样简单,因为地球表面存在着海洋和陆地的差异。海底承受的只是海水的压力;陆地底下承受的是岩石的压力。海水的压力每千米(深度)增加 100 atm,而地球表层的岩石的压力每千米(深度)增加 270 atm。因此,在 10 km 深的海沟,压力不过 1 000 atm;但是,在 10 km 深的陆地底下,即使不计算陆上山岭的每千米(高度)约增加 270 atm 在内,压力也高达 2 700 atm。二者的差值是很大的。我们知道,海洋底下有较多的重物质;反之,陆地底下有较多的轻物质。在海底以下一定深度范围以内,其岩石密度高于陆下岩石。由于这种密度上的对比,海陆底下同一深度的压力对比,随着深度的增加而逐渐减小。到一定深度后,压力就趋于一致了。

四、地球内部的温度和热源

1. 地球内部的温度

地面的温度因地因时而异,但全球地面的平均温度大致保持在15 ℃左右。同地面温度比较起来,地内温度要高得多。矿井内的温度,涌出地面的温泉和火山喷发的熔岩,都说明了这一点。测量表明,在地球内部,深度愈大,温度就愈高。地内温度随深度而增加的速度叫**地温梯度**。在不同地区,由于岩层性质和周围环境的不同,地温梯度有很大的差异,一个合理的平均值是每千米约升高30 ℃。

按这一地温梯度推算,地下70 km深处,温度将高达2 100 ℃。即使在地下160 km深处约5万atm的条件下,最难熔化的橄榄岩的熔点也只有2 140 ℃。若果竟如此,那么,地球除地表几十千米的薄层外,将全部处于熔融状态。

但是,地震波的传播情况表明,地幔全部是固体。这一事实说明,地温梯度随深度的增加而明显地减小,地内温度远没有那样高。地幔全部是固体的事实表明,地内100 km深处,温度不会超过1 300 ℃;在300 km深处,不会超过2 000 ℃(这是该深度的压力条件下玄武岩熔化的温度)。当然,不同地点会有不同的情况,但不会有太大的差别。

地球内部有两个界面,为探索地内温度提供了重要的线索:

——地幔是固体,外核是液体。这个对比是关于地内温度的重要线索。地内2 900 km深处的古登堡面,是一个十分明显的界面。它既是地幔与地核之间的界面,又是从固体到熔体的界面。为什么地内物质在这个深度由固态变成液态呢?看来,这个界面主要是熔点变化的结果。从密度上说,构成地幔的物质是较轻的硅酸盐,而构成地核的物质是较重的铁和镍。在地幔与地核之间,温度随深度的升高,估计不会是很快的。但是,硅酸盐的熔点很高,而铁和镍的熔点较低;在大体相同的温度下,地幔保持固态,而外核却熔化了。

——外核是液态,而内核反而是固态。这个对比是关于地内温度的又一个重要线索。看来,利曼界面是熔点和温度双重变化的结果。在地核内,由于压力随深度的增加,物质的熔点随之升高;同时,温度也随深度而稍有升高。比较起来,熔点的升高比温度升高要快。在外核,熔点较低的情况下,温度略高于熔点,那里的物质便熔化了。而在内核,虽然它的温度高于外核,但升高很有限,而那里的熔点已显著升高。这样,内核的温度就相对地低于它的熔点,以至物质仍保持其固态形式。

以上讨论的主要是地内熔点和地内温度的相对高低。关于地球内部不同深度的温度高低,目前还众说纷纭。图6-29所表示的地内温度和熔点随深度的变化,只是一家之言。但是,它所表示的地内温度和熔点的相对高低,还是言之成理和令人信服的。

总之,地内温度随深度增加而升高,地心是全球最高温度的所在。另一方面,温度随深度而升高的速度,却随深度的增加而降低。在地壳表层,地温梯度很大,可达约30 ℃/km;进入地幔以后,温度随深度而升高的势头已大为减弱;到了地核,尽管温度继续随深度而上升,但地温梯度已很小。所以,地心的温度虽称全球之冠,可是并不显得突出。

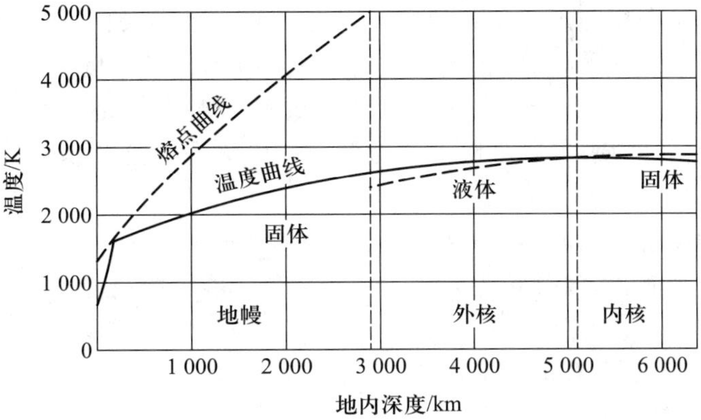

图 6-29　地球内部的温度

2. 地球内部的热源和温度的演变

地面主要从太阳获得热能，同时也从地球内部获得一部分热能。比较起来，后者的数量是微不足道的。由于地球表层是热的不良导体，来自太阳的巨大热能，只有极小的一部分能被传到地下很浅的地方。据测定，地面以下 1.5 m 的岩石已不受温度日变化的影响，30 m 以下的岩石已没有温度的周年变化。因此，对于地球内部来说，热能的主要来源不是太阳，而是地球本身。来自太阳的热量不能深入地球内部，而来自地球内部的热量却散逸到宇宙空间。所以，地球有热量的外流。

按太阳系起源的理论，行星是由低温的颗粒物质积聚而成的，在吸积过程中，积蓄了大量的势能。地球形成之后，它所含的放射性物质因衰变而放出大量的热能。例如，1 g 铀^{235}每年要产生 18 J 的热能；在铀衰变成铅的过程中，如果质量减少 1 g，所产生的热能达 9×10^{13} J 之多。这是地球内部热量的重要来源。

岩石中含放射性元素最多的是酸性的火成岩。例如，在 1 t 花岗岩中，含铀元素 4.75 g、钍元素 18.5 g 和钾元素 37 900 g；1 t 玄武岩中，所含的铀、钍和钾元素，分别为 0.6 g、2.7 g 和 8 400 g。

按目前的研究，每吨花岗岩每年要产生 34 J 的热能，而每年从地球内部到达地面的热量大约是 10^{21} J。按照花岗岩的产能速度，地球内部只要有 3.0×10^{19} t，即 1.1×10^{10} km^3 的花岗岩，它所产生的热量，就足以弥补外流的热量。上述数量的花岗岩，如果平均覆盖在地球表层，其厚度不超过 20 km。若将地球内部含有放射性元素的岩层都折合成花岗岩，其厚度显然超过此数。因此，地球内部应该有过增温的过程。

从地球形成以来，地球内部总共产生了多少热能？向地面输出了多少热能？据推算，产生的热量比输出的热量多 2~3 倍。因此，可以说地球的历史是增温的历史。计算还表明，即使没有热量的外流，地球在历史上由放射性元素所产生的全部热能，远不足以把整个地球熔化成液体。

以花岗岩为代表的酸性火成岩，密度较低。较轻的岩石大体上集中在地球的上层，特别是地壳。因此，它所产生的热能自然也集中在地球上层。热的传导总是由高温向低温的，既然放射性元素产生的热量集中在地壳，又怎能说明地球中心是最高温度的所在？显然，地球内部还应该有其他方面的热源，它们是：

——地球的形成是在压力逐步增大的情况下进行的。这样,地内物质有一个因受到压缩增温而放出热量的过程。据估计,它所放出的热量可使地球内部的温度提高几百度。

——地球形成后,由于本身产生的热能和增温,地内物质分异成地壳、地幔和地核。在分异过程中,重物质下沉和轻物质上升,因降低重力位而产生大量热能。据估计,这种热能可使地球内部温度提高 1 500 ℃。

——地球自转的速度不断减慢,自转周期从地球形成时的 3 小时,增长为目前的 24 小时。减速过程中所消耗的动能,一部分转化为热能。这部分热能主要消耗在浅海中,对地球内部温度的影响不大。

由此看来,地球大致不会有全部熔化的历史。

复习与思考

1. 什么是地磁要素?什么是偶极磁场和非偶极磁场?简单说明偶极磁场的地磁要素的分布。什么是地磁异常?什么是地球磁层和辐射带?
2. 地球内部物质密度怎样随深度而变化?为什么在 2 900 km 深处,密度陡然升高?
3. 重力是什么?地面重力怎样因纬度而不同?地球内部重力怎样随深度而变化?为什么在 2 900 km 深处,重力达到极大值?
4. 地球内部的压力随深度增加而增大,为什么接近地面和地心的层次压力增加较慢,而中间层次压力增加较快?
5. 地球内部温度怎样随深度而变化?什么叫地温梯度?它怎样随深度而变化?
6. 地幔(固体)和外核(液体)的对比,外核和内核(固体)的对比,为地内温度的探索提供了什么重要线索?怎么知道地球内部有增温过程,而又不会有全部熔化的历史?

附　　录

[一] 识　　星

识星是一项很有意义的活动。每认识天上的一颗星或一个星座,便如叫得出一种珍禽奇兽或名花异草的名字一样,都会使人得到一种满足的感觉。在当今地理教学中,识星普遍被认为是一个难题,许多人视它为畏途。下列识星方案是本书原著者专为初学者设计的,现稍加修改和补充。它包括两方面内容:一是熟悉星座的分布大势,二是掌握星空的变化规律。比较起来,更为重要的是后者。

● 星座和星名

为辨认恒星方便,古代天文学把天球上的恒星分成许多群落,叫作星座(我国古代称为星官,是一个独立发展的星座系统)。就其原始意义来说,星座就是明亮恒星所构成的、易于辨认和相互区别的图形。近代天文学上的星座,则是以人为界线划分的天球区域。星座对于表示天体的近似位置是很有用的。织女星位于天琴座,就如成都市位于四川省,让我们可以近似地知道在哪里能找到它。

由于历史的原因,星座的排列很不规则,大小悬殊。星座起源于古代的巴比伦和希腊,以后不断增添和变迁,直到最后定案,几乎经历了整个人类的历史时期。星座的名称多半是希腊神话中的人物(天神)和兽类,如仙后、仙女、御夫、大熊、金牛、狮子和天鹅等。近代命名的南天星座中,有一些关于科学技术工具的名称,如唧筒、矩尺、望远镜和罗盘等。1922 年,国际天文学联合会成立大会,对历史上沿用的星座进行通盘清理,分全天为 88 个星座,给天空建立了永久的秩序。天文学家们主张保持古代星座的原来面貌,作为前期天文学在人类文化萌芽时期所作贡献的纪念物(1928 年正式公布)。

每一颗恒星都从属于一定的星座。由此,人们建立了一种简单的、普遍适用的给恒星命名的规则:给每个星座中的各个恒星,按其亮度顺序,逐一标上小写的希腊字母,并在其后写上该星座拉丁名的所有格形式,如北极星记作 αUMi,意即小熊座(Ursa Minor)α 星。

随着天文观测的不断深入,希腊字母(表 7-1)数目远不够用来为所有观测到的恒星命名。于是,人们又补充一种更为合用的命名方法,即在希腊字母用完时,对于更暗的恒星,采用编号的办法,次序是由东向西,如天鹅座 61,就是天鹅座中的第 61 号星。我国古时也采用类似的做法,即按所属的星官编号,如勾陈一(北极星)、河鼓二(牛郎)、南河三(小犬座 α)、天津四(天鹅座 α)、毕宿五(金牛座 α)、参宿七(猎户座 β)和轩辕十四(狮子座 α)等。

表 7-1　希腊字母表

小写	名称	读音
α	alpha	阿尔法
β	beta	贝塔
γ	gamma	伽马
δ	delta	德尔塔
ε	epsilon	艾普西隆
ζ	zeta	泽塔
η	eta	伊塔
θ	theta	西塔
ι	iota	约塔
κ	kappa	卡帕
λ	lambda	拉姆达
μ	mu	缪
ν	nu	纽
ξ	xi	克西
ο	omicron	奥密克戎
π	pi	派
ρ	rho	柔
σ	sigma	西格马
τ	tau	套
υ	upsilon	宇普西隆
φ	phi	斐
χ	chi	喜
ψ	psi	普西
ω	omega	欧米伽

● 星座分布

初学者普遍感到困惑的是,面对茫茫星海,一筹莫展,分不清这星或是那星。为此,我们将星空化整为零,化繁为简,具体做法是:

——划分星区:按一年分为四季的传统,把球形天空(天球)按其赤经分成四个枣核形的星区。每一星区北起天北极,南至天南极,各跨赤经 6^h(90°);每区的中央赤经线分别是 0^h、6^h、12^h 和 18^h 的时圈,即春分圈、夏至圈、秋分圈和冬至圈。每个星区各以其主要的拱极星座命名,由西向东依次为**仙后**星区、**御夫**星区、**大熊**星区和**天琴**星区,简称为**后**、**御**、**熊**、**琴**。

——删简星座:全天共有 88 个星座,平均每一星区占有 22 个星座。经过删简,只选其中的 20 个,平均每一星区只选 5 个星座。

——简化被选定的星座:全天肉眼可见的恒星约有 6 000 颗,平均每一星座拥有 68 颗。我们只选其中比较明亮的十分之一,平均每一星座只含 6 颗,全部共约 120 颗恒星,包括赤纬-45°以北全部 15 颗一等星,大多数二等星和部分三、四等星。

经过这番分区和简化以后,全天星座可用四瓣简明星图表示(图 7-1)。

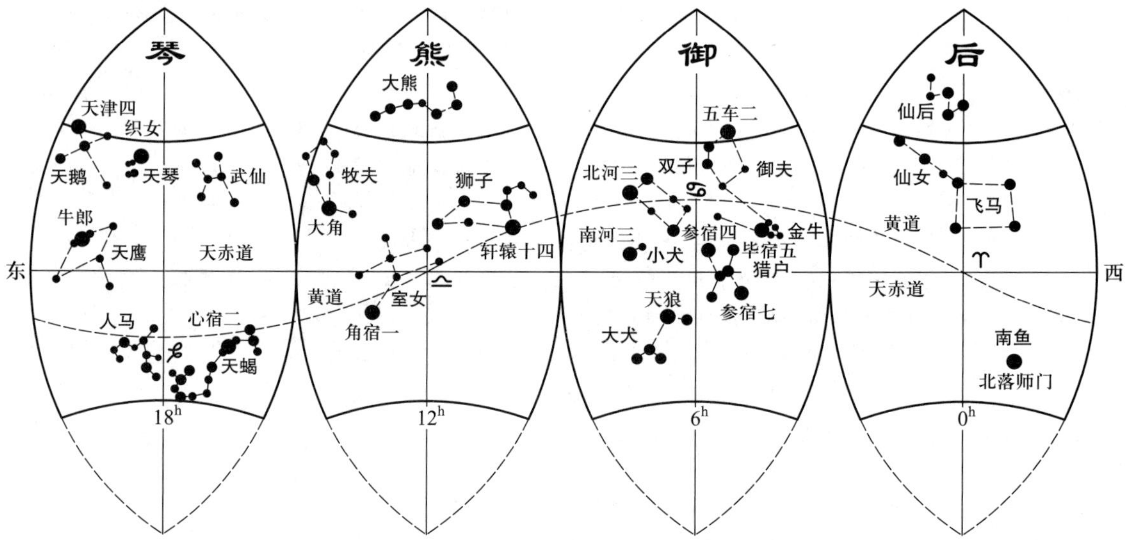

图 7-1 四瓣简明星图

全天按赤经划分后、御、熊、琴四大星区。各个星区精选的星座和一等星是:

——仙后星区:仙后座、仙女座、飞马座、南鱼座和北落师门。

——御夫星区:御夫座和五车二,金牛座和毕宿五,猎户座和参宿四、参宿七,大犬座和天狼,小犬座和南河三,双子座和北河三。

——大熊星区:大熊座,牧夫座和大角,狮子座和轩辕十四,室女座和角宿一。

——天琴星区:天琴座和织女,天鹰座和牛郎,天鹅座和天津四,天蝎座和心宿二,人马座。

后、御、熊、琴四大星区,分别拥有一、七、三、四颗一等星。如果只列一等星,那么,全天亮星(北半球中低纬度所见)可用四瓣简略星图表示(图 7-2)。

这样的星图,简洁清晰,便于初学者看清星座分布大势而不涉及细枝末节。人们完全不必嫌星图中的星数太少。你若能熟悉上列星座和亮星的分布,叫得出它们的名字,你将会感到,天空中不乏你的相识者,可以说是"朋友遍天上"了。这是因为,这些星座和亮星,代表星座分布的大势,认识了它们,人们就不难识别和寻找更多的星。

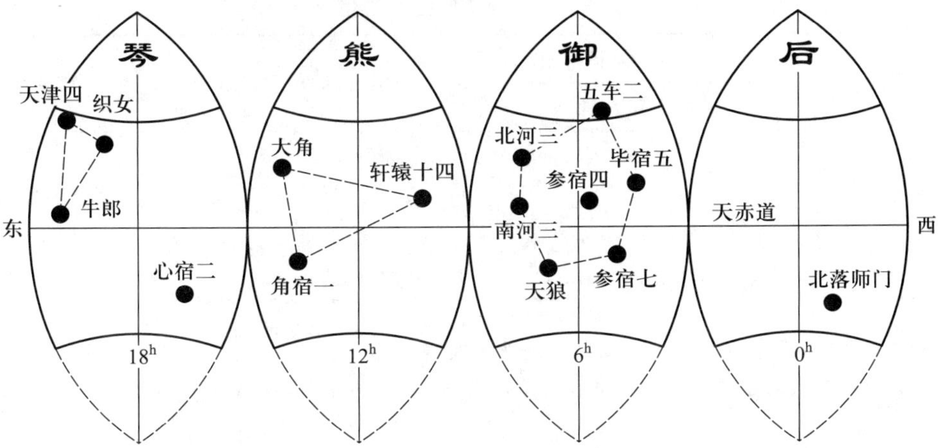

图 7-2　四瓣简略星图

仙后区的北落师门有"海角孤星"之称。御夫区的七颗亮星，构成以参宿四为中心的"新年花环"。大熊区的南北两"角"，与轩辕十四构成等腰三角形。天琴区的织女、牛郎和天津四，构成直角三角形。

● 星空变化

任何时候，天球的一半显露在地平之上，因而是可见的；另一半隐没在地平以下，因而是不可见的。可见星座的分布状况，称为星空。

我们熟悉了星座的分布大势，还需要掌握星空的变化规律，预先知道当时能看到哪些星座，它们位于天空的何方，然后在茫茫众星中辨认出所要找的恒星。这是读星图与识星空的区别所在。

星空变化涉及地球的两种运动：一是地球的绕轴自转，造成星空的周日变化；二是地球绕太阳公转，造成星空的周年变化。星空的周日变化是指，在同一日期，星空因钟点而不同；星空的周年变化是指，在同一钟点，星空因季节而不同（图 7-3）。这里，着重要说明后者。

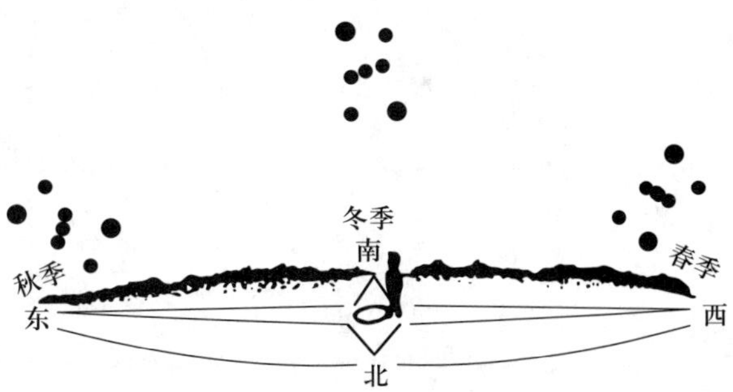

图 7-3　同一时刻，星空因季节而变化

夜半看猎户座，秋季在东南方升起，冬季南中，春季在西南方没落。

星空季节变化的直接原因是太阳周年运动（向东），它延缓了太阳随天穹周日旋转（向西）的速度。设想太阳今日与某恒星同时中天，那么，到了明天，由于太阳在黄道上东移了约 1°，就要比该恒星推迟 4 分钟中天。或者说，恒星中天时刻逐晚提早 4 分钟；对同一观测时刻（钟点）来说，逐日偏西 1°。这就是说，恒星不同于太阳，它日转一周，还年加一圈。这就造成星空的季节变化。

为了全面说明星空的季节变化，我们特别要说明，四大星区在同太阳的关系上，不同季节处于不同的地位。具体地说，太阳大体上于春夏秋冬四季，分别经过后御熊琴四大星区。太阳到达的那个星区，在周日运动中"偕日升落"，成为该季不可见星区。反之，与太阳相对（黄经相差 180°）的那个星区，随太阳此起彼落，是彻夜可见星区。同理，太阳的东邻星区，迟太阳西落，前半夜见于西天；太阳的西邻星区，先太阳东升，后半夜见于东天。

如以春分、夏至、秋分和冬至四日为春夏秋冬四季的代表日期，那么，上述四类星区的变化情况，可以列表如表 7-2。

表 7-2　四类星区的变化

星区	季节				出没情况	夜晚所见
	春	夏	秋	冬		
太阳所在星区	后	御	熊	琴	偕日升落	不可见
太阳东邻星区	御	熊	琴	后	迟于太阳后落	前半夜西天
太阳所对星区	熊	琴	后	御	此起彼落	彻夜可见
太阳西邻星区	琴	后	御	熊	先于太阳早升	后半夜东天

人们观测星空,通常总在前半夜。如以 21 时为观测时刻,那么,当时正在东升和西落的星区,分别是太阳所对星区和东邻星区。如以西落星区为当时星空的代表,那么,前半夜星空季节变化的规律,可以简单地归结为八个字:

春御—夏熊—秋琴—冬后

这就是说,春分、夏至、秋分和冬至晚上 21 时的西落星区,分别是御夫、大熊、天琴和仙后星区。这些情况通常称为四季星空(图 7-4~图 7-7)。

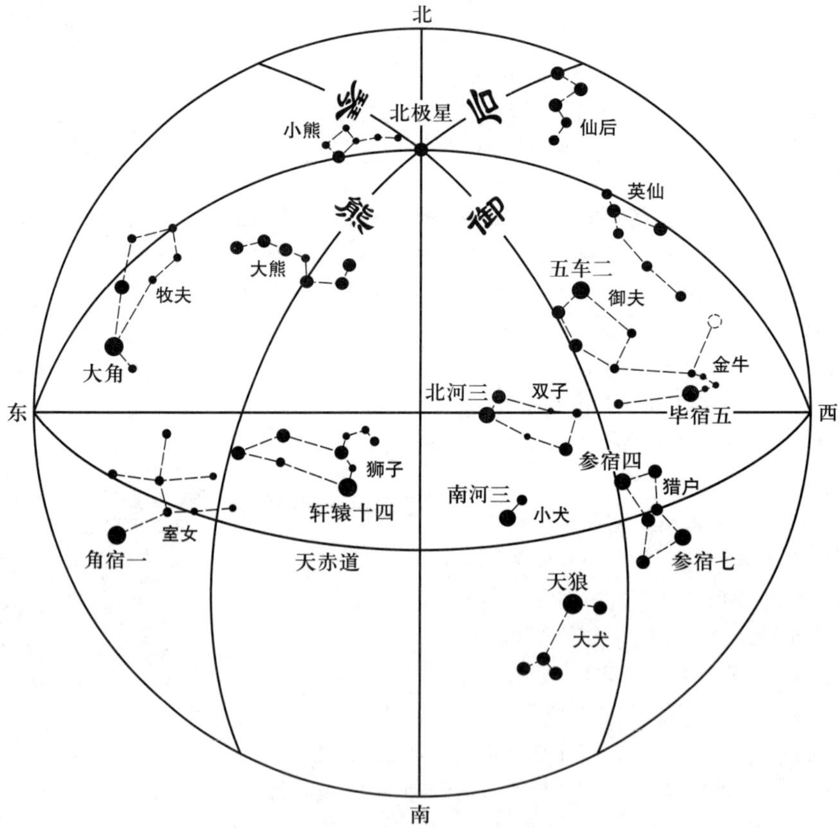

图 7-4　春夜星空:西御东熊

使用本图时,须把图举到头顶,地平圈上的四正点对应于地平方向的东南西北点,圆心即为天顶。图中的直线为地平坐标系的子午圈和卯酉圈;弧线为赤道坐标系的天赤道和时圈。子午圈为二者所共有。图 7-5,7-6,7-7 皆同。本图按 30°N 设计,具体体现在北天极的高度和天顶的赤纬。

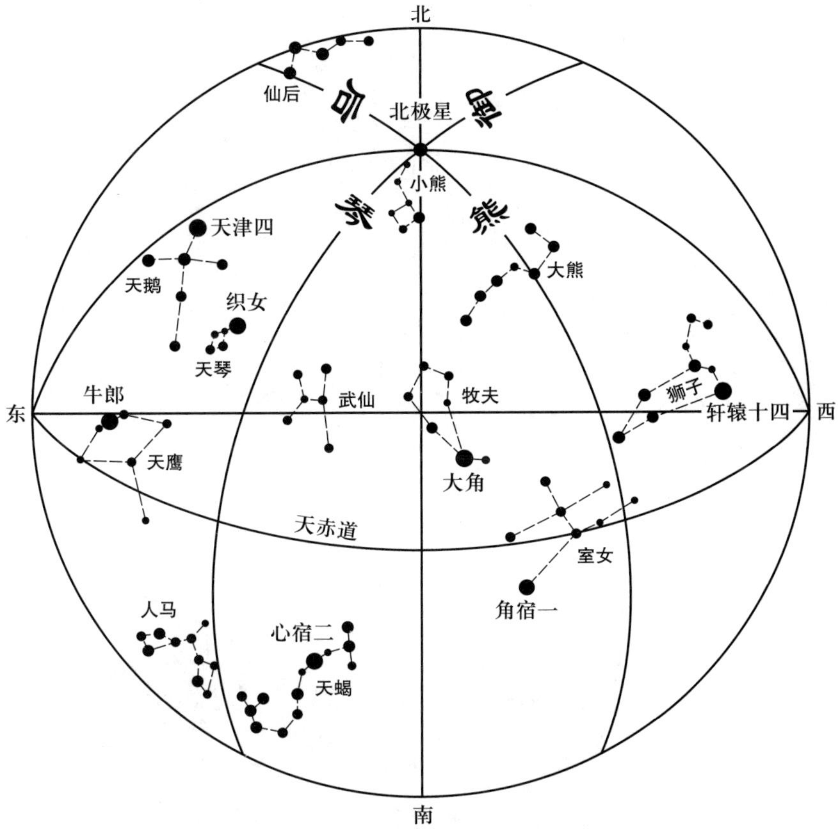

图 7-5　夏夜星空：西熊东琴

表 7-2 同时也表示星空在不同季节的周日变化：出现在天空正南方（中天）的星区，正午为太阳所在星区，黄昏为东邻星区；半夜则为太阳所对星区，清晨为其西邻星区。如以每年春分日为例，其中天的星区：正午为仙后星区，黄昏为御夫星区，半夜为大熊星区，清晨为天琴星区。夏至、秋分和冬至日可依次类推。

“斗转星移”，星空既有每日一周天的运动，又有每年一周天的变化。每个季节都有特定的星空变化；每个星区或星座，总是在特定的季节和时刻，出现在天空的特定位置。夜幕降临，若在东方天空瞥见狮子座，就像见到第一只春燕那样亲切！了解星空的变化规律，更能领略星空的无穷妙趣。

● 星空推算

以上所说的是，二分二至 21 时的星空状况。但是，更重要的是，求知任何日期和时刻的星空状况。这就是星空推算的问题。

我们知道，昼夜以 24 小时交替（这个周期叫太阳日）；星空则以 23 小时 56 分钟轮转（这是地球自转的真正周期，叫恒星日）。两者有每日 4 分钟之差。

钟表的设计，基本上是模拟太阳的周日运动：钟面表示天空，时针代替太阳，两者都以同一方向和周期轮转；所不同的只是，太阳在天空中日行一周，而时针在钟面上每天扫过两圈（那是为了提高读数的准确性）。因此，钟面时刻总是同太阳在天空中的位置相对应。例如，正午时分，太阳中天；早晨八、九点钟，太阳升起东南方天空。人们不用看天，只要看一下钟点，便知此刻太阳在天之何方！

根据这个简单的道理，要知道当时所见的是哪部分星空，只需把太阳时（钟表时刻）改为恒星时即可。恒星钟按恒星（天球）的周日运动走时。按天文学术语，恒星时即春分点时角。春分点是仙后星区的中心，根据恒星

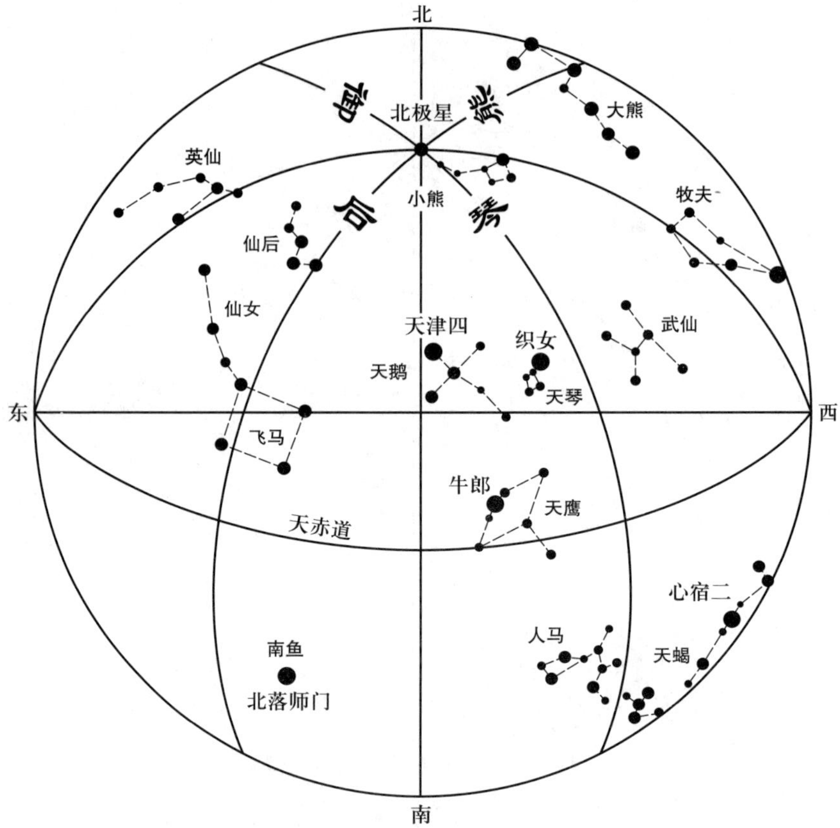

图 7-6 秋季星空:西琴东后

时的钟点,便知仙后星区所在,那么,按自西向东,不难推知御夫、大熊和天琴等星区的位置。例如,当恒星时为0点(春分点上中天),仙后星区在天空南方,正在东升的是御夫星区,将要西落的是天琴星区,大熊星区正下中天。

恒星时为识星提供的方便还不止于此。我们知道,恒星时以春分点时角表示,而春分点时角等于上点赤经,即上中天恒星的赤经。这就是说,**恒星时的钟点,直接为我们指示中天的恒星**(或星区)。

剩下的问题是,如何求得恒星时?这也不难。它可以根据钟表时刻(太阳时)进行推算。

我们知道,恒星时与太阳时有如下两方面的差异:

——恒星时以春分点上中天为零时,而太阳时却以太阳下中天(半夜)为零点(这是为了使白天完整地归属于同一日期)。换言之,恒星时的时刻即为春分点的时角;而太阳时的时刻则为太阳时角$+12^{h}$。由于这个原因,两种时计零点重合的日期,便由春分(3 月 21 日)延至秋分(9 月 23 日)。每年秋分日,太阳到达黄道上的秋分点:当春分点上中天时刻(恒星时零点),正值太阳下中天(太阳时零点)。于是,请记住:在每年秋分日,恒星时＝太阳时。

——由于太阳的周年运动(向东),太阳赤经逐日递增约 1°,中天时刻比春分点逐日推迟约 4 分钟。因此,恒星时比太阳时逐日加快 4 分钟(图 7-8)。

根据以上两条,我们得到一个求恒星时的简单规则,即:**自秋分次日起,逐日把钟表拨快 4 分钟**,便可得到任何日期和时刻的恒星时,从而得知当时的可见星区。

这一简单规则是化太阳时为恒星时的文字表达式。在“时间”一节中,我们曾提到这个关系式:

恒星时＝太阳时+太阳赤经−12 时

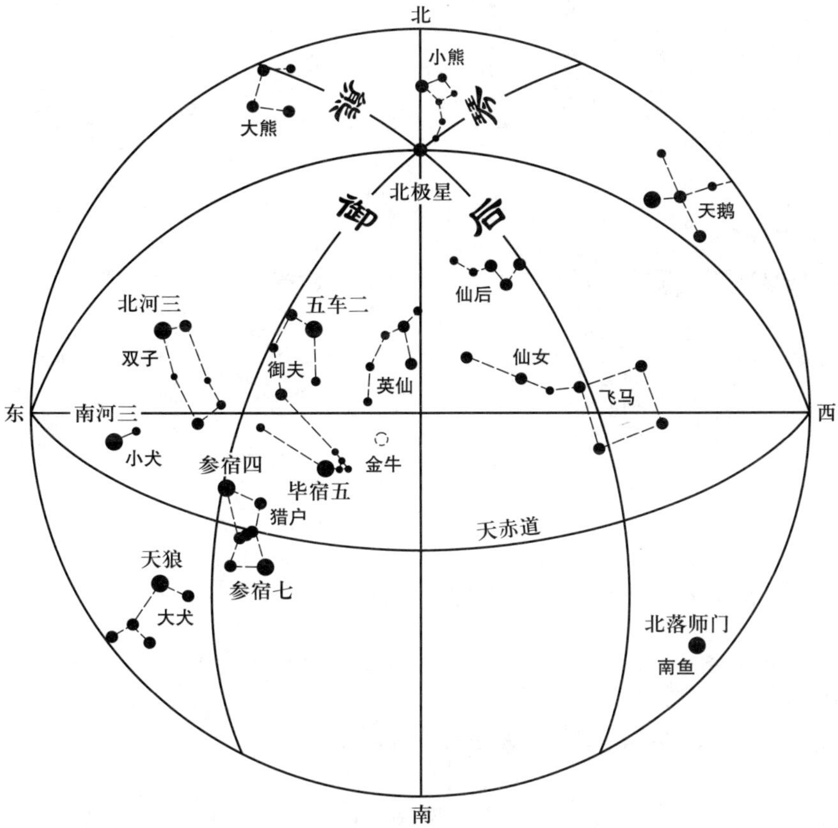

图 7-7　冬季星空:西后东御

式中的"+太阳赤经",就是"逐日加快 4 分钟";"-12 时"则是本该自"春分"次日起改为"自秋分次日起"。

人们一旦掌握了这个规律,他就会觉得,天空的众星列宿,"运行有常",秩序井然!

综上所述,我们探求星空变化规律的基本思路是:根据钟表时刻和当天日期推知恒星时,从而得知当时的中天恒星,即:

$$钟表时刻 \Rightarrow 恒星时 \Rightarrow 中天恒星$$

反过来推当然也是可行的:若知中天恒星和它的赤经,即知当时的恒星时;再由恒星时推知当时的钟表时刻(这一回得按上溯至秋分每日减慢 4 分钟),这就成了一种测时的手段。这种由观测星空以推定时刻的机制,被称为"星钟"。归根到底,天文上就是按天体时角的变化来度量时间的。转动星图(一种简易的识星工具)倒过来使用,就成了一种测时的工具。

例 1:求 6 月 22 日晚上 9 时的可见星区。若观测日期改在 4 月 22 日,问:同样的星空状况将在什么时刻出现?

答:6 月 22 日夏至,距上年秋分 9 个月,是日的恒星时比钟表时刻超前 18 时,$21^h+18^h=39^h-24^h=15^h$;或者说,它距当年秋分 3 个月,恒星时比太阳时迟 6 时,$21^h-6^h=15^h$。此刻午圈(或中天恒星)的赤经为 15^h,可知西部天空为大熊星区,东部天空为天琴星区。

又:4 月 22 日在夏至前 2 个月,是日的恒星时比夏至日迟 4 小时,同样的星空状况出现在 $21^h+4^h=25^h$,即凌晨 1 时。

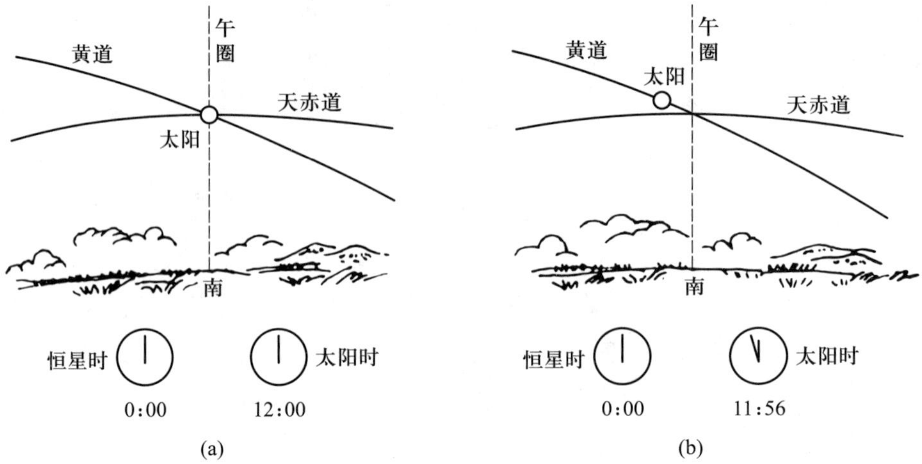

图 7-8　恒星时比太阳时逐日加快 4 分钟

(a)3 月 21 日正午,太阳与春分点同时中天,校准钟表,恒星时为 0:00,太阳时为 12:00。

(b)一日后,地球自转一周,春分点再次中天,恒量时为 0:00;但太阳已沿黄道东移约 1°,这时的太阳时为上午 11:56,比恒星时慢了 4 分钟。

例 2:全天最明亮的恒星——天狼星($\alpha=6^h44^m$),当它在半夜中天时,是什么日期?

答:公历新年之初。

例 3:秋分后一个月,当天津四($\alpha=21^h$)中天时,是几点钟?

答:19 时。

例 4:已知北落师门(南鱼座 α)的赤经为 22^h56^m,问:在 10 月 1 日晚上 10 时 30 分,它位于天空何方?

答:近正南方。

● 识别行星

行星和地球都绕太阳运动。在地球上观测行星,行星在天空中的位置飘忽无定(亮度也因距离而变化),因此,星图上没有它们的位置。如果把恒星比作远方的太阳,那么,行星便是“天上的地球”。但在我们看来,它们都是天上的星,而且,后者通常更明亮。

太阳系的八大行星(地球除外)中,天王星和海王星太暗淡,肉眼不可见;水星虽很明亮,因离太阳太近(距角太小),总是淹没在晨曦和暮光中,实际能看到的,只有金星、木星、火星和土星四颗。

天空中的行星,可按如下几个方面来识别:

——行星的轨道面都接近黄道面。所以,行星总是出现在黄道带内,即日、月运行路线的附近。

——行星都很明亮,且光芒稳定,没有闪烁(俗称星星“眨眼”)。这是识别行星和恒星的最明显的标志。

——行星各有自身的特征。金星特别明亮,亮度最大时达-4.4 等,古有“太白”之称。它是地内行星,所以总是以晨星(启明星)和昏星(长庚星)的姿态出现。火星呈火红色,而在黄道带内,除天蝎座的心宿二和金牛座的毕宿五外,没有别的红色亮星,因此可以根据红色识别。木星色青白,亮度仅次于金星,金星不常见,木星便成了天空中的头号明星。土星微带黄色,亮度近一等星,特征不太明显。

——行星的详细动态,可跟踪中国科学院紫金山天文台微信公众号平台发布的消息,或查阅近期《天文爱好者》杂志中的每月天象栏目。

[二] 牛顿修正开普勒第三定律

开普勒凭经验得出他的行星运动第三定律。他把行星系的运动,看作行星单纯地绕太阳中心运动。牛顿则认为,行星和太阳都绕它们的共同质心运动。这个质心的位置,取决于两天体的质量比。因此,第三定律还必须补充天体质量的因素。

如图 7-9 所示,M 与 m 分别表示太阳与行星的质量,R 和 r 分别表示行星和太阳中心到共同质心的距离。显然,$\frac{r}{R}=\frac{m}{M}$。如把行星绕转共同质心看作圆周运动,那么,其所需的向心力:

$$J=\frac{mV^2}{R}=m\omega^2 R(V=\omega R)$$

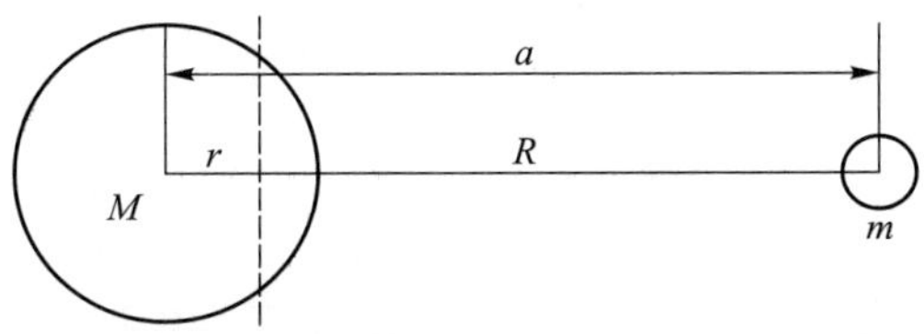

图 7-9 行星和太阳都绕它们的共同质心运动

应等于太阳对行星所施的引力:

$$F=G\frac{Mm}{(R+r)^2}$$

于是便有:

$$G\frac{Mm}{(R+r)^2}=m\omega^2 R$$

$$\frac{GM}{(R+r)^2}=\omega^2(R+r)-\omega^2 r$$

$$GM=\omega^2(R+r)^3\left[1-\frac{r}{R+r}\right]$$

$$\frac{GM}{1-\frac{r}{R+r}}=\omega^2(R+r)^3=\omega^2 a^3$$

$$\frac{GM(R+r)}{R}=\omega^2 a^3=\frac{4\pi^2 a^3}{T^2}\quad\left(\omega=\frac{2\pi}{T}\right)$$

因$\frac{r}{R}=\frac{m}{M}$,即 $r=\frac{m}{M}R$,代入上式后得:$\frac{GM\left(R+\frac{m}{M}R\right)}{R}=\frac{4\pi^2 a^3}{T^2}$

$$G(M+m)=4\pi^2\frac{a^3}{T^2}\tag{7-1}$$

(7-1)式对所有行星的运动都是适用的。于是,任意两行星的周期与距离之比为:

$$\frac{G(M+m_1)}{G(M+m_2)}=\frac{4\pi^2\dfrac{a_1^3}{T_1^2}}{4\pi^2\dfrac{a_2^3}{T_2^2}}$$

$$\frac{T_1^2(M+m_1)}{T_2^2(M+m_2)}=\frac{a_1^3}{a_2^3} \tag{7-2}$$

(7-2)式便是行星运动第三定律的完善形式。

开普勒第三定律忽略了行星和太阳的共同质心与太阳中心的差别。但是,行星的质量比起太阳质量来是微不足道的,式中的$\frac{M+m_1}{M+m_2}$极近于1。所以,开普勒第三定律还是高度近似和适用的。

[三] 球面三角法简介

天文上的许多问题,都是通过解球面三角形解决的。球面三角形是由大圆的弧连接球面上的三点所构成的三角形,因此,常用角度的单位表示。

如同平面三角形一样,通常用字母 A、B、C 表示球面三角形的三个顶点,或三角形的三个角,用 a、b、c 表示它们所对应的边。三条边和三个角,合称球面三角形的六个元素。大角对大边,大边对大角。球面三角形的内角之和大于180°(小于540°),其值的大小同三角形的面积成正比。

球面三角形的边和角之间存在一定的数量关系。本书所涉及的是球面三角形边的余弦公式和正弦公式,分别推导如下。

● 球面三角形边的余弦公式

取球面三角形 ABC,将各顶点与球心 O 连接,可得球心三面角 $O-ABC$(图7-10)。过顶点 A 作 c、b 二边的切线,分别交 OB、OC 的延长线于 M、N,由此得到二个平面三角形 OMN 和 AMN。

在平面三角形 OMN 中,应用平面三角形的余弦定理,有:

$$\overline{MN}^2=\overline{OM}^2+\overline{ON}^2-2\,\overline{OM}\cdot\overline{ON}\cos a$$

同理,在平面三角形 AMN 中,可得:

$$\overline{MN}^2=\overline{AM}^2+\overline{AN}^2-2\,\overline{AM}\cdot\overline{AN}\cos A$$

(因为 AM、AN 分别为 c、b 边的切线,所以,$\angle MAN$ 等于 AOC 平面和 AOB 平面所夹的两面角,即 $\angle MAN=\angle A$)于是:

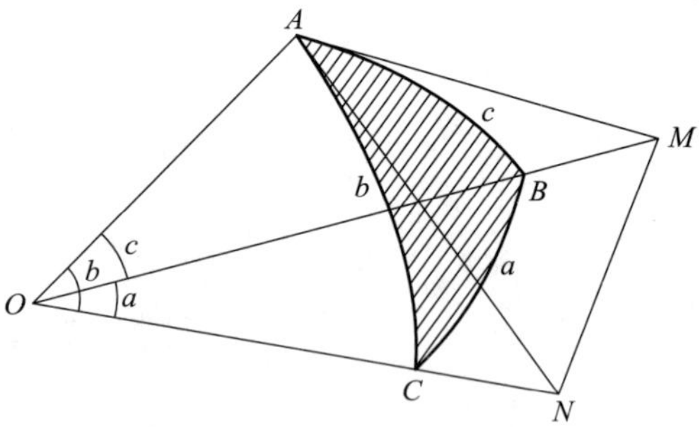

图7-10 余弦公式推导

$$\overline{OM}^2+\overline{ON}^2-2\,\overline{OM}\cdot\overline{ON}\cos a=\overline{AM}^2+\overline{AN}^2-2\,\overline{AM}\cdot\overline{AN}\cos A$$

即:

$$2\,\overline{OM}\cdot\overline{ON}\cos a=(\overline{ON}^2-\overline{AN}^2)+(\overline{OM}^2-\overline{AM}^2)$$

$$+2\,\overline{AM}\cdot\overline{AN}\cos A=\overline{OA}^2+\overline{OA}^2+2\,\overline{AM}\cdot\overline{AN}\cos A$$

$$\cos a=\frac{\overline{OA}}{\overline{ON}}\cdot\frac{\overline{OA}}{\overline{OM}}+\frac{\overline{AN}}{\overline{ON}}\cdot\frac{\overline{AM}}{\overline{OM}}\cos A$$

将$\frac{\overline{OA}}{\overline{ON}}=\cos b$,$\frac{\overline{OA}}{\overline{OM}}=\cos c$,$\frac{\overline{AN}}{\overline{ON}}=\sin b$,$\frac{\overline{AM}}{\overline{OM}}=\sin c$ 代入上式便得:

$$\cos a=\cos b\cos c+\sin b\sin c\cos A \tag{7-3}$$

(7-3)式是 a 边的余弦公式。同理,可推得其余二边的余弦公式为:

$$\cos b=\cos c\cos a+\sin c\sin a\cos B \tag{7-4}$$

$$\cos c=\cos a\cos b+\sin a\sin b\cos C \tag{7-5}$$

(7-3)(7-4)(7-5)式合称球面三角形边的余弦公式。用文字表述:**球面三角形任何一边的余弦,等于其他两边余弦的乘积,加上这两边正弦及其夹角余弦的连乘积。**

● 球面三角形正弦公式

取球面三角形 ABC,作球心三面角 $O-ABC$。过 C 点作 OAB 平面的垂线,交该平面于 D;再从 D 向 OA、OB 引垂线 DE、DF,并连接 CE 和 CF。由此,得四个平面三角形:$\triangle OEC$、$\triangle OFC$、$\triangle CDE$ 和 $\triangle CDF$(图 7-11)。因 CD 垂直于平面 OAB,$DE \perp OA$,所以,$OA \perp CE$;同理,$OB \perp CF$。因此,上述四个三角形都是直角三角形,并且有 $\angle CED=\angle A$, $\angle CFD=\angle B$。由图 7-11 可得:

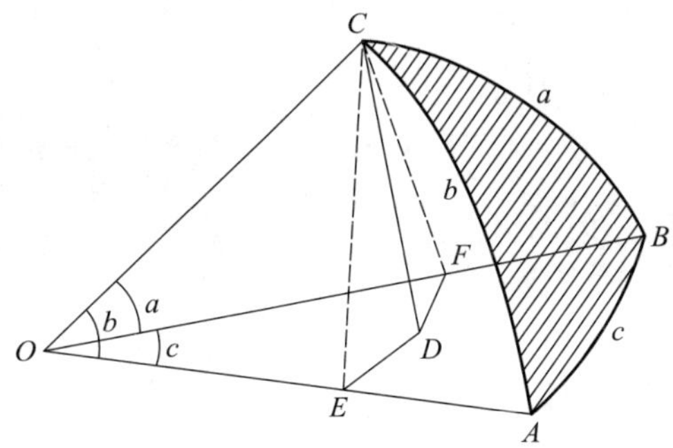

图 7-11 正弦公式推导

$$\frac{\sin a}{\sin A}=\frac{\frac{\overline{CF}}{\overline{OC}}}{\frac{\overline{CD}}{\overline{CE}}}=\frac{\overline{CE}}{\overline{OC}}\frac{\overline{CF}}{\overline{CD}}$$

$$\frac{\sin b}{\sin B}=\frac{\frac{\overline{CE}}{\overline{OC}}}{\frac{\overline{CD}}{\overline{CF}}}=\frac{\overline{CE}}{\overline{OC}}\frac{\overline{CF}}{\overline{CD}}$$

因此可得:

$$\frac{\sin a}{\sin A}=\frac{\sin b}{\sin B}$$

同理,可以得出其他二个类似的式子:

$$\frac{\sin b}{\sin B}=\frac{\sin c}{\sin C}$$

$$\frac{\sin c}{\sin C}=\frac{\sin a}{\sin A}$$

最后便得:

$$\frac{\sin a}{\sin A}=\frac{\sin b}{\sin B}=\frac{\sin c}{\sin C} \tag{7-6}$$

(7-6)式就是球面三角形的正弦公式。用文字表述便是:**球面三角形各边的正弦与其对角的正弦成正比。**

● 天文三角形

以天顶(Z)、天极(P)和所观测的天体(S)为顶点的球面三角形,是天文上最常用的一个球面三角形,故被称为**天文三角形**(又叫 ZPS 三角形)。这个三角形的三条边,分别是子午圈、时圈和平经圈的弧段(图 7-12):$\widehat{ZP}$ 是天顶的极距,即天顶赤纬的余角,等于当地的余纬($90°-\varphi$);$\widehat{PS}$是天体的极距,等于该天体赤纬的余角($90°-$

δ);$\widehat{ZS}$是天体的天顶距,等于该天体高度的余角($90^\circ-h$)。天文三角形的三个内角中,以天极为顶点的角,即为天体当时的时角(t);以天顶为顶点的角,等于天体方位的补角($180^\circ-A$);以天体为顶点的角称星位角,没有实际意义。已知这个三角形的三个元素,可由球面三角公式求知其他三个元素。求昼夜长短和太阳高度,都有赖于天文三角形。

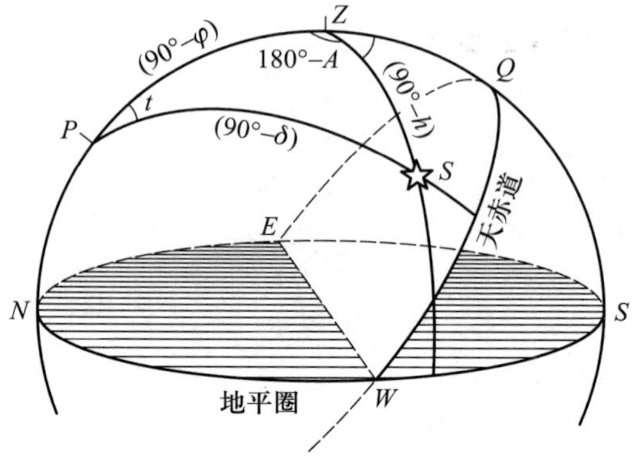

图 7-12　天文三角形(ZPS 三角形)

天文三角形也可以被看作地面上的球面三角形。这时,Z 就是观测地点,P 就是地球北极(北半球),S 就是有关天体在地面上的垂点,对于太阳来说,它就是太阳直射点。

表一　天文数据

天文基础数据

1 天文单位(AU)	$1.496\ 0\times10^{8}$ km
1 光年(l.y.)	$9.460\ 5\times10^{12}$ km = 6.324×10^{4} AU
1 秒差距(pc)	$3.085\ 7\times10^{13}$ km = 206 265 AU = 3.262 l.y.
黄赤交角(2000 年)	23°26′21.406″
高斯常数	0.017 202 098 95 = 3 548.187 607″ = 0.985 607 668 6°
1 恒星日	0.997 269 57 平太阳日 = 23 h 56 min 04.090 5 s(平太阳时)
1 平太阳日	1.002 737 91 恒星日 = 24 h 3 min 56.555 4 s(恒星时)
1 朔望月	29.530 589 平太阳日 = 29 d 12 h 44 min 2.8 s(平太阳时)
1 恒星月	27.321 662 平太阳日 = 27 d 7 h 43 min 11.5 s(平太阳时)
1 回归年	365.242 19 平太阳日
1 恒星年	365.256 36 平太阳日
1 儒略年	365.25 平太阳日 = 8 766 h = 525 960 min = 31 557 600s
1 格里年	365.242 5 平太阳日 = 365 d 5 h 49 min 12 s
1 太阴年	12 朔望月 = 354.367 0 平太阳日
历书秒	1900 年 1 月 0 日历书时 12 时瞬刻回归年长度的 1/31 556 925.974 7
原子秒	铯原子跃迁频率 9 192 631 770 周所经历的时间

太阳数据

太阳视差	8.794″
日地平均距离	1 AU = $1.496\ 0\times10^{8}$ km
太阳直径	1 392 000 km
太阳表面积	6.087×10^{12} km^2
太阳体积	1.412×10^{18} km^3
太阳质量	1.988×10^{30} kg
太阳平均密度	1.41 g · cm^{-3}
太阳常数平均值	1 367 W/m^2
太阳表面有效温度	5 770 K
太阳活动周期的平均长度	11.04 a

地球数据

赤道半径	6 378.137 km
极半径	6 356.755 km
地球椭球体的扁率	1/298.25642
赤道周长	40 075.017 km
地球表面积	5.11×10^{8} km^2
陆地面积	1.49×10^{8} km^2(地球表面积的 29.2%)
海洋面积	3.62×10^{8} km^2(地球表面积的 70.8%)
地球体积	1.083×10^{12} km^3
地球质量	5.977×10^{24} kg
地球平均密度	5.52 g · cm^{-3}

月球数据

月地平均距离	384 401 km = 0.002 57 AU = 60.268 2 地球赤道半径
月球直径	3 476.4 km
月球体积	2.200×10^{10} km^3
月球质量	7.352×10^{22} kg
月球平均密度	3.341 g · cm^{-3}

据《辞海》(2022 年第七版)和《2022 年中国天文年历》

表二 经线和纬线的弧长

纬度	经线 1°弧长/m	纬线 1°弧长/m	纬度	经线 1°弧长/m	纬线 1°弧长/m
0°	110 576	111 321	50°	111 230	71 697
5°	110 581	110 900	55°	111 325	63 995
10°	110 606	109 640	60°	111 414	55 801
15°	110 647	107 552	65°	111 494	47 177
20°	110 703	104 648	70°	111 564	38 187
25°	110 772	100 951	75°	111 621	28 903
30°	110 854	96 490	80°	111 662	19 394
35°	110 940	91 289	85°	111 688	9 735
40°	111 034	85 395	90°	111 696	0
45°	111 132	78 848			

表三 冬夏二至的昼夜长短

夏至日昼长 (冬至日夜长)	北纬	夏至日夜长 (冬至日昼长)
24 时 0 分	66°34′	0 时 0 分
21 时 9 分	65°	2 时 51 分
18 时 30 分	60°	5 时 30 分
17 时 7 分	55°	6 时 53 分
16 时 9 分	50°	7 时 51 分
15 时 26 分	45°	8 时 34 分
14 时 51 分	40°	9 时 9 分
14 时 22 分	35°	9 时 38 分
13 时 56 分	30°	10 时 4 分
13 时 34 分	25°	10 时 26 分
13 时 13 分	20°	10 时 47 分
12 时 53 分	15°	11 时 7 分
12 时 35 分	10°	11 时 25 分
12 时 17 分	5°	11 时 43 分
12 时 0 分	0°	12 时 0 分
冬至日昼长 (夏至日夜长)	南纬	冬至日夜长 (夏至日昼长)

主要参考书

金祖孟.数理地理.修订本.北京:中华书局,1958.

金祖孟.普通自然地理讲义.上海:华东师大出版社,1958.

中国大百科全书(天文学).北京:中国大百科全书出版社,1980.

傅承义.地球十讲.北京:科学出版社,1976.

南京大学天文系.天文知识.上海:上海人民出版社,1976.

戴文赛.天体的演化.北京:科学出版社,1977.

戴文赛等.天文学教程.上海:上海科学技术出版社,1961.

Baker R H, Fredrick L W. Astronomy,10th ed. New York: Van Nostrand Reinhold,1976.

Inglis S J.Planets, Stars and Galaxies.New York:John Wiley & Sons,1976.

Brandt J C, Maran S P. New Horizons in Astronomy. San Francisco: W H Freeman & Co, 1972.

Strahler A N. Physical Geography, 4th ed. New York: John Wiley & Sons,1975.

Strahler A N. The Earth Sciences. New York: Harper and Row,1963.

艾伦.物理量和天体物理量.杨建,译.上海:上海人民出版社,1976.

刘学富.基础天文学.北京:高等教育出版社,2004.

中国科学院紫金山天文台.2022 年中国天文年历.北京:科学出版社,2022.

推荐天文学通俗读物

[英]霍斯金.剑桥插图天文学史.江晓原,等译.山东:山东画报出版社,2003.

[加]迪金森.夜观星空:天文观测实践指南.谢懿,译.北京:北京科学技术出版社,2012.

竺可桢.天道与人文.北京:北京出版社,2016.

[法]弗拉马里翁.大众天文学.李珩,译.李元,校译.北京:北京大学出版社,2013.

[美]萨根.宇宙.虞北冥,译.上海:上海科学技术文献出版社,2021.

天文爱好者杂志.北京:中国科学技术协会.

第三版修订后记

本书原著者金祖孟先生于1991年11月5日在上海不幸病逝。金先生是“地球概论”课程的奠基人,地理教育界众望所归的一代宗师。他奋斗一生,坎坷一生。我与他共事合作多年,直到他死后,我才知道,他生前蒙受的屈辱竟是如此深重。在清理他的遗物时,发现一份未写完的回忆录《我的不幸与不平》,诉说他蒙冤的经过。其遭遇之悲惨,令人不忍卒读。在那种沉重的精神和政治压力下,他仍兢兢业业,几十年如一日,教学科研,成效卓著。用他自己的话来说:“做到了‘风雨如晦,鸡鸣不已’!”“觉得自己一生坎坷,但始终光明磊落,无愧于皇天后土和社会主义!”他为未能完成本书第三版的修订抱憾终身,在病榻上嘱笔者替他完成这一遗愿,且授以“全权处理”。

师恩难忘。遵循著者生前拟定的方案,此番修订,教材体系基本保持不变,内容和文字着重教学法方面考虑,以利于学生自学。原书有丰富插图,本书保持这一特色,并且修改、更换和补充了大部分插图。本书篇幅略作压缩,内容稍有增删,部分辅助性材料改排小号字体,供任课教师酌情取舍,也可供学生课外阅读。

迄今为止,已出版的《地球概论》的同名或同类教材和参考书,共有九种,可谓花色繁多,品种齐全,连同本书在内,按出版先后列举如下:

《地球概论》(高等学校教材),311千字,金祖孟编著,高等教育出版社,1983年1月第2版;台湾五南图书出版公司,1991年。

《地球概论》(中学教师进修试用教材),150千字,教育学院系统地理教材协编组,海洋出版社,1982年11月第1版。

《地球概论教程》(高等学校教材),270千字,徐宝棻、应振华编著,高等教育出版社,1983年11月第1版。

《地球概论》(初中教师进修用书),220千字,金祖孟、陈自悟,安徽教育出版社,1985年2月第1版。

《地球概论》(中学教师培训教材),386千字,刘南编著,高等教育出版社,1987年7月第1版。

《行星地球概观》(高等学校教学参考书),275千字,刘南编著,高等教育出版社,1987年9月第1版。

《地球概论》(高等师范专科地理专业教材),165千字,郭瑞涛编著,北京师范大学出版社,1988年1月第1版。

《地球概论》(全国高等师范专科学校教材),310千字,徐庆华主编,北京师范大学出版社,1991年4月第1版。

《地球概论》(高等学校教学用书),203千字,彭清玲、方明亮、苏佩颜编著,西南师范大学出版社,1993年6月第1版。

上列教材,按不同需要,各有千秋,可供相互借鉴和参考。但毋庸讳言,也有标榜具有“自身特色”,实系粗制滥造和不负责任的低劣之作。笔者以为,《地球概论》所涵基础知识,对本、专科学生的要求,原无多大差别;事实上,许多专科院校为《地球概论》安排的课时,并不比本科少。本书同样适用于专科学生,欢迎师专和教育学院同行教师采用。

本书修订过程中,曾得到华东师大物理系周志宗教授和安徽师大地理系王多文教授的指导和帮助。杭州大学地理系主任刘南教授主持了本书的审稿会,参与审稿的有全国高等师范院校地理系《地球概论》教研会本届(第六届)理事会的主要成员,他们是理事长方明亮教授,副理事长夏彦民和虞景伟教授,王多文教授,秘书长廖伟迅副教授,以及青年同行教师余明、朱光亮和高晓虹等同志。同行专家们的真知灼见,使笔者获益匪浅,弥补了本书的许多不足,在此谨表谢意!我还要特别感谢本书责任编辑黎勇奇同志,他为本书耗费了许多心血。没有他的支持和关怀,本书要渐臻完善是不可能的。

自知学浅,书中难免有不当和谬误之处,竭诚欢迎同行师生不吝赐正。

陈自悟于先师金祖孟先生逝世五周年

郑重声明

读者意见反馈

为收集对教材的意见建议，进一步完善教材编写并做好服务工作，读者可将对本教材的意见建议通过如下渠道反馈至我社。

咨询电话　400-810-0598

反馈邮箱　hepsci@pub.hep.cn

通信地址　北京市朝阳区惠新东街4号富盛大厦1座

高等教育出版社理科事业部

邮政编码　100029

防伪查询说明

用户购书后刮开封底防伪涂层，使用手机微信等软件扫描二维码，会跳转至防伪查询网页，获得所购图书详细信息。

防伪客服电话　（010）58582300